能源伦理研究

Research on Enery Ethics

柳琴 史军 著

气象出版社
China Meteorological Press

内容简介

本书对能源问题进行伦理反思:能源领域的发展与变革能引发哪些伦理思考与我们的内在改变? 伦理学及其带来的人类内在改变对推动能源领域的发展与变革又能起到什么作用? 能源决定了社会的发展方式,而人类的伦理观念又决定了我们以何种方式利用哪些能源以及利用多少能源。本书适于广大从事能源政策与环境伦理学相关的管理和研究人员使用。

图书在版编目(CIP)数据

能源伦理研究/柳琴,史军著.—北京:气象出版社,2018.12

ISBN 978-7-5029-6897-7

Ⅰ.①能… Ⅱ.①柳…②史… Ⅲ.①能源开发—关系—伦理学—研究 Ⅳ.①X24

中国版本图书馆 CIP 数据核字(2018)第 288408 号

Nengyuan Lunli Yanjiu

能源伦理研究

柳琴 史军 著

出版发行:气象出版社		
地 址:北京市海淀区中关村南大街 46 号	邮政编码:100081	
电 话:010-68407112(总编室) 010-68408042(发行部)		
网 址:http://www.qxcbs.com	**E-mail**: qxcbs@cma.gov.cn	
责任编辑:蔺学东	终 审:张 斌	
责任校对:王丽梅	责任技编:赵相宁	
封面设计:楠竹文化		
印 刷:北京中石油彩色印刷有限责任公司		
开 本:787 mm×1092 mm 1/16	印 张:11.5	
字 数:305 千字		
版 次:2018 年 12 月第 1 版	印 次:2018 年 12 月第 1 次印刷	
定 价:68.00 元		

前　言

　　我们生活在人类历史上能源最为丰富的时代,煤炭、石油、天然气、水电、核能、生物燃料、风能、太阳能、地热能、潮汐能等各种形式的能量来源极大地提升了我们的生活水平,使我们成为目前人类历史上最为富裕的一代。

　　然而,这或许也是一个人类历史上能源分配最不公平的时代。一些富裕阶层用大量的能源驱动着他们的私人飞机、汽车、游艇,以及豪宅里的各种"智能"(但却耗能)的电器,而一部分贫困阶层仍旧像他们的祖辈那样靠捡拾薪柴做饭、取暖,过着与现代能源绝缘的生活。当代社会有足够的能力让所有人都过上有基本能源供应的有尊严的体面生活,然而,资本主义市场逻辑却只允许一部分人享受甚至浪费能源,而将另一部分人拒之门外。马克思所批判的不是资本主义的经济增长,而是经济增长之后的收入分配。在能源分配问题上,马克思的批判如今依然有效。因此,亟需对能源的生产、分配与消费方式进行系统的伦理考量。在社会层面,我们看到,当代人所依赖的石油、煤炭、天然气和核能这四种最主要的现代能源的生产与消费中存在大量的不平等和不公平:全球四分之一的人的家里无法获得可靠的(或付不起)取暖、电灯和做饭的能源,如今还有很多人在没有电力的条件下生活;欧洲和美国的能源政策制定者们,为了保障他们国家的能源供应安全和低市场价格,无视主要石油出口国的能源问题。亚洲和非洲热带雨林的农民和地主使土地退化,以提供生活的燃料和增长收入,虽然提高了生活水平,但却破坏了栖息地,并增加了全球温室气体排放。城市和乡村的官员们将垃圾焚烧场、煤矿、垃圾填埋地(垃圾堆)尽可能地设置于郊区或城市边界处,以使污染转移到其他共同体,造成了环境正义问题。一些独裁政府将石油开采所创造的财富用于总统官邸和私人飞机,而不是"面包"、书籍和更好的社会服务。

　　我们或许也是人类历史上最不负责任的一代。存在于自然界中的各类能源资源不仅仅属于富人,也不仅仅属于我们这一代人,还属于所有的穷人以及人类的后代。如果我们这一代人耗尽了地球上的能源资源,我们就不正当地占有了后代所应得的能源资源,造成了对后代的不正义。有人认为,后代可能不需要这些能源资源,因为我们通过消耗这些能源资源会积累科技知识,为他们留下新能源技术,让他们能够开发和使用其他的能源资源。还有人认为,后代一定比我们更富裕,把有限的资源留给后代是劫贫济富,是对当代人的不正义。可是,当复活岛上的先民砍掉岛上的最后一颗树时,他们是否给后代留下了足够的生存资源让后代人生活得更富裕? 当复活岛上的森林在 15 世纪消失后,所有的陆地鸟类和半数以上的海鸟种类全都灭绝了。随着森林的消失,人们已找不到木头建造船只，也就再也无法出海。他们只能在浅海捕鱼，使得浅海的生态也遭到了严重的破坏，甚至连海贝也基本被吃光，而只能吃些小海螺。这或许也是人类历史上生态环境问题最为严重的时代，并且这个时代的生态环境问题与不公正、不可持续的能源开发及利用方式有着密切的联系。

人与自然的和谐关系在人类大规模使用化石燃料的工业化时代终结了，人类开始成为大自然中最不和谐的因素。人类文明足迹所过之处，常常留下一片荒漠。人类与自然之间的关系经历了三个阶段：有生态无文明，有文明无生态，以及有生态有文明。全球工业化、城市化、市场化的经济大发展阶段是有文明无生态或文明进而生态退的阶段。在未来的生态文明阶段，生态与文明应当处于一种类似于"太极图"中阴阳两极动态平衡的状态。

人们寄希望于新能源技术重塑生态与文明之间的平衡，认为新能源最终会把人类从能源与环境危机中拯救出来。然而，延续传统的征服性、狂妄性、剥削性资本主义逻辑的新能源技术只会激发人们对自然资源更加非理性的掠夺，鼓励人类欲望的持续膨胀，造成更多的消费与浪费。能源供应量的增长永远无法追赶上人类欲望的增长速度。新能源无法驱动我们不可持续的生活方式与发展方式，也无法解决传统能源开发与使用的社会正义、代际正义以及生态环境问题。在能源问题上，我们需要的是顺应性、调适性逻辑。

能源几乎与我们所珍视的所有价值都息息相关，而对于应当优先满足哪些价值，人们从未达成一致。能源的使用是多目标指向的，每种能源利用方式都必须在技术、经济、环境与社会因素之间进行权衡。有时这些目标是一致的，但有时它们会彼此冲突，并且达成恰当的平衡并不是件简单的事情。能源伦理要求我们很好地理解能源是如何与经济、环境和社会交织在一起的。

本书对能源问题进行伦理反思：能源领域的发展与变革能引发哪些伦理思考与我们的内在改变？伦理学及其带来的人类内在改变对推动能源领域的发展与变革又能起到什么作用？我们给当前世代中的一些人不成比例的能源利益，而把负担给另一些人，这是否公平？我们把核燃料、化石燃料用尽，把大气污染和气候变化留给未来世代是否公平？我们在做出能源决策时，正义与伦理能起到什么作用？能源决定了社会的发展方式，而人类的伦理观念又决定了我们以何种方式利用哪些能源以及利用多少能源。

作　者
2018 年 9 月

目　　录

第 1 章　能源之伦理判断

1.1　能源简史

能源，即能量之源(energy source)，指各种能够提供能量的物质，是能够直接或经过转换而获取某种能量的自然资源。能源的利用方式与人类文明的进程息息相关，人类生产力每一次大的飞跃都伴随着一场能源利用方式的革命，一部人类文明史就是一部人类以不同方式利用能源的历史。能源的利用方式深深影响着人类的过去、现在和未来。按人类利用的主要能源划分，可以将人类的文明历程大致分为"薪柴时代""煤炭时代"和"油气时代"。

从早期人类祖先掌握用火到 19 世纪中叶第一次工业革命完成，人类主要利用树枝、干柴、木炭等燃料生火作为能源，我们称这一时期为"薪柴时代"。火是人类掌握的第一种重要能源，从保存和利用天然火，到人工取火，原始人逐渐脱离了蛮荒时代，开始了刀耕火种的农业文明社会。从煮食、取暖、照明到制陶炼丹、锻造工具，随着人类用火技术的发展，社会生产力发生了几次飞跃，经历了石器时代、青铜时代、铁器时代等历史阶段。人类逐渐掌握了畜力、风力、水力等作为动力从事农业生产和驱动车船的技术，在一定程度上替代了人力劳动。

从 18 世纪 60 年代开始，以蒸汽机的大规模使用为标志，特别是 1785 年瓦特改良蒸汽机，拉开了人类历史上第一次工业革命的序幕。此后直到 20 世纪上半叶第二次工业革命完成，煤炭成为驱动庞大工业机器的主要能源，世界各地工厂烟囱林立，浓烟滚滚，机器生产代替手工操作，人类进入"蒸汽时代"。蒸汽机的广泛使用促进了煤炭的大规模勘探开采，也极大提高了能源利用效率。从此，煤炭供应成为整个大机器时代的动力源，使工业革命得以推进和发展。因此，从能源发展的角度，还可以把这一时期称为"煤炭时代"。

从 19 世纪 70 年代开始，科学技术突飞猛进，各种新技术、新发明层出不穷，并被迅速应用于工业生产，以电力的广泛应用、内燃机和新交通工具的发明、新通信方式的出现为主要标志的第二次工业革命由此拉开序幕。随着发电机、电动机、电力远距离输送技术及各种电器的应运而生，电力作为重要的二次能源被广泛应用于生产生活。因此，从第二次工业革命以来的时期常被称为"电气时代"。而这一时期的另一伟大发明——内燃机及在此基础上发明的汽车则促成了石油工业的大发展，继而带动石油化工和天然气行业的发展。此后,石油、天然气逐步成为继煤炭之后最主要的能源品种和化工原料来源,现代工业越来越依赖油气资源。从这个意义上说,能源发展的第三阶段又可以被称为"油气时代",人类至今仍处于这个时代。

虽然三次能源革命跨越的历史时期和时间长短不同,但是它们有一个共同特点,就是都推动了社会生产力的快速发展,构成人类文明进步的驱动力量。特别是在现代社会,农业、工业和交通物流系统,以及生活设施和服务体系,越来越依赖能源的支撑,使能源消费总量节节攀升。可以说,没有能源的发展作为支撑,就没有人类文明的进步。

人类也好,任何其他生命体也罢,都不可能产生比其所吸收能量更大的能量,或者根本不可能产生能量。全人类和所有生物体,都取决于外部环境为其提供能量。所有生物都是寄生者。能源是人类生存与繁衍的物质基础,其影响着整个人类文明发展史(Fouquet,2009)。一部人类文明史,同时也是能源消费形态不断变化的历史。社会的存在、经济的发展及至一个人的生命都须臾离不开能量的消耗。人类的劳动、锻炼、思考、捕猎、耕种、建房、交通、沏茶等任何活动几乎都需要从太阳核心产生的能量,它以阳光的形式发射到地球,然后,地球上能够进行光合作用的植物将这一能量转变成植物的茎、叶、花、根和种子。包括人类在内的动物则通过食用这些植物和以这些生物质为食物的动物,来获得热量,维持生命。

根据不同的标准,可以把能源分为不同的种类。

(1)根据能源的表现形式可以把能源分为动能、热能、光能、电能等。动能是指物体由于做机械运动而具有的能,热能是指物体由于位置或位形的变化而具有的能量,热能、光能、电能分别是由燃料燃烧、光和电所具有的能量。各种能量之间是可以相互转换的。

(2)根据能源的性质可分为一次能源和二次能源。一次能源是可直接利用的自然界的能源,如煤、石油、天然气等;二次能源是指由一次能源经过加工转换以后得到的能源,包括电能、汽油、柴油、液化石油气及氢能等。

(3)根据能否再生可以把一次能源分为再生能源和非再生能源。再生能源是指不需要经过人工方法再生就能够重复取得的能源。非再生能源有两重意义,一是指消耗后短期内不能再生的能源,如煤、石油和天然气等;二是指除非用人工方法再生,否则消耗后也不能再生的能源,如原子能。

(4)如果按科学技术发展水平来划分,则可分为常规能源和新能源。在不同历史时期的科学技术水平下,已经被人们广泛应用的能源,称为常规能源。现阶段常规能源包括煤、石油、天然气,以及核裂变能和水能五种。其他正处在研究阶段,尚未大规模利用的能源,如太阳能、风能、海洋能、潮汐能、生物质能、核聚变能等称为新能源。

人类之所以支配了生物圈,就是因为我们发现了怎样利用浓缩在生物质(如木材)中的太阳能,无论何时何地,通过燃烧这些生物质,来产生光和热。人类成为地球上唯一能够控制火,并且充分利用火的生物物种。利用这些火,我们能够烹煮食物——以预先煮熟那些我们无法消化或者不喜欢直接消化的生冷食物的方式,来提高我们吸收营养的效率。这样,人类的数量才得以增加。接着就是通过种植农业作物、喂养家禽家畜,我们确保自己能够获得比从前更多的能源供应。人类的数量再次增加,而且不断开疆扩土。如果人类不利用比耕种和直接燃烧木材等更加高效的方法来利用太阳能,人类也不可能在数量上出现巨大增长,也不可能依照自己的意愿改造世界。达尔文认为,人类发明一种便捷、可靠的新方法来获取在有机物中累积的太阳能,是一个巨大进步,在人类发展史中,它的重要性仅次于语言的形成(克劳士比,2009)。火使我们的祖先成为自然界的王者,成为整个大地的主宰,而这种权力是此前的动物无法拥有的。火赋予人类食物高热量,因而对人体产生有益于健康的效应。

200 到 300 年前,随着蒸汽机的发明,我们步入了化石燃料时代。与随后取代蒸汽机的内燃机一样,蒸汽机使人类能够利用古老物质中聚集的能量,借助地底的高温与高压,这些生物质已转化成煤炭、石油和天然气。我们还发明了各种新方法,将通过燃烧化石燃料获得的能量转化成电能,传输到数百,甚至数千英里①之外的地方。如果不大量消耗这类化石燃料,我们现有的科技文明将不可能存在。现代文明其实就是对能源的大肆消耗。

无节制的消耗之后,人类终于有所清醒:化石燃料的数量是有限的,并不会取之不尽、用之不竭,而且,它们也是诸如全球变暖等一些令人担忧的环境效应的元凶。我们必须重新运用一些传统方法来利用太阳能,如风车;并且发明新的能源利用方式,如太阳能电池;或者,我们还必须利用新型能源。核裂变可以产生我们需要的一切能源,但它的危险性令人们退避不及。核裂变也许是潜入大自然的另一种“特洛伊木马”,而核聚变也许是一种理想的解决办法,太阳正是借助这种方式产生能量的。但我们尚未学会如何在实际操作中复制太阳产生能量的方式,也许永远都不可能学会。

利用一些技术突破,例如,耕种技术的次第改进和蒸汽机的发明,人类一次又一次成功地克服了能源的挑战,带来了政治经济的重组与融合,促进了人口的增长与迁徙。但人类对能源的需求是无法满足的,这也使得挑战永远存在,而解决方法只是作用一时。

1.1.1　化石能源

发达国家的富裕在很大程度上源于相对便宜的化石能源为其经济提供的动力(麦克尔罗伊,2011)。不论好坏,我们今天都依赖于化石能源,不仅包括煤炭,还有石油和天然气。这些燃料为我们带来了双重的威胁:一是不稳定的供应,二是这些燃料燃烧排放的气体,特别是二氧化碳这种温室气体,对局部和全球的气候造成了不可逆转的改变。在现代世界里,人口空前地膨胀,空间距离在缩短,越来越多的人口在合法地、也通常是强有力地追求具有更多福利的生活。因此,我们必须要在现代世界里面临这些挑战。生态文明建设与能源开发利用密切联系。对化石能源的严重依赖阻碍了我国的生态文明建设——空气污染。我国能源结构实现了从以煤炭为主向以石油为主的结构转化,并大力

---

①　1 英里＝1.6093 千米,下同。

发展新能源。

1.1.1.1　煤炭

人类很早就认识到了煤炭的价值。很多人为了获取煤炭而劳作、受伤,甚至失去生命。很多从前依赖煤炭作为能源的机器和工艺已经被淘汰,但是煤炭在今天依然是必需品。煤炭并不只是燃料,煤炭工业还具有举足轻重的社会地位。由于煤矿工人努力寻求更好的报酬和更安全的工作条件,从而推动了一些最早的工会的形成。煤矿工人罢工与中国共产党的成立与发展也有直接的联系,例如,中国共产党成立初期组织过安源路矿工人大罢工等大型革命运动。煤炭还是西方文明超越亚洲文明的关键要素。正是得益于便利的煤炭储藏,英国人才能以蒸汽这种新动力为基础实现了工业化,由此摆脱了环境的束缚。"在19世纪早期,这种新的能源用于军事,到那时,也只是到那时,平衡才向着有利于欧洲人而不利于亚洲人的方向转化,英国人率先跨出一步,向着畅通无阻的全球主导地位大踏步前进。"(马立博,2017)

自古以来,煤炭在全世界有广泛的应用。马可·波罗(Marco Polo,1254—1324)在从中国回去后,就描述了一种可以像木材一样燃烧的黑色石头。这种他显然不熟悉的材料,可能早在公元前1000年就在中国被广泛用于熔炼金属。罗马人于公元400年就在英格兰开采煤矿,而美国西南部的原住民早在哥伦布到达之前就在使用煤炭。在大部分早期社会,煤炭的替代物是木材。当然,从历史上看,木材也曾经是重要的能源,但有两个重要的理由使得早期社会后来转向使用煤炭。

首先,在重量相同的情况下,煤炭能够释放出比木材更多的热量。精确计算煤炭燃烧释放出的热量是很困难的,因为煤炭的含能量(也称热值),取决于煤炭的含碳量、含水量及不可燃固体量。所有这些参数特征都随着矿床的不同而有很大的不同。

其次,因为木材比煤炭的热值要低,早期使用木材获取能源的人不得不使用大量的木材。除了作为燃料,木材还被广泛用于建造房屋和船舶,以及很多小而精美的物件,如家具和乐器(相对而言,煤炭仅有作为燃料这一种用途)。因此,不发达社会的木材常常供不应求。如1300年,英格兰老百姓为了获得木材而破坏景观,很多森林遭到砍伐。于是,英国人很早就开始转向使用煤炭。他们需要替代燃料,而他们拥有很大的煤炭矿床,很多矿床处于离地表较近的位置。英国人这种从使用木材到煤炭的转变,最终对全世界产生了深远的影响。

随着蒸汽机的普及,煤炭需求迅猛增长。新的发明,如轮船和火车,进一步刺激了煤炭的需求。"单单是煤炭的存在,或是蒸汽机的存在,都不足以让英国成为19世纪世界上最富有、污染最严重的国家,但它们结合在一起,却改变了一切(索尔谢姆,2015)"。街道照明的需要发展出了煤炭的另一个重要市场。18世纪下半叶,最早受雇于詹姆斯·瓦特的英国发明家威廉姆·默多克(William Murdock,1754—1839)开始了有关煤气的实验。煤气是通过在无氧窗口中加热煤炭生成的。煤炭含有名为挥发分(volatiles)的物质,这种物质可以通过加热变成气体(煤炭必须在低氧环境中加热,以防止易燃的挥发分提前燃烧掉）。这种易燃的气体混合物是在一种被称为煤气厂的设施中制造出来的,它最初计划全都只用于街道照明。煤气厂与路灯之间直接用管道相连。后来,工厂和家庭也加入了这个管道系统。煤气厂、火车、船舶和冶金工业都需要煤炭。英国被称为世界上第一个工业国家,一个几乎完全靠煤炭推动的社会。

在美国,十八世纪四五十年代才开始开采煤炭。在 19 世纪最初的几十年里,美国城市里开始建造煤气厂以满足街道照明、火车和轮船对煤气的需要,火车和轮船最初是以燃烧木材作为动力的,后来才改为烧煤的。为了满足巨大的需求,美国国内煤矿工业迅速发展起来。早期的煤矿仅仅依靠自然通风排出积聚在煤矿中的气体,以引入可供矿工呼吸的新鲜空气。由于矿井深部的空气比矿井入口的空气要热,所以会产生自然通风的效果。但就算在最好的环境里,自然通风的效率是很差的。在天气炎热的日子里,地面上的热气与矿井里的热气重叠,几乎没有自然通风。恶劣的通风、爆炸和塌方导致早期煤矿的劳动者伤亡惨重。虽然遇到很多困难,但由于这种极具价值的能源市场不断扩大,煤炭工业在整个 19 世纪和 20 世纪的最初几十年里始终处于稳步发展的状态。19 世纪末,几乎所有的大城市和美国绝大部分小城市都建造了煤气厂以供应煤气。1840 年,煤炭开始应用于冶金工业,到 19 世纪末,钢铁工业成为全国最大的工业之一,它对煤炭的需求也是巨大的。19 世纪,煤炭被应用于火车和轮船而成为重要的交通燃料,当然煤炭还是那个时期重要的供热燃料。1882 年,托马斯·爱迪生首创的燃煤电厂开始运营。煤炭产量随着不断增长的需求而持续增加。1905 年,美国生产了 3.19 亿吨煤炭,远远超过了世界上其他任何一个国家。但是让人印象深刻的不仅仅是产量,还有它的增长速度:1900 年至 1920 年期间美国煤炭产量增长了两倍。

今天的煤田是生活在百万年前的植物和动物的遗存形成的。煤炭源自沼泽地带。煤炭形成过程的最开始,是一些生活在沼泽地带的植物和动物的遗存被淹没并部分腐化。最后,这些遗存又被其他生物的遗存覆盖,就这样慢慢堆积了一层又一层。构成煤炭的矿物质不是单一的,而是多种。煤样的性质很大程度上取决于它的产地以及矿床形成的条件。当然,所有煤样都会有如下的一些共同性质:煤炭是由植物和动物遗存部分腐化后形成的可燃性岩石,如果以质量计算,煤炭中的主要元素是碳。

煤炭燃烧产生的二氧化硫是导致酸雨的原因之一。为了燃烧煤炭之前降低其含硫量,人们付出了巨大的努力寻找处理煤炭的办法,并付出了更大努力研究如何在燃烧产生的气体排放到大气之前去除其中的二氧化硫。煤炭中还含有很多微量杂质。例如,汞就是煤炭中含有的一种微量杂质。虽然对于给定的煤样来说,汞的含量通常很小,但是由于煤炭燃烧数量极大,每年仅因煤炭燃烧而被释放到大气中的汞的总量就非常高。汞是高毒性的,特别是对儿童来说,误食汞之后会引发各种各样的神经障碍。一经电厂的高大烟囱释放出来,汞最终都会固定在土壤中。如今,在美国整个东南部,鱼类已经被检测出体内的汞含量水平有所提高。这些汞很大一部分来源于美国中西部的电厂燃煤。煤炭是一种高能燃料,但含有具潜在危害的物质。这些物质的一部分通过煤炭燃烧被释放到环境中,煤炭燃烧还制造出了另外一些物质,如温室气体。尽管存在这些问题,煤炭如今仍以前所未有的速度被燃烧着,而且这个速度仍在不断加快。

在许多国家,煤炭依然是极其重要的化石燃料。例如,在美国,虽然很多曾经高度依赖煤炭的重要工业已经消亡或改用其他燃料,但目前平均每天每人仍要消耗 9 千克煤炭。我们不难发现其中的原因:煤炭是如此廉价以致无人能忽视其存在。电力工业消耗了美国全部煤炭中的 90%,而全美电力的 50% 是由燃煤电厂供应的。1990 年,美国国内煤炭年产量首次超过了 9 亿吨,但之后煤炭产量的增速有所放缓。

无论是发达国家还是发展中国家都投入了巨额资金建造燃煤电厂。其中很多电厂将在未来几十年里持续生产电力,这意味着在可以预见的未来,煤炭需求将会持续存在。越来越多的大额经费正用于支持研究利用煤炭制取气态和液态燃料的方法。将煤炭气化的技术已经出现,利用煤炭制取甲烷(天然气)的工厂也已经建造起来。这种人造气体由一氧化碳和氢气组成,被用于电力生产。从技术上来说,这也使得从煤炭中制氢成为可能。从煤炭中制取石油的技术也已经出现,它可以应用于交通工具。如果把这些技术推广到更广泛的领域(随着石油和天然气价格的不断上涨,这种可能性越来越大),煤炭应用将在目前基础上迅速发展到更高的水平。

煤炭是第一种,或许也是最后一种储量丰富且容易获取的化石燃料。全世界的煤炭储量惊人,据美国能源信息署(Energy Information Administration,EIA)估算高达 9 千亿吨,其中三分之二在四个国家:美国(27%)、俄罗斯(17%)、中国(13%)和印度(10%)。美国、中国和印度的经济增长速度都处于世界前列,对煤炭的依赖程度也同样处于世界前列。全世界的煤炭需求快速增长,并且还看不到尽头。世界煤炭消耗量到 2030 年时将达到 93 亿吨,而 2004 年时仅为 54 亿吨。

在德国,煤炭是唯一资源充裕的化石燃料。德国约 50% 的发电容量是以煤炭为燃料供给的。尽管如此,德国的电价是欧盟国家中最高的。和美国一样,德国政府对所谓的清洁煤技术给予了慷慨的支持。近来德国政府承诺将淘汰老式和低效的电厂,代之以新型和高效的电厂。

目前,德国的燃煤电厂主要受到以下四个一般性政策的影响。首先,出于环境方面的原因,德国政府承诺尽可能减少对煤炭的依赖,因此,有关政策都旨在减少燃煤电厂的增长。第二,德国的节能政策相当严格,电力需求的增长比美国要缓慢得多,这样就无须像美国那样要不断扩大电力供应。第三,德国一直在寻求扩大可再生能源发电,大力发展风电。最后,德国已经着手关闭所有的核电站,此举有可能使其对煤炭的依赖更为严重。总的来说,德国推动经济运行的能源结构正在转变之中,但对煤炭的依赖则不然。新型燃煤电厂正在陆续投入运行,并将服役达数十年之久。这些电厂尽管采用了现代化设计,但并没有采用碳封存技术。与其他拥有大量煤炭资源的国家一样,德国电力部门将继续采用燃烧发电,并在可预见的将来继续是主要的二氧化碳排放源。

中国现在是世界上最大的煤炭消费国。中国经济到 2030 年将以年均 6.5% 的速度增长,煤炭是支撑这种增长的主要动力。在中国,几乎一半的煤炭消费用于制造业,特别是钢铁工业,但是对电力和钢铁生产中无节制的煤炭消耗所造成的环境影响的考虑并不充分。尽管中国的电力生产基础设施是新建的,但所采取的技术则不然。在缺乏现代化煤燃烧技术的情况下,如此大规模的煤炭消耗将引发严重的环境灾害。

与煤炭消费有关的环境挑战是巨大的,能否成功地应对这一挑战还不明朗。不管怎样,只要廉价电力是一种公共物品,只要煤炭是所有化石燃料中最丰富的资源,只要替代能源仍为数寥寥,那么几乎可以肯定地说,煤炭仍将如 20 世纪一样,至少在 21 世纪上半叶继续成为最重要的能源资源。

1.1.1.2　石油

石油是一种非常重要的能源。石油来源于单细胞水生生物的尸体。也就是说,今天的蓝绿藻、浮游生物以及非常微小、高度对称的硅藻类的祖先对石油的形成都作出了贡献。其他的决定因素包括水的化学成分以及水中这些生物相对数量。所有的石油矿床都需要几百万年才能形成。因此,从人类的角度来看,这些矿床是不可再生的。当这些微小古生物的尸体被埋在泥土或其他沉积物中时,石油形成的过程便开始了。由于黏土的保护,有机物可以慢慢地转化为一种叫作油母质的物质。同时,侵蚀和沉积这两个“孪生”过程会继续改变油母质矿床上面的地貌,并同时改变油母质与地表的距离。如果侵蚀过程占据优势,油母质会暴露在大气中,就不会产生石油;如果沉积过程占据优势,油母质将会越埋越深。随着深度的增加,压力和温度也会相应地增加,假设这个过程持续足够长的时间,油母质将经受很可能形成石油和天然气的温度和压力。一般认为,石油和天然气容易在深度为 760～4900 米的区域形成,如果深度继续增加,就只能形成天然气。这些掩埋与转化的过程需要几百万年时间,而且整个过程中的一些细节,如油母质承受的压力和温度,将会进一步影响最终形成的石油的品质。

汽油是用量最大的轻质石油加工品之一,是一种重要燃料。汽油在内燃机中燃烧的这个过程,从将碳氢化合物分子与氧分子混合开始。当以点火的形式为燃料—空气混合物注入能量时,燃烧过程开始,碳氢化合物分子和氧分子中原子之间的连接被打破,碳原子、氢原子和氧原子重新组合形成二氧化碳、水和其他微量物质。由于连接二氧化碳和水分子中原子所需的能量少于反应开始时连接碳氢化合物和氧分子中原子所需的能量,多余的能量以热的形式释放出来。产生热量正是燃烧反应的目的,而二氧化碳和水只是副产品,没有什么经济价值却无法避免。值得强调的是,从环境保护的角度来看,只产生水和二氧化碳的燃烧反应是理想的,而产生其他产物则要糟糕得多。例如,不完全燃烧会产生有毒的气体一氧化碳。如果反应开始时燃烧室里碳氢化合物比氧原子多,燃料就不会完全燃烧。对汽车发动机而言,这意味着废气中除二氧化碳、一氧化碳和水外还含有未燃烧的碳氢化合物。防污染设备可以通过燃烧剩余的碳氢化合物和一氧化碳,产生更多的二氧化碳和水,但这只是在废气排出燃烧室后才开始发挥作用,因此对汽车效率毫无贡献,而二氧化碳却是全球气候变化的主要因素。

关于汽油燃烧一个根本性的问题:尽管从很多方面来说,汽油都是目前最好的燃料,但即使是以最有效的方式来使用汽油也会产生温室气体,并且无法避免产生二氧化碳,目前也没有办法阻止二氧化碳排放到大气中。

石油在国民经济中有着十分重要的作用，它被誉为"工业的血液"和"黑色的金子"等。石油不仅是一种主要的常规能源、重要的化工原料，也是战略资源之一，它是一个国家的生命线，对经济、政治、军事和人民生活都具有极大的影响。此外，未来数十年里交通燃料的消费量不会明显减少。由于在中国和印度，汽车正变成个人交通的主要工具，因此，这些国家的石油消费量还将会保持高速增长的态势。

在交通运输业，没有更好的燃料可以替代石油。任何一种石油的替代品都必须能够大批量生产并且能够安全地储存和运输。在理想情况下，这种替代品在燃烧时至少要和石油一样清洁，另外，它还应该能够被现有的技术所利用。例如，现在还没有哪种替代品可以用于飞机发动机。目前，石油是唯一能够满足所有这些要求的燃料，这并不奇怪，因为全世界大多数交通基础设施都要依靠石油来运转。尽管像乙醇和生物柴油这样的生物燃料已经在进入交通燃料市场方面取得了一些进展，但是地球上却没有足够的农业用地可用来生产替代哪怕只是小部分的汽油和柴油的生物燃料。即使是最乐观的预测，氢在未来 20 年内都还不能替代石油，因为，即使是在假设所有和氢的生产、运输、储存相关的技术难题都在下个十年内被攻克的前提下，支持氢经济的基础设施也需要很多年来完成。页岩油和煤制油的生产成本较高，而且从环境角度考虑，它们的生产也很难获得支持。最后，完全利用电池来供能的汽车仍然只会是一个利基市场，除非技术革新使得电池性能得到明显的提升。今天，无论是从贸易、安全还是从技术的角度来看，满足全球的石油需求是一个巨大的挑战。

1859 年，在美国宾夕法尼亚州的提特斯维尔（Titusville），人们挖出了第一口商业油井，这是石油业的开始。1915 年，汽油的产量首次超过煤油。早期的炼油厂更多的是把汽油看作是一种危险品，而不是一种有价值的产品，从而专注于煤油的生产，因为煤油可以作为照明材料使用。但是，随着内燃机的成功使用，汽油开始变成炼油业的主要产品。到了 1920 年，石油工程师和地质学家可以准确地估算出，当时所谓标准的石油开采技术其实把 80% 的石油困在了地下，也就是说，油田在仅采出 20% 的石油时便不能再出油了。那时，这些言论已经开始逐渐影响石油生产国的政策，但是其过程依旧很缓慢。

随着第二次世界大战后经济的快速增长推动了对石油的需求，1950 年到 1970 年间，美国石油消费量翻了一番还多，欧洲增加了 9 倍，日本增加了 100 倍，并成为仅次于美国的世界第二大石油消费国。在 20 世纪 70 年代的前五年里，石油消费继续增长，而且大部分来自中东地区。这种情况在美国尤其明显，美国 1972 年的石油进口量比 1971 年增加了 37%，而 1973 年又比 1972 年增加了 31%。这里，美国的石油产量已经到达了"峰值"，从此之后就停止了增长。

关心能源尤其是石油的人最想问的问题之一就是：地球上到底有多少石油？可以肯定的是，石油是有限的，世界石油的产量肯定最终会达到一个峰值，然后开始下降。

如今，石油市场依旧反复无常。这在一定程度上是因为石油供应的紧张以及很多主要产油国都处于政治和军事局势不稳定的地区。石油产量与供应量的小变动可以引起价格的大变动。对于各方而言,不稳定的状况会让制订长期计划变得难上加难。但是,即使是在政治局势更加稳定的地区,石油生产国和消费国之间的利益有些时候也会互相抵触。这两方之间的对立是与生俱来的,而且对立的原因不只是来自经济方面。历史上,石油消费国从来都是毫不犹豫地去压迫一些产油国,甚至动用武力,目的其实就是为了获取石油。但石油生产国会将石油作为反击的武器并使得世界经济秩序紊乱。未来石油生产国和消费国还将会继续受困于让他们常常难受的商业关系。

每个发达国家都越来越依赖全球化的交通行业来解决哪怕是最基本的货物配送问题。空中旅行已经是常态,商业航空是石油的主要消费者。高效利用石油的公共汽车和火车是交通燃料的另一重要市场。但在有些发达国家,随着低人口密度的郊区不断增长,影响了公共交通的效率,并由此产生了所谓的"汽车文化",这一文化产生的前提在于廉价汽油的充分供应。

现代生活需要耗费大量交通燃料。同时,人类遭受着酸雨、全球变暖、烟雾和其他各种各样污染的危害,这些都与汽油、柴油和航空燃油的消费有关。这说明了人类在消费这些石油产品的时候很难不对环境造成大范围的损害。事实上,这也是必然的。但理解这一点并没有让人们的消费模式产生什么变化,因为对于许多人来说,相对廉价的交通是如此地难以割舍。石油依然是现代交通系统得以运转的唯一主要能源。

石油一直是不可或缺的交通燃料。在交通行业中,没有哪种燃料像石油这样灵活、能量丰富、利用方便。但从环境角度来看,石油的生产和消费却无异于灾难。不管人们对全球性的石油依赖及其对环境的影响作何感想,大部分人却以自身行动表明他们宁愿以环境退化为代价换取快捷、廉价的汽油,这是一个世纪以前的情况,那时汽车和航空工业还处于褓褓时期,其环境影响还很小。如果,世界最大工业是由汽车制造商、飞机制造商和石油公司组成,那么上述情形依然如故。

二氧化碳排放是化石燃料所产生的确切的全球性影响。两个最大的二氧化碳排放源分别是发电行业和交通行业。交通行业和发电行业之间的一个关键区别是只有发电行业能够在未来 15 年里显著减少二氧化碳排放。二氧化碳固定排放源从理论上来说是可以配备捕获和封存装置的,但要全面推行还需要克服一些比较大的困难,不过人们已经在考虑制定合理的碳封存方案。交通行业则不然,要实施碳封存技术难度更大,而且成本太高。这两个行业的另一个区别是发电行业中可以采用替代燃料。实际上,一些曾经依赖于化石燃料的国家——最好的例子是法国,已经可以做到在全部电力生产中几乎不再使用化石燃料。然而,现在还没有能够大规模替代石油的办法,这使其在交通行业中是无法被取代的。那么,对交通行业不断增加的二氧化碳排放还有其他解决方案吗?短期内,答案是否定的。即使消费者转而使用燃料效率更高的汽车,虽然这样可以减少平均每辆新车的二氧化碳排放,但正如很多分析家指出,随着全球汽车数量的增加,个人因提高效率而减少排放的效果将无足轻重。在这种情况下,大气中二氧化碳的增长率虽然会比没有提高效率要低,不过由于当前全球二氧化碳排放率居高不下,任何减排的努力在最好的情形下都难以取得显著效果。长期来看,解决交通行业二氧化碳排放的办法可能是简单地依靠转向替代燃料。电池动力,或许还有氢能及其他一些动力来源现在都被划为"替代燃料",它们或许是关键所在。

　　一个世纪以来,石油作为交通燃料一直处于无可取代的地位。以汽油、航空燃油为主要形式的石油消费使现代化的生活成为可能,与此同时,全社会对石油的依赖产生了沉重的环境、经济和国家安全成本。在全世界石油峰值到来之前实现转型将是历史性的变化,而在全世界石油峰值到来之后实现转型将是历史性的灾难。这都将是令人紧张的时代。

1.1.1.3　煤气

　　大约有一个世纪,许多城市的民用燃气都产自煤炭,这种燃气是煤气而不是天然气,天然气多产自气井。煤气是英国发明家威廉·默多克(William Murdock,1754—1839)首先发现的。他发现在低氧条件下将煤炭加热会产生一种易燃气体。另一位发明家,法国工程师菲利浦·勒本(Philippe Lebon,1767—1804)将木材加热也制成了煤气。根据煤气的产生过程和煤炭的化学成分,大约有40%的煤炭可转化为挥发性的煤气。提取出的煤气要经过冷却、提纯,在这一过程中还会产生黏稠的煤焦油、氨和有恶臭的硫化物。进一步冷却后,纯净的煤气就可以使用了。煤气含有一氧化碳、氢、甲烷和一些提纯过程中残留的杂质。

　　在当时,煤气比天然气具有优势。第一,煤炭是提取煤气的原材料,同时煤炭也为提取煤气提供了能源;第二,煤炭方便易得;第三,煤炭是固体,容易从煤矿运到城市的煤气厂;第四,煤炭易于储存。从某种意义上说,煤炭就是固体的煤气,因为煤炭以固态进行输送和储存,当需要时可制成煤气。

　　相比起来,天然气需要通过管道从气田输送到城市(一般来说都很遥远),而管道输送天然气的技术直到20世纪才发展起来。在那之前,安全储存大量天然气的方法尚未出现。输送和储存的问题阻碍了早期天然气工业的发展,所以煤气产业才能够发展起来。煤气的生产过程对环境的破坏非常大,除了直接导致空气污染外,伴随煤气产生的许多有毒副产品倾倒在工厂周围,还导致了土地和水的污染。但在19世纪,环境污染问题还没有受到人们的重视,城市居民更在意的是街道是否美观漂亮。当地煤气厂生产的煤气通过小型管道传输并用于街道照明,其作用在当时是无可替代的。

　　煤气公司一般由所在城市管理,因为煤气公司是天然垄断的。与自由竞争的蜡烛制作者相比,这些人的目标市场难免在地理上相互重叠,但城市街道的空间只够铺设一套煤气管道。所以,一旦某个煤气公司铺好了管道,这条街道上就不可能有其他煤气公司来与之竞争。为了防止垄断者滥用权力,每个城市都只负责管理自己辖区内的煤气公司。起初,一个大城市通常由几家公司共同供应煤气,每个公司各有自己的服务区,每个服务区又被划分成若干小的区域,每个区域都有单独的煤气厂。当地的管理机构只需要管理当地的公司。19世纪后半叶,许多小的煤气公司开始合并成几家规模庞大的公司,但煤气交易还在当地,并且仅靠当地的管理机构就足以管理煤气业。

　　随着市场条件的变化,煤气的用途也相应发生了变化。尤其是当爱迪生发明电灯后,对煤气灯的需求开始逐渐萎缩,煤气更多地被用作取暖、烹饪的燃料。在美国,电灯用了 40 年时间才逐渐替代煤气灯,其原因在于:①用电不仅要付电费,还要付电和输电所需装置(如建发电站、铺设电缆和室内电线)的费用;②电力照明技术起初并不可靠,而煤气技术已相对成熟,且煤气照明的各种设备都是现成的,已有大量的消费者使用。他们已经花费大量金钱为自己的房子铺设煤气管道,并安装了其他以煤气为能源的装置。因为已经为之进行了投资,许多消费者并不愿意停止使用煤气。所以,尽管对煤气灯的需求在慢慢减少,煤气行业却仍然持续繁荣,并成为 20 世纪上半叶的主要行业之一。

　　与煤气相比,天然气的优点不仅在于其高热值,还在于其低污染。煤气在生产过程中会造成大量的污染,有些还相当危险,而且这些污染都发生在城市里。与之相比,天然气的燃烧更为充分,而且由于天然气是从遥远的气田通过管道输送到城市的,所以其造成的污染一般人是看不到的。因此,从消费者的角度来说,天然气根本就是无污染的。尽管如此,煤气作为第一能源的地位仍然持续了数十年之久。直到第二次世界大战前夕,美国许多州都在所辖区域内铺设了天然气管道,煤气的使用才开始锐减。美国的最后一家煤气厂直到 20 世纪 60 年代才关闭。这也说明,无论一种能源对另一种能源有多么优越,要取而代之总是需要很长的时间。

1.1.1.4　天然气

　　在煤炭、石油、煤气和天然气这几种主要的化石能源中,天然气是最后才被大规模生产的。广义来说,天然气是指自然界中天然存在的一切气体,而常用的天然气是从能量的狭义角度,指天然蕴藏于地层中的烃类和非烃类气体的混合物。天然气包括常规天然气和非常规天然气。常规天然气指能够用传统的油气地质理论解释,并能够用常规技术手段开采的天然气。常规天然气一般赋存于圈闭内物性较好的储层中,不经过改造就能开发、生产、利用。非常规天然气是指那些难以用传统油气理论解释,不能用常规技术手段开采的天然气。储层普遍具有低孔、低渗、连续成藏的特点,必须进行储层改造才能开采。非常规天然气主要有页岩气、煤层气、致密砂岩气、天然气水合物等(汪民,2013)。天然气既指已输送入户、可直接使用的天然气,也指尚未开采、还埋藏在地表下的天然气,但这两种天然气的化学成分迥然不同。一般来说,开采出来的天然气要经过处理后才能进入消费市场。为了保证管道安全、高效地运行,管道公司会要求天然气的化学成分达到一定标准后方可输送。消费者也希望所使用的天然气可使暖气炉、热水器和其他用气设备正常运转。而这一切只有靠严格控制天然气的化学成分方能达到。

　　天然气的形成非常复杂,是由深埋在地表下的动植物遗存经过非常漫长的地质时期所形成的。刚开始,大量生物遗存堆积在一起并被细微的沉积物所掩埋。随着时间的推移,新的沉积物不断地一层层地堆积起来,处于底层的有机物所受的压力越来越大,温度越来越高,最终,深埋在底下的有机物慢慢地发生了改变。经过漫长的地质时期,在一定的温度和压力作用下,有些有机物就逐渐变成了石油和天然气(一般有石油的地方通常会有天然气）。

仅数公里地表下就可能埋藏着巨量的天然气。尽管专家的估计值不尽相同，但据大部分权威性报道，仅美国境内可开采的天然气储量就达到 300 亿立方米。也就是说，短期内不会出现天然气短缺。尽管长期以来每天都有大量天然气自地下采出，但随着新技术的发展，也不断有新的天然气藏被发现，甚至有些一度被认为开采难度大、成本高的天然气藏也开始大量产气。

实际上，数十年来，能源公司更愿意致力于生产"煤气"——一种燃烧时释放出的能量远少于同等体积天然气的有毒气体。选煤气而舍天然气，说明早期的天然气商业化应用在技术上有诸多困难。天然气交易与技术开发同样重要，但早期的天然气交易基本不受管制。在 19 世纪的大部分时间里，个人、业界和政府都认为天然气资源蕴藏丰富、永不枯竭。这种认识导致个人和公司浪费了大量的天然气。政府的监管在天然气发展史中向来扮演着重要角色，但由于一开始并没有引入政府监管，导致没能对早期天然气开发进行有效的监管。

天然气利用所造成的最严重的环境问题来源于燃烧环节。在实际的燃烧系统中，天然气中的甲烷通常不能完全燃烧，会产生一氧化碳等污染物，同时还会排放一种重要的温室气体——未燃烧的天然气。实际上，甲烷是远比二氧化碳更有危害的温室气体，其危害程度约为二氧化碳的 20 倍。在开采、输送和储存过程中都会释放天然气。

天然气的主要用途是住宅、商业和工业供暖、工业用热和发电。此外，天然气还应用于其他方面，如在石油化工行业中，天然气作为原料或进料用于多种制造过程；在化肥工业中，天然气用于生产氨——化肥中的一种关键成分。这些应用都非常重要，但是，对社会来说，天然气用于发电和供热的作用更为重要。尽管天然气有许多优点，但与煤炭相比，其劣势在于价格较高，而且预期这种状况会持续下去。尤其是新开发气田的天然气价格，不仅反映了生产成本的提高，而且还说明了对天然气的需求的坚挺。结果是，在新建化石燃料发电厂时，因发电厂的一般设计使用年限是几十年，这就不得不面临抉择：是选择天然气这种清洁但昂贵且将来可能更贵的燃料，还是选择煤炭这种污染更大但是更便宜的燃料。

美国已经是世界上最大的天然气生产国，这归功于页岩的开采。这给美国带来了显著的利益。2013 年，美国的天然气价格是亚洲地区的 1/3，是欧洲的一半还不到。其结果是，美国的民众和公司的冷暖供应费用低廉。靠天然气来进行生产的化学、塑料、肥料等公司都获益匪浅。

2016 年我国天然气在能源消费中的比例大概占 6.3%，远低于世界水平，到 2020 年天然气在能源消费中的比重预计可达 10%。要实现我国天然气发展利用的目标，必须加快天然气利用步伐（王巧然，2017）。2017 年 6 月，13 个部委联合发布了加快推进天然气使用意见，明确指出加快天然气利用，提高天然气在消费中的比重，使我国稳步推进能源消费革命，是有效治理大气污染、积极应对气候变化等生态环境的现实选择，是落实北方地区清洁区、推动农村生活革命的重要内容。

1.1.2　非化石能源

能源是人类社会赖以生存和发展的重要物质资源,全球人口增长和经济增长对能源的需求日益加大。而长期过量开采煤炭、石油、天然气这些常规化石能源,致使其储量快速减少。世界大部分国家能源供应不足,不能满足经济发展的需要。煤炭、石油等化石能源的利用会产生大量的温室气体,造成环境污染。这些问题使得新能源和可再生能源的开发利用在全球范围内升温。针对化石能源不可持续的现实,有学者提出,可再生能源与当代互联网技术的整合,可能引发第三次工业革命。其观点认为,当前高度依赖石油的世界经济不可持续,第二次工业革命已经接近尾声,包括以能源体系向可再生能源转型、为就地收集可再生能源进行建筑物改造、以氢为主体的间歇式能源存储技术发展、便于能源共享的能源互联网建设、零排放的清洁交通运输工具普及应用为五大支柱的第三次产业革命一触即发,并将重塑人类未来的生产生活方式。

在国际上,目前新能源和可再生能源已被看作一种替代能源,可以替代用化石燃料资源生产的常规能源。从目前世界各国既定的发展战略和规划目标来看,大规模开发利用新能源和可再生能源已经成为未来世界各国能源发展战略的重要组成部分。世界新能源和可再生能源消费利用总量将会显著增加,新能源和可再生能源在世界能源供应中也将占有越来越重要的地位。据预测,到 2070 年世界上 80% 的能源要依靠新能源和可再生能源,新能源和可再生能源的产业发展前景非常广阔,世界各国政府也相应制订了未来新能源和可再生能源长远发展计划。在可预见的未来,新能源和可再生能源产业领域和市场投资额将逐年大幅度增加,随之也将创造非常可观的社会价值、经济价值和工作就业机会。过去一说到发展新能源和可再生能源,人们首先就会联想到环境恶化、气候变化和自然资源匮乏。现在世界各国更多考虑的是能源安全、就业机会和新的经济增长点、先进的技术开发和装备制造以及消费者的拥护和能源供应选择。

可再生能源永远不足以使地球运转起来,是吗?每小时到达地球上的太阳能比人类一年所使用的所有化石燃料的能量都要大。再加上由地球与月球相对运动产生的潮汐,来自深层地下的地热等可再生能源足以满足人类需求。可再生能源资源的性质与我们当前所依赖的化石燃料完全不同。石油、天然气与煤炭是储能。我们需要找到并开采它们,但我们却不能控制刮风。天气预报只能预测风,但如果我们在有风的时候未能利用,就会错失这些能源。根据这些特性,我们需要更智能地储存与使用可再生能源。生物质燃料作物在夏季储存光能并在冬季通过燃烧而释放热量,但这会带来一些问题。目前还没有能大量获取的便于使用的可再生液体燃料来驱动汽车与飞机。

1.1.2.1　氢能

氢是世界新能源和可再生能源领域产业中正在积极开发的一种二次能源。氢常被尊崇为"未来燃料",以氢为燃料确实有许多优点:容易燃烧,单位质量所释放的热量高(每单位质量氢释放的热量是汽油的三倍),不会产生二氧化碳、二氧化硫等大气污染物。

氢还可用于被称为燃料电池的动力转换装置,其效率大大高于燃烧。理论上氢是一种可再生燃料,因为水既是氢的来源又是其利用过程生成的产物。这些优点令许多人坚信氢取代化石燃料并创造出一种新的经济形态只不过是时间问题。

氢是地球表面第三大丰富的元素,但地球上的氢很少以除了甲烷、水和氨等化合物之外的形式存在。自由氢数量的缺乏对其作为燃料的价值具有深刻的影响。关于氢的一个重要事实是,它是一种二次能源。氢与电的共同之处很多,都是通过消耗一次能源(如天然气、煤炭、石油和铀等)才能产生。区别在于一次能源是已经存在且可用的,只需要在利用前进行加工。例如,天然气在燃烧前要进行加工处理;石油在用于交通行业前必须进行炼制;铀必须去除杂质,有时还要浓缩后才能作为商业核电站的燃料。但是这些加工过程所需要的能量理论上是这些一次能源自身就具备的,例如,铀含有的能量远大于从铀矿石加工成燃料所需要的能量。在这个意义上,一次能源是富含能量的。氢则全然不同:制氢过程消耗的能量要大于氢利用时所释放的能量。换言之,如果消耗 n 个单位数量的氢用于制氢过程,那么所获得的氢要小于这个数量,因为制氢消耗的能量要大于原来氢供给的能量。因此,要获得数量丰富的氢,就必须有一种丰富且廉价的一次能源,既可满足生产需要又可作为实用原料。所以,用氢取代化石燃料的第一个障碍就是如何以经济的方法生产大量氢。

以氢为燃料在实际利用上存在一些严重的障碍:制氢成本高;输运成本高;作为汽车燃料使用时难以储存足够的氢以维持实用的行驶里程;到目前为止,燃料电池的制造成本较高,以致很难在很多实际场合中得到应用。

1.1.2.2 核能

核电是重要的清洁能源,并且成本较火电低廉,成为许多国家重点发展的能源。核电站用途单一,它唯一的目的就是把热能转变为电能。从这个意义上讲,核反应堆与其他商用发电站有许多共同之处,都是生产热能,把热能转变为动能,再把动能转变为电能。核电站与其他发电站的区别在于它们生产热能的过程:核电站依靠核裂变现象产生热能,而不是靠燃烧这样的化学反应或其他过程。

石油、天然气成本的增长,核电站自身效率的提高,使得曾经昂贵的核动力发电技术变得相对便宜。原因有两点:第一,石油和天然气生产电力的平均价格现在趋向于比核电更高;第二,事实证明,石油、天然气的供应和价格难以预料。受到自然灾害、不断增长的需求和政治危机的影响,石油和天然气价格变得越来越不稳定。相比之下,核燃料不仅相对便宜,而且通过核动力生产的电力在价格上也很稳定。

核电站不产生二氧化碳,因此核电站能够生产大量电力而不会影响全球的气候。通过法国我们可以看到核电站对碳排放的影响:在 1970 年到 1995 年间,法国人口增加 31%,经济增长 17%,发电量增长 214%,而它的二氧化碳排放量减少了 16%。这是因为法国核能发电量的比例在这段时期内由 6% 增长到 77%。核电发电量占法国总电力的比例目前稳定在 80% 左右,剩余的 20% 电力供应由水力发电和化石燃料发电各承担一半。虽然几个主要的发达国家对减少温室气体排放的重要性有许多讨论,但是只有法国切实减少了排放,因为只有法国的电力生产基本不再依赖化石燃料。

核电站的主要问题是安全问题。人体在短时间内吸收大剂量辐射会导致疾病或死亡,辐射对人类健康的作用取决于辐射的类型、人体吸收的辐射剂量以及人体暴露的部位。1986 年 4 月的切尔诺贝利核电站的爆炸事故造成了严重的健康、环境和社会经济影响。据国际原子能机构预测,事故造成的死亡人数为 4000 至 6000 人,其中包括事故发生后几十年内可能出现的死亡。这些人大部分都是 1986 年至 1989 年进入该地区的 60 万名清洁人员、少数疏散人员以及仍然驻留当地的人员。研究人员预计这群人的患癌率会增加几个百分点。绿色和平组织的预测更为惊人:切尔诺贝利反应堆释放的辐射将导致 93000 以上的人死亡(塔巴克,2011b)。2011 年 3 月 11 日,大地震及其引发的海啸重创日本东北部地区,受灾最重的是福岛、宫城和岩手三县,地震和海啸直接导致福岛县 1614 人遇难,宫城县有 9540 人遇难。地震导致核事故给福岛带来了更深伤害,让原本物产丰饶、环境优美之地变得令人生畏,至今依然有大片土地被划为“禁区”。福岛县总人口比灾难前减少了约 14.8 万人,仅福岛一个县至今仍有近 5 万人过着避难生活。日本福岛县知事内堀雅雄在 2018 年 3 月 7 日的记者会上说:福岛核事故带来的多重灾害不是过去时,而是现在进行时(华义,2018)。

日本大地震和核电事故之后,日本政府经历了电力不足的困难局面,决定采取新的“能源环境战略”,并决定到 2020 年大幅减少核电站的比率。日本政府同时还提出了利用可再生能源、加大节能力度、加快能源转换速度的三项选择(曲德林等,2013)。福岛核电站事故之后,日本全国的核电站停止运转导致了电力不足,这使得日本国民的能源价值观发生了变化,节电行动从此开始。

2011 年日本福岛核事故发生后,一些国家的民众和政府对核电的安全性产生了担忧,全球核电发展受到一些质疑,部分国家甚至改变了核电政策。日本政府提出,到 2030 年实现“零核电”,德国提出逐步“弃核”,比利时、意大利和瑞士也提出重新评估其核电项目,奥地利、丹麦、希腊和新西兰则继续坚持不利用核能的政策(中国国际经济交流中心课题组,2014)。

1.1.2.3　水能

古罗马人、中国人以及日本人都使用过各式各样的水车。一些水车是水平放置的,一些则是竖起放置的;有时还会用上传动装置。水车构造上的精密细节取决于水流速度、单位时间内冲击水车的水量,以及设计者的技术素养等。所有水车的共同之处是,它们将直线运动变成旋转运动,具体地说,它们都用流水来推动轮轴旋转。这点至关重要,因为一个旋转的轮轴可以驱动一台机器。水力发电发展源于英国科学家迈克尔·法拉第(Michael Faraday,1791—1867)的工作。法拉第一开始是被作为装订商培养的,改行后最初从事化学研究工作,但如今则是作为电磁相互作用的发现者而被世界各地的人们所称颂。法拉第最重要的发现之一是:如果让铜盘在磁铁的两极之间旋转,并使铜盘的边缘与中心分别和一个电路的两端相连接,那么将可以得到稳定的电流。和已经发明的电池相比,法拉第的电源可以无限期使用,它产生的电取之不尽,永远不会失灵。他将发电变成了一个机械问题,而非化学问题。他的实验表明,要想持续不断地得到电,只要给发电机的轮轴提供一种持续不断的能源即可。

水电常常被认为是无排放的电力资源。因为水电站是将动能(而非化学能)转变为电能,所以它们不会释放温室气体。在全世界温带地区确实是这样的,但在热带地区,情况却要复杂一些。在热带大坝后水库深处的低氧环境中,细菌领先有机物生活。这一过程的副产品之一就是细菌所释放的甲烷。在深水处的高压下,甲烷容易在水中积聚起来。但当这部分水流过水轮机,并在大坝下游端遭遇低(大气)压时,甲烷就会从水中涌出,跟汽水瓶第一次打开时二氧化碳涌出的情形差不多。这对环境影响很大,因为一旦进入大气,甲烷截留热量的效率比二氧化碳高得多——也就是说,甲烷是比二氧化碳强得多的温室气体;而对有些水坝来说,向大气中释放的甲烷量是很大的。巴西国家空间研究所的科学家估计,巴西的一些水电设施以上述方式释放的甲烷对气候的影响,比输出功率差不多的火电厂所排放的二氧化碳对气候的影响更大。他们估计,全世界各地在热带环境下运营的水坝所释放甲烷的总的影响,相当于排放 8 亿吨二氧化碳的影响,这是一个巨大的环境负担。

另外,大型水电站需要占据大量的土地。许多大型水电工程还涉及大规模的移民,例如,我国三峡工程涉及一百多万人口的移民,三门峡大坝涉及 40 万人口的移民,新安江大坝涉及 30 余万人口的移民。大型水电工程还涉及上、下游环境的改变。大坝的上游通常会形成一个大湖,从而改变相关部分河流的整个生态。一部分物种的生存环境恶化,而另一部分物种的生存环境则得到改善。在大坝的下游,水电站的影响更复杂一些,它涉及大坝的运行方式。大坝的运行取决于政府监管和市场压力之间的相互作用。但如果目标是维护河边的环境,使它尽量不发生改变,那么水电站的建设将具有相当大的挑战性。水电站对更大范围环境的影响同样也很复杂,它和水电的定价以及大坝下游水的使用方式有部分关系。政府通常选择对水电成本进行补贴,也就是说,电的卖价低于它的成本价。在某种意义上,这使得水电站成为赔钱的企业。但电不只是简单的商品。廉价的电是各种经济增长的一个要素。换言之,即使一项电力工程从未通过卖电赚钱,它也依然具有举足轻重的、积极的作用。另外,利用波浪和潮汐发电等也属于利用水能的新方法。

虽然大型水电工程有它们自己的环境问题,但它们的价值必须结合现有其他类型的电站来进行评估。许多人都认为水电站在环保方面要优于火电站。

1.1.2.4 风能

很早以前人们就已经能够成功地利用流动空气的力量。风力使早期的法老们能够在尼罗河上航行。使用风车来抽水和碾磨食物历史有 1000 多年之久。欧洲探险家们借助风力横渡世界各大海洋的历史也有好几百年。掌握风的规律让欧洲人能够到达位于南北极之间所有的沿海地带及其内陆,但"如果政治变化和文化内因没有扼杀中国水手的抱负,那么很有可能历史上最伟大的帝国主义者就是远东人而不是欧洲人(克罗斯比,2017)"。19 世纪后期,人们对风力的兴趣减退了。风力技术——尽管有的已经相当先进——被化石能源技术取代了。

风轮机是能量转换装置,它将风的动能转换为电能。但没有哪台风轮机能生产出比风力更大的电力来。实际上,任何风轮机所产生的电能都必然大大小于风的动能,因为任何能将风的动能全部转换为电能的装置都必然会将风完全截停。风的运动不够稳定,不够可靠。但没有哪种电力资源是完全可靠的。每种电力资源都可能会因为定期维修或者机械故障而临时不能用。从机械方面来说,风轮机非常可靠。它们在机械方面正常可用的时间平均可达 95%,换言之,它们因为出现故障或因为维护而关闭的时间不到5%。但是风电场有另外一种不确定性因素。它们的"燃料"风只是间断可用。但这一观点本身又容易夸大它们的不可预测性。虽然不可能预测未来一个月或者两个月的风速,但是天气预报在预告未来一两天的风速方面还是很有用的,而有关未来一两个小时的风速预报更是特别有用。精确的天气预报使风力发电商可以有一定的信心加入实时电力市场。在有精确天气预报和好的时机的情况下,风力发电商可以在实时电力市场竞投合同并获利。利润的大小取决于刮风的时机。假如有两个风电场,一个风电场通常在峰荷时段刮风,而另一个通常在非峰荷时段刮风,那么,在峰荷时段发电的风电场就比在非峰荷时段发电的风电场更有价值。

伤害鸟类成为风电场所遭遇的环境问题之一。研究表明,通过改变塔架的设计可以减少鸟类的死亡。因为一些式样的塔架比另一些式样的塔架更加吸引鸟类,从而使它们飞落到有可能使之丧命的转子附近。研究还表明,安装风轮机的地点有时也会使它对鸟类特别致命:在峡谷的风轮机倾向于比安装在别处的其他风轮机杀死更多的鸟类。风电对鸟类的影响也印证了要判断什么是"绿色能源"有多困难。

1.1.2.5　太阳能

地球人赖以生存的两种主要能源,一种来自于地球内部的热能、岩浆和气体的涌升,另一种来自于太阳的照射。前者为外部生物体提供能量,例如那些依靠海洋深处的热液喷口而生存的生物,但这种能源几乎不会对人类历史产生直接影响。后一种能源——阳光,无论从哪个角度来衡量,都是最丰富的能源,是我们星球表面最重要的生命燃料。俄国著名地球化学家沃纳德斯基(Vladimir Vernadsky)说:我们都是"太阳的孩子"。生活所需的一切,包括食物、衣物、住房以及取暖和做饭所用的燃料,都来自土地,取自太阳光每年赐予地球的能量(马立博,2017)。

太阳是人类生命以及人类赖以生存的其他所有生命形式的中心。在太阳系的所有物质中,太阳这颗恒星几乎占到 100%。我们的地球只不过是太阳系形成之时残余散落碎片中的一粒"尘埃"。太阳足足能够装得下 130 万个地球!

在太阳核心中氢聚变所产生的能量,上升到太阳表面,并且以光的形式,散发到四周的空间,成为生命燃料。光以光速行进约 8 分钟——9300 万英里之后,到达地球这个宇宙中的尘埃,于是,地球吸收了这种辐射能量当中约五亿分之一的能量。在这被地球吸收的五亿分之一的能量之中,又有一半的能量被反射回宇宙,或者被大气和云层所吸收。剩余的能量(对太阳来说是极其微小的)就是太阳的赏赐,它使地球表面的生命成为可能。从太阳供养万物生长的意义上说,它是地球上的能源之母和生命之母。

与现代社会相比,古代社会能源匮乏,而太阳能在能源供应中的贡献十分可喜。古代社会更多地是通过被动式太阳能技术使用太阳能。被动式太阳能技术是指一系列直接利用太阳能的技术,通常用来取暖和制冷,它不需要任何机械或电气装置的辅助。例如,许多工艺简陋的古代文明采用这种技术建造房屋建筑,这样即使在数九寒冬,室内也能够尽可能多地吸收阳光。太阳能很分散,而且地表的太阳能时有时无,并不可靠。因此,当人们发现燃烧矿物燃料可以随时随地获取大量热能后,全世界的人都开始采用这种方法,房屋、工厂和公共建筑的设计很少考虑太阳是一个热源。随着人均可使用能量的数量迅速增长,人们对太阳能的兴趣降低了。不过,有越来越多的设计师开始注重房屋朝向太阳的方向。在一些地区,最著名的是荷兰和德国,具有被动式取暖和制冷系统的新建筑随处可见。因为这类建筑的设计目的是要利用本地的条件——如当地的阳光强度、建筑物相对太阳轨迹的方向,所以它们的成本相对较高。被动式系统非常重要,但是利用阳光驱动机械装置对社会和环境的意义更加深远。这些技术可以把阳光转化为动能。目前,阳光到动能的转化过程通常分为两步:先把光转变为热能,然后把热能转化为动能。光伏太阳能技术直接把阳光转变为电能。但光伏阵列成本昂贵,并且光伏技术向电力行业的渗透还受限于缺少高效而廉价的储电方式。对于大规模应用来说,光伏技术目前仅仅拥有少量示范性电站。这些电站建造成本高,夜晚无法工作,白天还不可靠——一朵白云就能导致发电功率显著降低。这些问题似乎并非不能从根本上解决,光伏技术依然可以为电力供应作出重要贡献。提高光伏太阳能技术的效率和降低它们的成本是全世界许多实验室研究的主要目标。

与许多常规能源相比,太阳能技术贡献较小,但它的潜力巨大。数十年来,太阳能技术的支持者对利用太阳能中涉及的困难轻描淡写,他们更喜欢预言各式各样的太阳能技术将迅速、广泛地普及。太阳能热水器能够明显降低高能耗生活方式带来的环境恶化。电力需求也一定会得到满足,问题是采用什么发电技术。任何用较高成本发电来满足电力需求的国家都愿意把钱用在研究发电技术而不是发电本身上。除了工程技术以外,政治、经济和环境因素都会影响太阳能的未来,太阳能的前途充满了未知。

美国前总统卡特在 1979 年说过这样一句话:"没人能够禁止太阳升起。"当时,在石油危机的压力之下,卡特制定了一项大型的发展计划,拥有一个雄心勃勃的战略目标:到 2000 年时,让太阳能电力占到美国电力需求总量的 20%。

"太阳能电板"一词包含两种不同的技术。太阳热能或太阳能热水系统是最广泛安装的可再生能源技术。太阳能发电或光伏发电系统可产生电力。大规模光伏发电系统较不常见,但小型电板较为常见,如用于道路信号灯。其主要的障碍是成本。一套太阳能热水系统至少可以省省 10% 的能源支出。虽然冬天较少,春天和秋天提供一半,而夏天则能提供全部的热水。当前的光伏系统与其所发电力相比成本十分昂贵。新的低成本技术正在研发之中,未来有望看到更多的家庭光伏系统。

太阳能有许多优点,包括:①是可再生能源,可以永续利用,没有匮乏之忧;②是清洁能源,不产生废弃物,不会污染环境;③数量巨大,每年到达地球表面的太阳辐射能约为 130 万亿吨标准煤,即约为目前全世界所消费的各种能量总和的 1 万倍;④分布广泛,除了地球两极外,世界各地每天都会见到阳光。但其缺点也是显而易见的,包括以下几方面。①密度低。在北回归线附近,在垂直于太阳光方向 1 平方米面积上接收到的太阳能按全年日夜平均只有 200 瓦左右。因此,在利用太阳能时,想要得到一定的转换功率,往往需要面积相当大的一套收集和转换设备。②变化大。白天太阳照射,晚上则没有太阳,即使同一个地点,也受到季节变换、天气变化的影响,所以,到达某一地面的太阳辐射既是间断的,又是极不稳定的,这给太阳能的大规模应用增加了难度。③成本高。能量密度低是导致太阳能设备成本高的主要原因,蓄能也是太阳能利用中的薄弱环节,光电转换效率低则是制约太阳能光伏产业发展的瓶颈。发展太阳能的先期投入很大,目前太阳能的利用除太阳能热水器之外,多数技术的成本仍然较高,不仅无法与化石能源相竞争,而且也无法与风力、水力发电相比,在今后相当长一段时期内,太阳能利用的进一步发展主要受到经济性的制约。但很多人都相信,人类社会终将进入太阳能时代,太阳能将成为人类社会的终极能源;未来的能源形态将是"原能的太阳能时代,递能的电能时代,燃能的氢能时代";在太阳能时代,人类将会避免因使用各种能源,特别是化石能源所带来的种种危害,并使人类与大自然全面地协调发展(董崇山,2006)。

1.1.2.6　地热能

地热能是来自地球内部的热能。它也是一个术语,用来表示那些利用地球热能做"有用功"的技术。这里的"有用功"通常是指把热能转变为电能,但是一些工程师也发现了利用地热能直接加热建筑、洗浴用水或融化道路积雪的方法。地球内部极其炎热——达数千度的高温。在某些远离大陆边缘的地方,地球灼热的内部区域甚至海洋下的地表,地球的固体表面层岩石圈厚约 100 公里,而在火山附近,不管是哪里的火山,地表下可能就存在大量高温岩石。数量庞大的高温岩石正是一种能源。地热工程师的目标就是把地球用之不竭的热能变成电力,或者进行其他应用。

目前,许多易于开发地热资源的国家都在利用地热能发电。就像那些早期设施一样,这些地方现在使用的技术最初发展起来的目的并不是用于地热能发电。用来产生高温流体的钻井技术来自于石油和天然气工业,把热能转化为电能的设备对于其他许多类型的发电站工程师来说自然也非常熟悉。但是,如何改进地热技术以适应当地的条件,从而使地热资源的利用最大化,依然存在挑战。目前地热能发电总量仍然远小于需求量,反映出可用的地热资源数量较少。但是,为了满足电力市场不断增长的需求,工程师们开始探索如何获取存在于地球深处的、规模更大的、更难以获取的热能资源。这些工作将需要新观念和新技术。地热能发电现在才刚刚诞生,它还将继续发展下去。

冰岛因其地热能应用而闻名,地热能直接使用的实例随处可见。实际上,直接管道取暖是冰岛地热能的主要应用(冰岛的电力供应大部分来自水力发电)。冰岛有近90%的建筑利用地热能取暖,其广泛应用反映了冰岛独特的地理特征。冰岛最大的都市雷克雅未克的人口约占全国的一半,那里几乎所有的建筑都靠直接式热水管道供暖。此外,直接式热水管道还用于许多孤立的农村家庭。由于冰岛有许多地热能资源距离地表非常近,所以这种技术相对简单,费用也可以接受。在不少城区,直接式热水管道甚至用于融化街道积雪,加热室外公共游泳池,在这片寒冷的土地上这种游泳池随处可见。此外,冰岛有许多农作物都种植在直接式热水管道加热的温室中。其他产业也在使用这种丰富而廉价的资源。

地热能对满足世界能源需求作出多少贡献,对这个问题的看法存在着巨大的分歧。较乐观的估计指出,地壳下存在的大量热能是取之不尽的。较悲观的估计更强调绝大部分地热能无法利用现代技术获得。目前这两种观点都正确,地热能的未来将取决于它自身的技术突破以及其他能源技术的研究状况——地热能生产商必须与其他能源技术竞争。

尽管常常把地热能归为可再生资源,但它可再生的意义与太阳能不同。地热发电站的工人必须小心翼翼地监控发电站工作对地热能源的影响,甚至冒着永久性毁坏该资源的风险。相比之下,太阳能不会发生这种情况。因此,地热能技术需要监管,他们可以长期经营,甚至可以永久经营,但前提是其经营方式不会破坏那里的地热资源。

1.1.2.7 生物燃料

生物燃料来源于生物质的非化石燃料,包括(但不限于)木材、秸秆、甘蔗渣、动物粪便、垃圾填埋气、生物柴油、生物乙醇、城市垃圾、(制浆造纸工业产生的富含能源的)黑液、柳枝稷以及来自植物物质和动物物质的各种合成气体。生物燃料不同于化石燃料,从某种意义上说,两者的不同点就在于生物燃料是可再生的。生物燃料种类繁多、来源多样,可粗略地分为三类:森林燃料、农业燃料和基于城市垃圾的燃料。

生物燃料是最早的燃料,应用历史非常悠久。生物燃料是遥远时代人类所控制的唯一能源来源,在今天依然具有重要作用。木头作为燃料的早期历史表明,哪怕维持适度人口的生活,都需要大量木头,没有对森林的集约管理,生产这么多木头就可能导致环境灾难。为了使生物燃料成为重要的能源来源,必须大规模地、高效地收获生物质——生物燃料的来源。在许多国家开始转向化石燃料以前,森林一直都是能源和原材料的主要来源。人们还经常认为森林占用土地,这些土地用于耕作或放牧更有价值。因此,森林价值有时被低估,并遭到破坏。如今,许多发展中国家因生产生物燃料而使热带森林在数量上不断减少。

在与能源生产相关的所有问题中,没有哪个问题比生物燃料生产问题更复杂的了。要获取足够的生物质来满足需求,就需要集约经营大量森林,还要求把用于粮食和饲料生产的农业资源转用于燃料生产。生物燃料具有特殊的环境和经济破坏作用。生物燃料的生产和使用会产生许多社会后果,这些后果涉及的范围远超能源行业。这些后果包括(但不限于)环境、粮食成本和道德——用农业资源生产机动车辆燃料,当其导致粮食价格上升时,是否道德?简言之,燃烧粮食道德吗?与生物燃料生产和使用有关的问题往往比与其他能源生产和利用相关的问题更复杂。

生物燃料能有多大贡献?这个问题很难回答,因为在通常情况下,现有的生物质数量与能够用于生物燃料生产的生物质数量之间具有很大差异。首先在于,生物质通常不止一种用途。例如,奶农用牛粪发电,施田的肥料就减少了。奶农的田地需要施肥,他们就必须平衡热、电和肥料对牛粪的需求。与此类似,农民把玉米卖给乙醇生产者,实际上就意味着他们减少了种植粮食和饲料的土地面积。多少土地投入乙醇原料生产,多少土地投入粮食和饲料生产,这部分取决于乙醇价格与粮食、饲料价格的差异。每种产品的利润差异影响未来的生产决策;反过来,生产决策也影响未来的利润。做出这些决策是困难的,并存在经济风险。还有许多例子说明农民必须在多种用途之间进行平衡以生产某一特定的产品或副产品,其中一些情形会比另一些情形更复杂、更微妙。不过重要的是要明白,任何生物燃料的生产都只是代表生物质多种可能用途之一而已,无论选择哪种用途,都有严重的经济和环境后果。其次,虽然生物质数量多,但是分布区域往往很广。

有时把生物燃料描绘成有益于环境的燃料。出于经济、能源安全和环境等方面的考虑,燃料乙醇被用作充氧物以减少汽车尾气排放、对进口石油的依赖以及国内石油生产干扰的风险。使用乙醇的另外一个优势是拉动农村经济。在目前的生产规模下,生物燃料利用只有适度的环境效益或危害。目前,从整体上讲,生物燃料的使用力度还不足以使燃料消耗模式和环境产生很大变化。但是,随着生产规模持续扩大,生物燃料的积极影响、消极影响及其价值等更广泛的问题,将会变得越来越突出。近 30 年来,以乙醇为代表的生物燃料与石油的竞争和替代问题已经成为全世界经济和政治争论的重点。如果要继续满足运输业对燃料的需求增长,目前的生物燃料产业必须从谷物粮食原料转移到替代的可再生原料,如非粮食木质纤维素生物质(Báez-Vásquez et al,2008)。以玉米为例,玉米是常用粮食,未经加工的玉米就是一种常见的配菜。经过加工的玉米则成为多种食品的常见成分——其他玉米产品,特别是高果糖玉米浆,被用于制作从糖果到面包等多种食品。这些食品的价格必定部分体现玉米的价格。玉米是动物饮料的主要成分,玉米价格提高也转化为牛奶、鸡蛋和肉类价格的上涨。最后,打算增加玉米生产的许多农民,都要以牺牲其他作物为代价来种植更多的玉米。改变农业土地用途,意味着玉米生产增加,而一些其他粮食和饲料作物的生产减少,结果导致粮食价格上涨。尽管对于玉米生产增加、土地利用方式改变以及石油天然气价格上涨对食品价格的相对作用存在意见分歧,但肯定的是,随着能源、粮食和饲料市场的共同演变,未来多年粮食价格都将剧烈波动。美国明尼苏达大学 2007 年进行的一项研究认为,如果美国种植的所有玉米都用来生产乙醇,那么,它只能取代大约 12% 的汽油供应。该报告的结论是:"如果不影响粮食供应,那么(乙醇或生物柴油)都不能取代多少石油供应。"(塔巴克,2011d)但是,美国不可能承受把所有玉米都转化为乙醇。核糖乙醇永远不可能真正与作为全国运输燃料的汽油竞争,因为它永远不够用。产量增加、农业不断扩张以及石油及天然气的价格与获得性都将影响粮食和生物燃料行业发展的方向。在任何情况下,烧掉自己的食物都将付出真正的代价。

生物能源的原料来源广泛,包括生活垃圾、木屑、农业残余物等。生物能源使我们与周围环境的联系更加紧密。各国大力推广生物能源,如丹麦广泛使用秸秆;奥地利、德国、英国、瑞典发展沼气。发展生物能源技术的原因主要有:保障能源安全、减缓气候变化以及发展农村经济。在保障能源安全方面,生物能源有助于减少对其他国家的能源依赖。在减缓气候变化方面的优势在于生物能源属于碳中性能源,因为植物在生长过程中储存了碳又在燃烧时释放了碳。

在能源的可利用量与现有规模之间存在一个奇怪的关系:能源可利用的数量越多,它被使用的越少。在能源与环境危机的双重背景下,生物燃料被新技术赋予了新的生命力,成为被广泛应用于热能、电力和运输等的"生物能量"。生物能源被认为是一种可再生的、碳中性的清洁能源,具有可持续发展的优势,是取代化石燃料的替代能源选项。然而,生物燃料已经在能源生产、土地和其他资源的使用方面引发了很大的争议。

1.2　全球能源系统

人类的能量获取主要来自食物能量和非食物能量。食物能量是人类通过机体消化系统吸收食物中的能量,以维持生命运转和对外做功(Pontzer et al,2014)。一个成年人每天平均需要 2000~2700 千卡的食物能量。非食物能量主要是生产、生活和交通等所需的能量,包括各类燃料:薪柴、煤炭、石油、天然气、太阳能、水能、核能等用于炊事、取暖、制冷或为机器提供动力。非食物能源广泛用于工农业生产、交通、商业和生活。在人类社会发展中,"食物能量的消费会随时间推移而变化……大多数狩猎(采集)社会消耗的非食物热量都相当少……农业社会通常有数量多得多的坚固房屋,有大量的各式各样的人工产品,而现代工业社会无疑更是能生产出数量巨大的非食物产品。在历史的大部分时期,人均非食物能量都是趋于上涨的"(莫里斯,2014)。

通常,社会发达程度越高,非食物能源所占比重就越高。早在 19 世纪,德国统计学家恩格尔就发现,一个家庭的收入越少,家庭收入或总支出中用于购买食物的支出所占比例就越大,随着家庭收入的增加,家庭收入或总支出中用于购买食物的支出比例则会下降。推而广之,一个国家越贫穷,其国民平均收入或支出中用于购买食物的支出所占比例就越大,一个国家越富裕,这一比例就越小。这一比例在经济学上被称为"恩格尔系数"(Engel's Coefficient)。总之,非食物能源支出增加越多,恩格尔系数越低。恩格尔系数的下降表明人们生活水平的改善以及幸福指数的上升。联合国根据恩格尔系数的大小,对世界各国的生活水平有一个划分标准,即一个国家平均家庭恩格尔系数大于 60%为贫穷,50%~60% 为温饱,40%~50% 为小康,30%~40% 属于相对富裕,20%~30%为富足,20% 以下为极其富裕。按此划分标准,20 世纪 90 年代,恩格尔系数在 20% 以下的只有美国,达到 16%;欧洲、日本、加拿大一般在 20%~30%,是富裕状态。东欧国家一般在 30%~40%,相对富裕,剩下的发展中国家,基本上分布在小康。中国在 1978 年时的恩格尔系数为 60%,属于贫困国家,2003 年时为 40%,属于小康国家,2016 年时为 30%,属于相对富裕国家。

在工业时代,能源是成为发展的先决条件:能源越多,经济越繁荣。在过去的一个多世纪里,人类的能源开发利用方式经历了两次比较大的能源消费时代变迁,即从烧薪柴时代到使用煤炭的时代和从使用煤炭到目前大范围使用石油和天然气的时代。在两次能源消费利用变迁的发展过程中,能源消费结构在不断发生变化,能源消费总量也呈现大幅度跨越式的增长态势。在两次能源消费时代的变迁过程中,都伴随着社会生产力的巨大飞跃,极大地推动了人类经济社会的发展和进步。同时,随着人类使用能源特别是化石能源的数量越来越多,能源对人类经济社会发展的制约和对自然环境的影响也越来越明显。

全球能源系统是资本密集的、昂贵的、扩张性的。"如果没有煤和蒸汽,仅仅靠棉纺织业不能把英国经济从一种受旧生物体制束缚的经济转化为因利用新的化石燃料能源储备而摆脱其束缚的经济。的确,如果试图描述'工业革命',其特征应该是矗立在工厂上方的大烟囱(马立博,2017)。"18 世纪工业革命以来,人类开发、推进的产业文明,是以"地球资源无限、大自然的循环机能永恒"为前提的,但是,由于目前能源和资源供给量的制约,以及地球的温室效应,都表明这个前提条件已难以支撑。从 1900 年到 2000 年的100 年间,全球人口翻了 4 倍,从 16 亿增长到 61 亿,但年均人均能源供应增长更大,从1900 年的人均 14 吉焦增长到 2000 年的人均 60 吉焦。在此期间,美国的能源消耗增加了3 倍,日本增加了 4 倍,中国增加了 13 倍。个人的能源密集型生活方式更为惊人。在 1900年,一位美国中西部农民用 6 匹大马耕地会产生大约 5 千瓦的畜力。1 个世纪后,同类农民坐在装有空调和音箱的封闭拖拉机里可轻松产生 25 千瓦的动力。在 1900 年,操作机车达到近 100 公里/小时约需 1 兆瓦的蒸汽动力,而 2000 年,位于地面 11 公里上空的波音 747-400 飞机速度高达 900 公里/小时,需要耗费 120 兆瓦的动力(Smil,2000)。

这些现代能源利用方式反映出主要能源资源从直接来自太阳(如人力和畜力、木材、流水和风)转变为依赖化石燃料。例如,全球使用的碳氢化合物从 1750 年到 2000 年增长了 800 倍,从 1900 年到 2000 年增长了 12 倍(Hall et al,2003)。假定人体平均每小时产生 60~90 瓦的能源当量,那么 133 亿人——几乎为当前全球人口的 2 倍——工作 60分钟所产生的能源才相当于美国电网在 60 分钟内提供的能源。有人估计全球劳动力约30 亿人,其中有 21% 的人从事与能源开采、生产和消费直接相关的工业行业——不包括剩余的 6 亿 3000 万在农业或建筑业等能源密集型行业工作的人(Kohler,2010)。部分地由于现代世界对化石燃料的依赖,20 世纪成为一个重大的转折:一方面是与过去的决裂,另一方面是一个庞大的、无法控制的、史无前例的试验的开始。这是一次赌博,似乎认为,这种 20 世纪的、以消费化石燃料的方式来安排世界的行为将不会以破坏地球上生命赖以生存的生态基础为代价。到 20 世纪末,人类消耗的能源已经只有 40% 来自光合作用的自然过程。我们正生活在一个人类世。

相应地,现代能源生产与使用涉及多重燃料链。例如,煤炭系统涉及煤矿和铁路,以及电厂及其传输网;风电场需要铝、铜、水泥和玻璃纤维等以制造涡轮机和其他配件,以及变电站和相关电网;采矿业与电力行业部分重叠,煤矿和油井向电厂等提供原油、未加工过的天然气、未洗过的煤等原燃料。人类在 2005 年使用约 $5×10^{20}$ 焦的能量,但到 2030 年要增长 45%,到 21 世纪末将翻 3 倍。2011 年,全球有 81% 的能量来自化石燃料(International Energy Agency,2011)。虽然特殊的技术与燃料来源多样,但全球能源系统主要由三个相互关联却不同的行业构成:电力、交通、取暖与烹饪。

1.2.1 电力

电力现在可以驱动灯泡、冰箱、电视、收音机、手机、汽车等现代生活的几乎所有方面。在 1900 年,只有不到 2% 的全球电力来自化石燃料,1950 年时为 10%,2010 年则超过 67%。目前,人类越来越依赖互联网、电视、手机等信息与媒体技术和设备,以及驱动这些设备的能源。

煤炭与石油的消耗是造成全球 CO_2 排放量一直在快速增加的主要原因。在世界的大多数地区,发电的最主要方式是以煤炭为燃料的火力发电,石油则是交通运输领域的主要动力来源,如驱动轿车、卡车、轮船、火车和飞机。要减少 CO_2 排放,我们必须减少电力生产对煤炭的依赖及交通系统对石油的依赖,这样不仅有利于气候问题的解决,也有助于石油问题的解决。2012 年初,全球有 75000 个以上的电厂及其 17 万个发电机——半数为煤电厂,440 座为核电站,通过约 400 万英里的传输线路进行电力输送。全球最长的传输线路在刚果民主共和国,长约 1056 英里,建造成本 9 亿美元。美国的电力部门有 2 万座电厂,50 万英里的高压传输线路,1300 座煤矿,410 座地下天然气田,125 座核废料储存设施,还有数以亿计的变电器、末端、电摩托等。这是经济活动中资本最为密集的行业,有 10% 的沉降投资。2007 年的电力支出为 3550 亿美元(当年美国国民经济的 3.2%),美国的电力设施与供电商数量超过了汉堡王餐厅。特殊的电能供应,如核能,有其自身的燃料循环系统。

电力改变了工业和社会,提高了生产效率,改善了全球的人民生活质量。几乎现代经济生活的方方面面都离不开电力。电的用途广泛,足以驱动世界。现代工业社会以及在可以预见的未来的支柱仍是电力的使用。

当前的能源利用方式以电能为核心。现在的发电模式是发电厂集中发电,然后通过电网输送到用户家中。然而就传统发电方式来说,虽然可以通过废气脱硫、脱硝等方式减少环境污染,但是仍然还是会有碳排放产生。另外,电网传输电能必然会产生一定的传输损耗,距离越长,损耗越大。就当前技术而言,发电技术多种多样,除了传统的煤电之外,太阳能发电、风能发电、潮汐发电、生物能发电等都是比较成熟的技术了。如果综合利用多种发电方式,把发电设置在用户端,不需要电网传输,就能解决电网损耗的问题。同时,这些新能源发电方式,普通对环境比较友好,都是低碳环保的,在一定程度上也可以解决碳排放问题。从这个角度讲,未来的能源利用方向可能是以可再生能源为核心的分布式能源。

分布式能源就是一种建立在用户端的能源供应方式,用户自己发电自己用,用不了的电能就并网卖掉,不够用的靠电网补充。由于工业和居民用电的分布时间差别比较大,工业主要是白天或者全天候,而居民社区用电则主要在夜晚,这就可以起到削峰填谷的作用。用户多发出来的电可以直接并网卖掉,甚至可以配合储能设备,在用电峰值的时候卖出,既平衡了电网,还可以为家庭或社区带来收益。分布式能源的一些发电方式还有一些特别的优势,比如安装了光伏板的屋顶具有更好的隔热保温和降温功能,生物能发电则可利用垃圾中的有机废弃物,不仅充分利用了垃圾,还减少了环境污染。

对于多个家庭组成的社区,或者小规模的分布式发电系统,就可以组成一个微电网。微电网是指由分布式电源、微电网中的电源、储能装置、能量转换装置、相关负荷的监控、保护装置汇集而成的小型发配电系统。微电网中的电源、储能和用电设备容量一般比较小,电压比较低,且微电网位于用户侧,成本低、污染小,更为灵活。通过微电网控制器可以实现对整个电网的集中控制,让微电网成为一个可以自我控制、保护和管理的自治系统,既可以与外部电网共同运行,也可以脱离外部电网独立运行。微电网的一系列特性都使它比传统电网更"聪明伶俐",是管理分布式能源、实现智能电网的最有前途的方案。现在已经有一些分布式能源和微电网的例子了。比如德国,家庭分布式光伏发电已经推广,早在 2014 年,德国的太阳能发电量就达到了 349 亿千瓦时。预计到 2050 年,全德国有 80% 的能源需求来自可再生能源,温室气体排放减少 80%～95%。再例如,我国山东烟台的长岛县是一个海岛县,包含 32 座孤立的岛屿,受地理因素影响,长岛与电网的连接只能靠海底电缆,但是海底电缆非常脆弱,出现故障后检修非常麻烦,所以 2015 年长岛建立了我国北方第一个微电网。它的能源来源是风力发电和备用的柴油发电机,具有专门的储能设备,虽然目前也与电网通过海底电缆连接,但是当电网出现问题,这套系统完全可以切换到孤岛运行状态,保证长岛县的电力供应。

1.2.2　交通

移动引擎和廉价液体燃料提升了个人的机动性,促进了新交通方式。大量生产的汽车从 1900 年的数千辆增加到了 2000 年的 7 亿辆,伴随着休闲旅行和非必要旅行的大幅增长。1900 年,美国只有 8000 辆汽车和 15 公里铺设道路。而在 21 世纪,商品与服务、贸易和商业都大幅增长。在 2000 年,美国贸易占全球经济活动的 15%,大多数是通过柴油驱动的火车、卡车和油轮。汽车是 20 世纪的最大成就。20 世纪前半叶,汽车变得更安全、可靠、奢华、宽敞、廉价。高速公路系统和城市基础设施的创造促进了人们前所未有的移动性。

交通能源消耗在世界范围内一直在稳步增长,亚洲、中东以及北非地区增长得更迅速。交通运输业已经占据了超过 20％ 的由能源使用导致的二氧化碳排放。除非高效交通工具(比如燃料电池车)利用迅速增加,否则在简短的时间内几乎是没有办法能够减少交通能源的消耗。目前还没有一个政府能够制定出有效的政策来减少整个社会的需求,并且几乎所有的政府发现从政策上找到合适的解决的方法是比较困难的。

交通领域每天仅对美国就要运输 2000 万桶以上石油,占全球 8780 万桶的 55％,与之相关的是超过 1000 个炼油厂和 100 万个加油站,全球 10 亿辆汽车,1110 万英里的铺装道路——足以开到月球 46 个来回(Goldthau et al,2012)。这些道路每天需要 2 亿美元进行维护,且铺装道路的面积相当于俄亥俄州、印第安那州和宾夕法尼亚三个州的面积总和。世界石油消费量从 1960 年的每天 3000 万桶增加到 2010 年的每天 9000 万桶。交通领域每天还创造了 70 亿吨的不可循环垃圾。

全球消费者在交通燃料上几乎没有选择的余地:人类文明需要用原油满足其 96％ 的交通需求(其他由电力、生物燃料以及少量天然气满足)。在发达国家,私人汽车持续束缚着公共交通的发展。许多北美州的统计机构报告显示,它们中有 80％ 的工人交通工具是私人汽车。换言之,燃油汽车已经成为单一交通工具。汽车统治也可以得到以下证明:公共交通仅占美国乘客旅行方式的 3％,铁路交通占比不足 1％。石油统治的证明是:非石油燃料(包括电力、生物燃料和天然气)仅占美国交通燃料消费的 4％(2007 年仅 2％)。美国已经全面实现汽车化,平均每位驾照持有者的汽车拥有量超过了 1 辆。

在发展中国家,廉价汽车很有市场。虽然全球有 85％ 的人没有汽车,但他们都想拥有汽车,特别是快速发展的南亚和东亚国家。在中国,汽车订单预计会从 2005 年的 3700 万辆增长到 2030 年的 3.7 亿辆。20 年内,全球会有 20 亿辆燃油汽车。如果中国继续其当前汽车中心的发展模式,将在 21 世纪末再增加 10 亿辆汽车。

目前,交通运输部门能耗量约占全国终端能耗的 10％,即使按照国际通用的方法折算,2014 年我国交通运输能耗为 4.3 亿吨标准煤,占全社会终端能耗比重为 13.7％(伊文婧等,2017)。发达国家交通运输能耗占终端能耗比重通常在 20％～40％,随着经济发展和生活水平的提高,我国交通用能占全社会能耗比重上升是必然趋势,并将成为能源消费增长的最主要领域。我国是一个石油储量并不丰富的国家,2016 年石油对外依存度超过 65％,交通用油占全社会石油消费的一半左右。交通用能的快速增长给我国能源安全带来巨大压力,同时也给应对气候变化、控制区域环境污染和可持续发展带来挑战。交通运输节能问题一直是全社会节能的重点领域,交通运输部门自"十一五"时期以来就提出了基于各运输方式的能耗下降目标,加大了节能减排措施的实施力度,实施了重点节能工程,在技术节能和管理节能方面取得了有效进展。为缓解汽车保有量不断增长所引起的能源和环境问题,进一步降低我国汽车燃料消耗量水平,我国自 2004 年起先后公布了四个阶段的《乘用车燃料消耗限值》标准,2016 年实行的第四阶段标准,目标是在 5 年内将乘用车平均燃料消耗量降到 5 升每 100 公里。该阶段标准是基于"企业平均燃料消耗量"的概念,将汽车企业作为评价对象,在确保实现汽车节能总体目标的同时,给予企业更多的灵活性,有助于推动汽车行业技术进步和结构调整,促进传统汽车和新能源汽车协调发展。由于消费者偏爱 SUV、MPV 等大型车辆,我国乘用车有大型化趋势,2015 年 6.9 升每 100 公里目标的完成略有差距。但总体上来看,实施了 10 多年的《乘用车燃料消耗限值》标准对于有效控制我国车用油品的快速增长,特别是在我国乘用车保有量快速增长的阶段(2005 年我国千人车辆保有量 24 辆,2015 年增长到 118 辆)发挥了重要作用。

1.2.3 取暖与烹饪

虽然电力约占全球终端能源需求的 17%,但低温取暖约占 44%。这意味着人们使用更多的能源取暖、烹饪和热舒适——主要是燃烧木材生物质,而不是其他。例如,发展中国家的大多数家庭(约 3/4)用的是传统火炉烹饪和加热。传统火炉有很多种类。由于这些火炉效率很低(90% 的能源被浪费),它们需要大量燃料——每个家庭每年约需要 2 吨生物质。这些消费模式加紧了当地的木材资源。当木材砍伐超过其生长时,就会造成木材燃料危机。这类生物质燃料也加速了气候变化。发展中国家家庭每年燃烧约 730 吨生物质,可转换为 10 亿吨二氧化碳。

数十亿人依赖木材、木炭和其他生物燃料满足日常能源需求。这些燃料构成许多共同体整体能源消费的 40%~60%,在撒哈拉以南地区,家庭烹饪占总能源使用的 60%(一些国家甚至超过 80%)。贫困家庭将家庭收入的五分之一或更多用于购买木材和木炭,用四分之一的家庭劳动力采集薪材,还要承受因低效燃烧而导致的危及生命的污染。

全球能源经济的中心已经发生了转移,能源需求的中心也随之从大西洋盆地转移到了太平洋地区(巴特勒,2017)。中国是全球能源消费第一大国:2015 年石油消费量占全球的 12.9%,天然气消费量占 5.7%,而煤炭消费量更是占到全球消费总量的 50%。中国也是最大的石油进口国、煤炭生产国和 CO_2 排放国,2015 年我国石油对外依存度已突破 60%,达到 60.6%,天然气对外依存度为 32.7%。

1.3　能源选择之伦理判断

1.3.1　能源选择的两难

一些国家决定禁止使用煤炭,而另一些国家仍以煤炭发电为主;一些国家决定关闭所有的核电站,而另一些国家却在大力建设核电站;一些国家决定完全使用可再生能源,而另一些国家却在大力发展传统能源;一些国家决定设立了禁止生产和销售传统能源汽车的时间表,而另一些国家却没有这样的计划……面对错综复杂的能源争论,我们应当何去何从? 各国之所以会做出如此不同的能源决策,与其资源禀赋、资金与技术实力、经济发展水平等有关,也与其对不同能源的不同伦理判断有关。21世纪的一个中心问题就是以对环境负责的方式获得充足的能源供应,许多资源都将用来解决这个问题。然而,由于能源几乎与我们所珍视的所有价值都息息相关,而对于应当优先满足哪些价值,人们从未达成一致。因此,每种能源选择方案都将引起争议,寻求一致性的答案谈何容易。

安全、稳定、可靠、廉价、环保、公平的能源供应是经济增长、社会正义与个人福利实现的关键,然而,无论对于何种能源的使用,都存在争议,其原因在于无论是传统能源还是新能源,都会产生积极与消极两个方面的影响。例如,化石能源虽然廉价,却造成了严重的环境破坏与资源耗竭,排放了大量的温室气体,剥夺了后代的利用这些资源的机会并使其遭受巨大的健康与生态风险;水电虽然廉价与低碳,却存在移民安置与生态系统破坏的问题;核能虽然低碳、稳定且能量巨大,但却存在极大的安全隐患;风能虽然可再生,却存在不稳定等问题;太阳能虽然阳光资源无限,但用于生产太阳能电板的资源却是有限的,储存电能的电池是有限的(电池还会造成严重的环境污染),安装太阳能电板的土地也是有限的;生物燃料虽然可再生,却存在与农业和农民争地以及土地污染等问题。可见,没有十全十美的能源,每种能源使用方式都有其环境成本和社会经济成本。如今,满足全世界能源需求的环境成本越来越明显,寻找新替代技术的需要已经越来越迫切,因为越来越多的国家选择西方化高能耗的生活方式,并开始排放历史上曾作为实现西方生活方式之代价的大量的污染物。

要想对不同的能源做出有意义的比较,只知道每种能源如何被用于发电是不够的,还应当了解每项能源使用所涉及的成本与收益,以及相关的伦理理由。以水电和煤电的对比为例。虽然水电工程涉及巨大的经济、社会以及环境成本,但水电的成本具有一定的区域性。煤电所涉及的成本更广泛:采煤涉及显著的环境破坏,也是一项危险的工作;采煤的过程中经常会发生矿工受伤或致死的事故;燃煤电站在日常运营中会将大量有毒物质释放到环境中。例如,美国中西部的燃煤电站所排放的汞,已经进入整个美国东北地区的鱼体内(塔巴克,2011c)。这些电站所排放的温室气体促使全球气候发生变化。和水电成本相比,煤电的相关成本涉及的范围要大得多,也具有更深远的影响。与水电站的成本不同的是,煤电消耗的成本人人都得承担。

能源的使用是多目标指向的,每种能源利用方式都必须在技术、经济、环境与社会因素之间进行权衡。有时这些目标是一致的,但有时它们会彼此冲突,并且达成恰当的平衡并不是件简单的事情。能源伦理要求我们很好地理解能源是如何与经济、环境和社会交织在一起的。

在任何有关某个特定的解决方案是否"恰当"的问题上,怀有美好希望的人们都可能产生异议。在彼此冲突的经济目标和环境与社会目标之间寻找合理平衡的问题,因为这样一个事实而更加复杂化,即通常没有一个公认的方法来定量评估环境与社会损害。甚至对于环境与社会损害具体包括哪些方面都没有一个普遍公认的标准。例如,人们应该怎样确定无排放电力的价值?应该怎样评估保护某一特定生态系统所具有的价值?什么变化构成损害或者不构成损害？连许多生态学家都倾向于用类似宗教的语言或者准科学观点来回答这些问题,但这种类型的答案无助于引出严格的解决办法;它们没有解决如何在这样两种互相匹敌的价值之间找到最佳平衡的问题,即以合理的价格满足能源需求和最大程度地减小因能源生产而引起的环境变化。

以核能为例。自从第一个核反应堆投入使用以来,人们对核能的态度发生了根本的改变。人们曾经毫无批判地把它当作未来能源,而在 20 世纪 80 年代,许多人开始认识到商用核动力的危险和污染,认为不值得为它冒险。但是在现代,若一个思虑周全的人考量如何在减少温室气体排放和其他环境公害的同时为数十亿需要电力的人民提供价格合理的可靠电力,他对核能的态度大多会变得相当微妙。核动力能够满足现在的社会需求,这点毋庸置疑。是否应该利用核动力满足这种社会需求却是另外一个问题。如果一个人倾向于肯定的答案,那么他应该知道这项技术的局限性以及使用它所带来的问题。如果一个人倾向于否定的答案,那么他应该做好准备回答这个问题:如果不是核动力,那会是什么？尽管有许多技术都能生产少量的电力,但迄今为止,人类还不知道如何利用它们在需要电力的时间和地点制造大量电力。目前只有个别技术能够按需实时生产大量电力。除了核电站和水力发电站之外,现有所有能够大规模发电的技术都燃烧大量化石燃料。没有完美的能源,但我们却必须做出选择。

任何事物、任何一种科学技术的发展都有两面性,关键是看哪一方面居于主导地位。以核能为例,人类发展核能的目的是供给能源,实现对化石能源的接替,从而保证人类社会的可持续发展,那么我们就要权衡是用核能来保障能源供给重要,还是任由能源短缺损害经济发展、降低人民生活水平重要。近几年以油价为代表的能源价格的上涨及随后严重的经济危机和环境危机突出表明了当前世界面临的能源与环境问题的严重性。在当前由石油时代向后石油时代及由化石能源时代向后化石能源时代过渡的情况下,我们选择的余地不多,发展可再生能源是选择之一,它们也是非常有前途的能源,但是当前太阳能和风能等可再生能源具有丰度低、成本高以及受地区、时间限制大等弱点,无法完全实现对化石能源的替代,因而我们选择核能不是应不应该,而是别无选择(张永胜,2010)。至于发展核能产生的各种危害,应当看作是发展中的问题,当然也需要谨慎对待。

每一种能源选项都有其优缺点,不能简单地认为某种能源一定比另一种能源要好。例如,即使是看似环保的风力发电也对环境有一定影响,比如需要占据大片的土地,会产生噪声,会对无线电信号造成干扰,会对野生动物尤其是鸟类的生存产生影响,如美国堪萨斯州的松鸡在风机出现之后渐渐消失。但与其他形式的能源相比,包括风能在内的可再生能源对环境的影响要小得多。

道德考量不应是一维的,而应是多维的,需要考虑技术、经济、环境与社会等各方面的综合因素。例如,即使是倍受谴责的化石燃料也不见得一定比人们寄予厚望的生物燃料要差。人们广泛承认,化石燃料消费产生了有害环境的深远影响。化石燃料,特别是煤炭的生产和消费,给人类造成了巨大的苦难。例如,20 世纪仅美国就有 10 万煤矿工人在煤矿事故中失去生命。如果把因职业病，如因黑肺病而死亡的人数计算进去，那么这个时期美国矿工因工失去生命的人数实际上就要多得多（塔马克，2011c）。有些最早的工会就是由英国矿工组成的，煤矿工会推动了英国和其他国家（特别是美国）重要的社会变革。其原因在于，采矿是又脏又累又危险的工作，而且最初获得的报酬少得可怜。这个工作是如此危险和有损健康，但凡有别的选择，人们都愿意远离矿井。这就解释了为什么17世纪初一些煤矿经营者曾强迫男人、女人和孩子长期在矿井中辛苦工作。虽然市场对煤炭的需求是巨大的，但是自愿的劳动者寥寥无几。苏格兰人的待遇尤其糟糕。1606年，苏格兰议会通过了一项法律，宣布那些企图离开矿井的工人违法，并且以盗窃罪论处。这项法律的目的就是奴役那些矿工：如果在逃跑后一年零一天内被抓获，矿工将面临严厉的惩罚；任何在这一时限内雇用逃跑矿工的人都将面临100英镑的罚款。这个一年零一天的法令后来被解除了，它让每个逃跑的矿工都成了终身罪犯。但就算是这样的惩罚也没能维持劳动者数量。为满足生产需要，苏格兰议会很快通过了新的法律，允许煤矿主抓捕那些被认定为流浪者的人，包括男人、女人和他们的孩子，并强迫他们在煤矿里工作。被抓到的人则被判决在煤矿里无限期工作。矿工都是被送到地下深处工作，由于那个时期的技术限制，他们只能点蜡烛干活，而甲烷这种无色无味但高度易燃的气体夺去了很多矿工的生命。那种工作条件是令人震惊的，甚至在生活于那个时代的其他人看来也是如此。煤矿劳动力短缺的状况持续存在，因为这是苏格兰最脏、最危险的工作。那些一开始就在煤矿工作的人放弃了自己的家人的自由。在此，我们看到，煤炭之所以是"最肮脏的能源"，不仅在于其对环境的污染，也在于其对道德的摒弃。

但是，我们能就此得出判断，认为那个时期的大力发展煤炭的选择在道德上完全是错误的吗？虽然各种煤矿灾难不断发生，但包括煤炭在内的化石燃料在许多方面的表现都非常出色，它们带来了巨大的经济价值，直接推动社会发展（使更多的人因更多的廉价能源、更好的医疗与营养而免于死亡），同时也挽救了大量的树木与森林。因此，煤炭似乎并不完全是"恶"的。化石燃料储量丰富，发热值高，运输相对安全，使用比较方便。在化石燃料储量丰富方面，仅美国的煤炭储量就够其再使用几百年。

美国能源情报署估计，尽管目前的石油产量大约是每天7000万桶，并在不断增长，世界石油产量将在2037年左右达到峰值。甲烷水合物是巨大的甲烷沉积物，大部分位于海底。如果能找到一个方法进行开采，即使按比当前高得多的水平进行消费，开采出的天然气也足够用上几个世纪。对生物燃料供应却不可能有这样的效果。生物燃料可以种植，可以不停地生产下去，但其产量却达不到任何一种主要化石燃料的产量。化石燃料的发热值往往高于同它们最相似的生物燃料。汽油发热值高于甲醇，煤炭发热值高于木材、柳枝稷和其他生物质来源，甚至石化柴油发热值也略高于生物柴油。化石燃料还有一个更为重要的特点，就是能源公司已建立庞大而昂贵的基础设施来储存、配送和使用化石燃料。这些设施为化石燃料而优化，而利用这些设施来储存、配送和消耗并非为其设计的燃料往往是很困难的或者是不可能的。没有任何类似的基础设施来支撑生物燃料的使用。化石燃料所拥有的这些优点是历史原因形成的,人们常说这是化石燃料得益于其生产、运输和消费等基础设施所造就的惯性。可见,综合考虑各种因素之后,我们发现,化石燃料不是想像中的那么"坏",生物燃料也不是想像中的那么"好"。可见,一种能源的"好坏"不仅取决于它自身,还要和其他能源技术相竞争。能源的生产成本必须为消费者所接受,它才能成为市场的重要组成部分。仅靠先进的科学和精密的工艺还不足以保证一项技术能够投入使用。

1.3.2　能源二元论

人们对各种能源转换与使用方式的争论从未在伦理上达成一致。那么,我们应当如何评价并选择"正确的"能源使用方式呢?人们对于任何一种能源使用方式的争论都存在极端化或两极化的现象:要么完全支持某种能源的使用,要么完全反对某种能源的使用;支持者夸大所支持的能源产生的收益而无视其负面后果,反对者则抓住其负面后果不放,试图将其完全废弃。支持与反对的背后是利益冲突,体现了能源使用之正面与负面影响的不均衡性:在许多情况下,暴露于风险中的人与从廉价与可靠能源供应中获益的人是不同的人。如果考虑未来世代时更是如此。如何平衡当前世代与未来世代的需求?

对能源选项的支持与反对,反映了"价值"的不可通约性。能源使用所造成的结果会影响人们所珍视的价值。由于人们所珍视的价值不同或对不同价值的优先性排序不同,从而会产生价值冲突。例如,一些人重视经济价值而另一些人重视生态价值,一些人重视当代人的价值而另一些人重视未来世代的价值。这些价值冲突反映在伦理学上,就是价值观的冲突或不同伦理学派的冲突。例如,是否支持化石能源的使用就反映了重视经济价值的功利主义学派或人类中心主义价值观与重视生态价值的环境保护主义或非人类中心主义价值观的冲突。

按照传统二元论伦理判断方法,对任何事物的道德价值判断只存在两种结果:要么正确,要么错误。一个人如果不是好人,就是坏人,不存在是又好又坏的人;也不存在既对又错的能源选项。二元论伦理判断可以在功利主义者、康德主义者和其他伦理理论中找到。传统功利主义的伦理判断标准之所以是二元论的,是因为它仅支持那些能够带来最大福利的行为——只有这类行为是对的,而其他那些所带来福利较小的行为都是错的。

在进行能源选择时,二元论的伦理判断使我们无所适从。无论选择使用哪种能源,都会招来一些人的支持和另一些人的反对,而且支持者与反对者似乎都持有同样合理的道德理由。真是"公说公有理,婆说婆有理"。但能源使用事关民生,再"难断"也要做出判断和选择。持续未决的能源争论使我们质疑二元论伦理判断的一个最基本假定:所有行为在道德上要么是对的,要么是错的。

首先,二元论对人类行为的伦理判断过于简单,忽略了每一种行为的具体情境。严格来说,人类的每一次行为与选择都是独一无二的和不可复制的。如果人类所有行为的对错都能找到客观标准,那么在法院判案过程中就不需要律师了,甚至在未来的人工智能时代,也可以不需要法官了。例如,像康德主义者那样认为所有说谎、杀人等行为都是错误的,都可依法自动定罪。实则不然,即使是相同的行为,也有不同的情境与理由,从而可能得出截然不同的价值判断。比如,武松和潘金莲虽然都杀了人,都有杀人罪,但两者杀人的动机不同(武松因县衙不受理之后的复仇而杀人,潘金莲则因邪恶的淫欲而杀人),因而两个看似相同的行为具有了不同的道德性质,并最终得到了不同的法律结果。实际上,对于人及其行为的判断并非是二元论式的:不是好人就是坏人,不是对的就是错的。对一个行为的伦理判断需要考虑其发生的背景。如对于武松杀人这一行为,由于当时政府腐败,他上诉无门,于是动用私刑,反而得到了人们的道义支持。但同样的行为如果放在当今的法治社会,就缺乏了道德合理性。武松的打虎行为也同样如此,在那个老虎伤人且没有生态保护意识和《动物保护法》的年代,打死老虎是一种值得称赞的德行;而在老虎已经成为珍稀保护动物的时代,打死老虎则是违法犯罪的恶行。这表明,行为的善恶与行为发生的背景有关。各国能源选项的伦理判断也需要其国家的经济与社会发展程度、资源储量与环境承载力、技术能力等背景条件。对于一个除了使用煤炭别无他途的贫困国家(没有开发与使用新能源的资金和技术),开采与使用煤炭是其获得能源的唯一手段,并且,煤炭开采与使用所造成的环境破坏相比该国面临的饥荒与能源贫困等其他威胁而言不值一提,那么,该国的煤炭开采与使用行为就具备道德上的正当性,是一种"正确"的行为。但是,如果一个拥有足够资金与新能源技术的发达国家,却不顾环境破坏与公共健康而大量使用煤炭,这就是一种道德上"错误"的行为。

一个类似的选择困境是在一些严重污染的化工企业的选址。大家都不希望在自家附近建设化工企业,然而日常生活中却离不开这些化工企业生产的产品。那么,把这些企业建在哪里呢?建在没有人居住的地方总不会有人反对吧!于是,一些污染企业把工厂搬迁到了人迹罕至的沙漠。但这些年,随着人们环保意识的提升,越来越多的人开始关注包括沙漠在内的原始自然环境的保护。关于一些企业污染沙漠的新闻不断被曝光,这些企业将面临公众的环保谴责与更严格的排污标准与监管,最终可能无处容身。2014年9月6日,有媒体报道,内蒙古自治区腾格里沙漠腹地部分地区出现排污池。当地牧民反映,当地企业将未经处理的废水排入排污池,让其自然蒸发。然后将黏稠的沉淀物,用铲车铲出,直接埋在沙漠里面。其中,某涉事企业向腾格里沙漠排污案,被处罚金500万元,该工厂也被永久关停。本着"谁污染谁治理"的原则,2015年,中国生物多样性保护与绿色发展基金会("绿发会")就腾格里沙漠污染事件发起诉讼,要求涉案的8家企业对环境损害依法做出赔偿。经过宁夏两级法院拒绝立案、最高人民法院裁定立案受理等波折,2015年8月28日,这一环境公益诉讼案终于调解结案,涉案的8家企业在已经投入5.69亿元修复和预防土壤污染的基础上,再承担环境损失公益金600万元。案件审理尘埃落定,但6亿多元的赔偿金能否修复好被化工废液污染了的沙漠,还是一个疑问。沙漠污染之所以会在近些年引起社会的重视,是因为随着经济与社会的不断发展,人们赋予生态环境的价值权重日益增加,最终使"不能牺牲环境来寻求经济发展"的生态伦理理念深入人心。然而,如果时间倒退几十年,人民的温饱问题尚未解决,并且缺乏基本的污染治理资金与技术手段,那么,沙漠污染可能就不是一个严重的问题。

在二十世纪八九十年代,人们普遍认为核能的危险和污染无法改变,很难在核能工业以外找到愿意公开支持该技术的人。时过境迁,在全球气候变化已经成为 21 世纪最大威胁的背景下,人们对核能的评判开始变得很微妙。许多政府和以环保主义者自居的人又把核能看作是一种零排放、高产量的安全发电方式。面对亚洲国家经济的飞速发展和许多发达国家经济的稳定增长,许多致力于寻找满足庞大电力需求最好方法的人现在承认,虽然节约很重要,但是目前还没有一种方法能够节约足够的能源来抵消巨幅增长的电力需求(塔巴克,2011b)。如果不结合实际情况,讨论某种能源对消费者有利还是对环境有利没有任何意义。没有人愿意生活在没有电、没有热、没有工作的环境中。因此,如果简单地为了环境问题而停止使用某种能源不会受到欢迎,简单粗暴地切断对某些能源的依赖会引发经济与社会混乱。关于能源的争论不是争论该不该利用能源。历史上,无论何时,只要有需求就会有能源生产,且根本不考虑环境代价。今天,没有人愿意在没有能源的环境中生活,因此,问题并不在于是否应该生产能源,而在于应该如何生产能源。

其次,每一种行为不仅存在性质上的好坏之分,还存在更为具体的好与坏的程度之分。如果一个完美的道德行为可以得到 100 分的满分,那么一个得到 90 分的不完美行为是不是一个"好"行为呢? 相比一个仅得到 50 以下分值的行为而言,这个得到 90 分的行为即使不完美,也仍然是一个值得赞赏的"好"行为。在现实中,100 分的行为可能是不存在的(或可遇而不可求的)。虽然各国的能源使用行为都不够完美,但我们仍可以根据某些标准(如经济、社会与环境指标)对各国的能源政策表现进行打分。那些得分较高的国家的能源行为就是"好"行为,而那些得分较低的国家的能源行为则是"坏"行为。或许可以说,对于那些得分在 50 以上国家,只存在"好"与"更好"的能源行为;而对那些得分在 50 以下的国家,只存在"坏"与"更坏"的能源行为。按照这种推理,即使功利主义也可以改进为"非二元论"的:如果能够促进最大福利的选项是最佳选项,那么能够促进第二大福利的选项就是次优选项。如果最佳选项是正确的,那么次优选项就是在一定程度上是正确的,例如,最佳选项的正确程度是百分之百,而次优选项的正确程度是百分之九十五。那么,选择正确程度为百分之九十五的能源选项就完全错了吗?

最后,对行为的伦理判断所反映的是判断背后所隐藏的价值观。不同的价值观之间往往是不可通约的,不能用一种价值的获取补偿另一种价值的丧失。无论是用国内生产总值(GDP),还是用更为全面的人类发展指数(HDI),都无法全面反映社会发展的"好坏"程度,因为它们无法反映出不同的价值要素,因而都受到了诸多批判。每种价值都有其独特的道德意义,但这类指标却将许多十分不同的价值要素整合为了一个单一的数字。当所有信息都包含在单一数字中时,一些体现在最初数值中的道德相关要素就遗失了,并造成原本不可通约的价值之间的"交易"(如用经济发展指标弥补或掩盖生态破坏）。"在自由与金钱之间或其他基本能力之间不存在任何准确的交换率"（Hillerbrand et al,2014）。这还会造成任意性的风险：我们有什么理由使一些指标（价值）的权重高于其他指标（价值）？从不同的价值立场，可以得出不同的价值判断。一个人均购买力高的国家与一个人均购买力较低但人均寿命更高的国家相比，哪个国家更好？再如，从经济发展与人类福利的角度看，水电开发无疑是"好"行为；但从自然栖息地减少与生态系统破坏的角度看，水电开发就成了"坏"行为。因此，对行为的伦理判断也是某种意义上（或特定价值观层面）的好与坏。

1.3.3 "灰色的"能源价值判断

可见，每种行为只是某种情境、某种程度和某种意义上的对与错或好与坏。任何一种能源选项的"道德颜色"都既不是黑色的也不是白色的，而是灰色的。换言之，由于每一种能源使用方式都有其优势与劣势，都有助于促进一些价值而损害另一些价值，任何一种能源选项都既不是完全正确的，也不是完全错误的，而是在某种情境、某种意义和某种程度上的对与错。对能源政策进行伦理评价没有统一的标准，一定是情境性的，需要考虑与其他因素的对比。没有非对即错的能源政策，这是一种二元论的伦理思维方式。真实的伦理判断往往是在某种程度上正确，而在另一些程度上错误；或考虑某种因素是正确，而考虑另一种因素是错误的。如大多数能源，考虑经济与社会发展是正确的，考虑环境与生态因素则是错误的。但正确与错误的程度有多大，则需要考虑各国的现实情况，尤其是各国的能力。例如，对于掌握风能技术与具有丰富风能资源的国家，优先选择风能而非化石燃料就是最优的。现实的能源选择需要在不同的冲突性伦理价值之间进行折中、妥协甚至交易。在对各国的能源行为与能源政策进行伦理判断时，应当避免二元论或减少极端化，而应综合考虑一个国家的历史、经济、生态与社会等要素之后做出"中道"的或"次优"的但却更能兼顾不同价值的能源伦理判断与能源决策。中国的能源政策也不能太过激进，对煤炭以及化石能源生产者（即传统能源）与新兴颠覆性能源技术之间构成的竞争关系，只能采取平衡策略。中国固然要向一个更清洁、更有效、更可持续的能源结构迈进，但整个过程必须仔细而谨慎地进行规划，以避免欧洲一些国家所犯的错误在中国重演——这些国家过早地急于使用可再生能源装置，导致能源成本飙升。中国能源政策的目标，是要在以下几个因素中取得平衡：传统能源与新兴能源之间的竞争关系、经济成本、环保需求和技术需求。

发达国家的能源革命是在能源总量基本保持稳定的前提下增加绿色能源比重，而中国能源革命则面临在能源稳定增长中优化能源结构的双重任务。在总量上，必须在为经济社会发展提供保障和保护生态环境两者之间取得平衡。在结构上，需要改变煤炭主宰能源的格局，推动油气、电力和可再生能源的发展。现代能源发展与城镇化一样，都伴随着工业化演进的全过程。中国工业化、城镇化要走中国特色新型道路，相应地，中国能源发展也要走出一条特色道路——发展需求与生态约束的"第三条道路"。在未来10~20年的发展新阶段，必须大力推动能源生产和消费革命，建立顺应国际能源发展趋势、符合国情需要的现代能源体系。

可以通过一个例子来更清晰地反映这一论证。假设我们要在核电、新能源与化石燃料这三种能源选项之间做出选择,其中涉及两种相关的价值。我们可以根据每种价值测量出每种能源情境的得分(参见表 1-1)。

表 1-1　三种能源情境得分

能源类型	价值 A	价值 B
核电	100	0
新技术	95	95
化石燃料	0	100

如果我们采用二元论的伦理判断路径,就会认为要么三种选项具有同样的道德性质,或至少一种是对的而其他两种是错的。现在考虑这种可能性:至少有一种能源选项是对的,而其他的都是错的。新技术相对核电与化石燃料有明显的优势,因此新技术排序应在其他两种能源之上。但这并不表明使用新技术在二元论意义上是完全正确的。如表 1-1 所示,核电在价值 A 方面明显得分更高,化石燃料在价值 B 上得分更高。只有当我们认为有可能分配给冲突的价值以权重,并能将其整合为一个单一数据时,才能说使用新技术是完全正确的。而这是不可能的。因此,由于每种价值都是一种会直接影响选项之对错的独立道德维度,因此,我们应当得出如下结论:实施新能源技术几乎是正确的,但不是完全正确的。如果没有哪种能源情境是完全正确的,那么我们可以得出结论:每种情境都有其道德性质。如果一种能源情境在某种程度上是对的,那么它就是那种程度上正确的选项。同时,所有在某种程度上正确的选项就应当在某种程度上被选择。理性要求我们选择那些正确程度明显较高的选项。

同样,使用任何其他能源也是如此:既不完全对,也不完全错。这种非二元论式的能源伦理判断有助于使关于能源的社会争论更少极端化,并使我们采取一个更为细致的立场:所有能源都是在某种情境、某种程度和某种意义上是对的,而在另外一些情境、程度和意义上则是错的。就像存在主义所强调的人有选择其生活目标与生活意义的自由,各国也可根据自己的情境与价值观,选择某种能源进行开发与利用。但存在主义也要求我们为自己的能源选择负责,"假如我对于一种不仅涉及自己,而且涉及全人类的选择,必须担负起责任,那么,即使没有先人的价值来决定我们的选择,那也不能随意妄为"(考夫曼,1987)。道德哲学家、政治家以及公众倾向于每种能源技术在二元论意义上是对的或错的。他们甚至没有认识到对与错可以是非二元论式的之可能性。因此,通过接受非二元论的道德假设,我们可以获得更为精细的思维工具,以使能源伦理判断更为合理。任何一种能源生产技术的未来,在某种程度上都是一个国家优先发展什么的问题。每种能源都有其支持者,但即便是一个国家的经济,也是有限的,所以必须折中。理性行为者应当总是选择那些正确程度最高的能源选项。例如,如果实施一种严重依赖核电的情境要比实施一种依赖化石燃料的情境要更正确,那么唯一的理性选择就是实施前者。

1.4 能源伦理研究综述

1.4.1 什么是能源伦理

传统伦理学聚焦于处理人与人之间的关系,环境伦理学聚焦于处理人与自然之间的一般性关系,但目前,还没有一种用来处理具体的人与能源关系的伦理学。现在是在我们的意识中构建一些有关能源生产与消费的伦理意识的时候了。能源伦理就是调整人与环境、人与人之间能源关系的道德规范。人与能源背后的关系更多的是人与人之间的关系,调节人与能源的关系,实现人与能源的和谐,必然要调节人与人的关系,实现人与人之间的和谐共存,进而更审慎地对待不同的环境主体为了获取能源资源、保护自身的能源权而展开的权益博弈。能源治理的核心在于以人与自然关系为基础的人与人之间的较量。"环境变化始终是社会关系的变化。"(哈维,2002)

亟需对能源的生产、分配与消费方式进行系统的伦理考量。在社会层面,我们看到,当代人所依赖的石油、煤炭、天然气和铀这四种最主要的现代能源的生产与消费中存在大量的不平等和不公平:全球四分之一的人的家里无法获得可靠的(或付不起)取暖、电灯和做饭的能源,如今还有很多人在没有电力的条件中生活。欧洲和美国的能源政策制定者们,为了保障他们国家的能源供应安全和低市场价格,无视主要石油出口国的人权状况。亚洲和非洲热带雨林的农民和地主使土地退化,以提供烹饪的燃料和增长收入,虽然提高了生活水平,但却破坏了栖息地,并增加了全球温室气体排放。城市和乡村的官员们将垃圾焚烧场、煤矿、垃圾填埋地(垃圾堆)尽可能地设置于郊区或城市边界处,以使污染转移到其他共同体,造成了环境正义问题。一些独裁政府将石油开采所创造的财富用于总统官邸和私人飞机,而不是"面包""书籍"和更好的社会服务。

能源作为一种资源与技术的结合体,与社会中的其他资源与技术体系一样,既能被用于行善,也可以被用于作恶。能源资源和能源技术本身是价值中立的,但能源的生产、分配与消费方式却并非价值中立的,因为它们会对其他人和物种带来利益或造成伤害。那些寄希望于太阳能和风能等可再生能源使我们摆脱石油依赖与应对气候变化的人,也要考虑在可再生能源及其相关技术时代兴起的帝国主义与殖民主义——英国、法国、西班牙、荷兰与葡萄牙等以这些能源为基础的国家形成了殖民帝国。风力帆船曾征服了世界,风车曾在奴隶种植园协助耕种甘蔗,水泵抽干了湖泊,水车加速了森林退化(Abramsky,2010)。如果不考虑"道德"与"正确",那么可再生能源燃料与服务的使用就会造成新的控制与奴役,当然,如果使用得当,它们也可以带来新的民主和解放。

许多人认为,能源政策与安全问题最好交由经济学家和工程师处理,因为市场会"解决"我们的能源问题,科学家与工程师能"设计"出技术方案而无须首先强调基本的有关正义与伦理的道德问题。对他们来说,全球能源市场会延长化石能源的使用——只要开采和使用是有利的,直到最后一滴油和最后一吨煤为止,即使它们的燃烧与使用会永久性地损害气候、摧毁当地社群,或其利益似乎能超过其成本(即使所有利益归于一个富裕的公司而成本由数千村民承受)。同样,科学与技术研究只是帮助人们通过能源获利。但正如哲学家、人文学者保罗·古德曼(Paul Goodman)所说:"无论是否采用新科学研究,技术都不是科学的分支,而是道德哲学的分支"(Goodman,2000)。对能源的研究也是如此。

由于这种有缺陷的经济与技术范式,能源分析常在问错误的问题。他们考虑的是假设的石油与天然气储量有多大,而不是首先质疑对石油与天然气利用的需求,也不质疑这些基础设施对他们的工人和附近的社区是否公平。他们会评估与模拟能源价格和技术学习曲线,而不会问现有的能源基础设施会如何有利于一些人而排斥另一些人。如果没有先问为什么要使用这种能源,应当用何种价值与道德框架指导能源的开发,以及谁会受益,谁会受到伤害,就讨论基础设施建设、能源安全促进、能源资源开发、未来能源需求预测或进行新技术研究,那么可能会制定在道德上严重错误的能源政策。国家与国际能源政策过于集中于保护充足的传统燃料供应,而不考虑政策对人民、环境和文化的长期后果。如历史学家大卫·诺贝尔(David F Nobel)写道:如果没有道德,那么"对拯救性技术的追求会变成对我们生存的威胁"(Noble,1997)。

在能源问题上,至少存在三个层面的道德问题:①我们给当前世代中的一些人不成比例的能源利益,而把负担给另一些人,这是否公平?②我们把化石燃料用尽,把大气污染与气候变化留给未来世代是否公平?③我们在做出能源决策时,正义与伦理能起什么作用?

能源问题现在已经是全球范围的问题。全球每年的石油与天然气贸易约 2.2 万亿美元,其中三分之二是国际贸易,每年来自石油开采行业的财政收入为 1.3 万亿美元,其中煤炭是最大的贡献者(Verrastro et al,2007)。37% 的全球二氧化碳排放来自国际贸易的化石燃料,另有 23% 的全球排放包含在跨越 2 个以上国家供应链的贸易商品中(Davis et al,2011)。能源行业的资源与短缺、人员与价格、排放相互关联,这种关联要求对能源正义的评估具有全球视野。

1.4.2　能源的伦理性质

能源伦理需要对能源问题的基本性质进行探讨,即需要首先问这样一个问题:能源问题究竟是一个什么性质的问题?

(1)能源是生存问题

能源是生存所必需,而生存是最基本的人权。能源是继阳光、空气和水之后,维持生命的"第四自然元素",没有能源,生存无法得到保障,生存权也就无从谈起。因此,人既然有生存权,就应当有能源权。可以说,对于维持人类生命和生存所必需的所有要素,人类都有权利,如人类有对清洁空气和饮水的权利。

虽然人们拥有能源权,但由于能源作为资源存在稀缺性,因此,要确保这一基本人权,就需要保证能源分配的公平性,使之能够满足每个人生存之所需。不能使一些人浪费大量的能源而另一些人因缺乏基本的能源而失去生命。可见,能源权问题归根结底是能源正义问题。随着人类社会的发展,人类的生活水平日益提高,对能源的依赖度也急剧加大。这造成人类对能源的争夺随之加剧,能源分配正义问题突显。能源权可以成为一种基本人权,但需要有限度,以不破坏生态平衡为限度。能源权的实现不仅要有利于人类过上体面的生活,也要有利于经济、社会、生态的可持续性。能源权可以量化为个人或国家的能源消费量。

(2)能源是发展问题

能源驱动着人类的发展,人类社会的发展进程与能源的开发与利用直接关联。使用什么样的能源决定着人类社会处于何种发展阶段。薪材燃料对应的是农业文明,化石燃料对应的是工业文明,绿色新能源对应的则是生态文明。能源决定着人类的生产与生活方式。薪材能源迫使人类深居乡村,依赖自然而生,无法满足充分的取暖与饮食需求(正);化石能源推动了生产的工业化与生活的城市化,使人们摆脱了对自然生态的原始依赖(反);新能源使人类可以在保护生态环境的同时过上有尊严、有节制的生活(合)。

发展有个方向性,具有一定的惯性。能源使用也是如此。这种惯性在一些情况下会造成"不可逆性"。首先,能源的投资具有很大的不可逆性。某些能源设备一旦投资形成,就很难收回、撤消、转型,从而使能源生产与消费沿着某个方向一直进行。化石燃料的使用就是如此。其次,能源技术的研发也具有不可逆性。一旦某种能源技术被广泛采用,就会持续很长时间,甚至阻碍其他新能源技术的创新。最后是能源结构决策的不可逆性。一旦某个国家确定了某种能源结构,也会持续很久。例如,中国是以煤电为主的能源结构,荷兰以风电为主,日本则是以核电为主的能源结构。

(3)能源是政治问题或意识形态问题

能源不仅改变人类的生产与生活方式,也会改变经济基础、经济结构,从而改变上层建筑。农业文明时期主要是封建社会,工业文明时期主要是资本主义社会和社会主义社会,生态文明则可能是世界和平、生态和谐的共产主义社会。人类历史上的许多战争与能源与资源的争夺相关,"一切战争其实都是争夺能源的战争"(白智勇,2009)。未来的某些新型能源可能会使人类不必再进行此类争夺,不必再人为限制其他国家与人群的发展,建构"人类命运共同体"。

(4)能源是分配问题或人与人的关系问题

传统能源总是有限的,且在不同国家与地区分布不均,不同地区与人群对不同能源的需求不同,开发与利用能力也不同。如果能源不再稀缺,就能够较容易解决分配公平问题。然而,对于稀缺的资源如何分配?权力、金钱分配的结果常常是深深的不公平。新能源开发利用必须解决能源公平问题,要有助于解构传统能源的分配结构,更分散、受益者更多——小的就是好的。能源正义主要包括能源获取的公平性以及成本收益分配的公平性。

(5)能源是环境问题或人与自然的关系问题

能源来自大自然,人类开发和利用能源的同时也对大自然造成了一定程度的改变。

有些改变对自然界无关紧要,有些改变有益于自然界,还有很多改变则会破坏大自然。使用水车对自然界不会产生影响;拾取薪材可能会使森林免于火灾,从而有益于森林;而大规模开采和使用化石燃料则不仅改变地质环境、水域环境,也会严重破坏大气环境,对大自然造成系统性破坏。生产充足的电力而不过度破坏环境将成为这半个世纪的一大难题。为了避免未来可能出现的破坏性气候变化所带来的灾难,我们必须对当今使用能源的方式进行"碳改变"。假如我们选择继续依赖化石燃料,那么我们就必须找出在 CO_2 被排入大气之前能够将其收集并消除的方法。

人类的生存与生活离不开能源,可以说,没有能源,人类就无法在地球上存在。在这个意义上,人类开发和利用能源是天经地义之事,完全禁止人类使用能源是反人类的,也是反自然规律的。人类既然生于地球,就像其他物种那样,与自然界是协同进化的关系。人类离不开自然,自然也离不开人类,人类就是自然的一部分。人类利用自然也是自然进化之所需。然而,由于随着人类征服自然能力的日益提升,人类越来越脱离自然,走向了自身的异化,也造成了环境的危机。随着人类对能源依赖程度的不断加深,原有的单向度、粗放型的能源获取和使用模式,即"开采—加工—运送—分配—使用—丢弃"模式,不可避免地在人与自然、人与人之间造成了一系列不容忽视的伦理问题(王广辉等,2015)。历史曾不断警示我们:"不要过分陶醉于我们人类对自然界的胜利。对于每一次这样的胜利,自然界都对我们进行报复。每一次胜利,起初确实取得了我们预期的结果,但是往后和再往后却发生完全不同的、出乎预料的影响,常常把最初的结果又消除了"(马克思等,1995)。换言之,人与自然的和谐关系在人类大规模使用化石燃料的工业化时代终结了,人类开始成为大自然中最不和谐的因素。其原因在于人类赋予了自己高于其他物种的"神权",使自己成为大自然的统治者。"人类傲慢地认为'人是一切事物的尺度',可这些自然事物是在人类之前就已存在了"(罗尔斯顿,2000)。因此,人类对能源的开发与利用必需有伦理规则的制约。在一定限度内是合理的,超过这一限度则会"过犹不及"。要持"中道"的能源伦理原则,例如,过多使用汽车使人身体素质变差,低碳出行就是一种回调。

能源的开发利用会带来生物多样性损失、环境污染、气候变化等一系列全球性、外部性问题,没有一个国家可以将其置身事外。全球气候变化是人类过度和不恰当使用能源造成的恶果。在各国当前的能源政策下,到 2035 年,与能源相关的二氧化碳排放还将上升 20%,从而使世界处于长期平均气温上升 3.6℃的危险境地——远高于 2℃温升的警戒值(International Energy Agency,2013)。这是通过人类这种旧有的能源获取和使用模式折射出的伦理缺陷,是生态伦理下滑所产生的反应并反作用于人类自身的结果。

1.4.3 能源伦理研究现状综述

目前,与能源相关的伦理研究主要关注以下几个方面的问题。

(1)能源与可持续发展

1999 年联合国教科文组织世界科学知识和技术伦理委员会下设了一个关于能源伦

理的分委员会。两年以后,该委员会提交了它的第一份报告。该报告开头是这样写的:"可持续发展即为我们现在和将来地球上居民的幸福而利用资源,已经成为在各个方面引导个人和集体行为以及国家和国际政策的一个概念。"这是一个著名的宣言,因为它包含着对能源可持续发展的三个关键的伦理性挑战:①可持续发展这一理念在各个方面包括个人、集体、国家和国际都将引导我们做出能源决策,能源不再是一个扩大能源的供应以满足越来越多的人的需要的问题,它同时也是一个社会、环境和未来均衡的问题;②可持续发展关注地球上"所有生物"并不仅仅是我们人类的幸福,其所包含的非人类生物对可持续发展概念提出了重大的挑战;③可持续发展"必须"成为我们行为的一个指南,而不仅仅是一个考虑因素。这就提出了能源的伦理学指导问题。张瑞敏等(2015)指出,能源开发利用直接影响我国的生态文明建设。Kibert 等(2012)认为,可持续性应当成为指导包括能源技术在内的所有技术的伦理原则,以平衡技术的潜在利益与风险。

(2)能源与人权

由于能源与空气、水一样是人类生存所需的,因此,学者们十分关注"能源权"的问题。王广辉等(2015)将能源权作为一种基本人权,试图通过能源权的重构协调人类社会与自然界的关系,通过建构体现公平、正义、理性的新的能源伦理,促进人类社会与自然界的可持续发展,并在确保能源权的基础上寻求共识,应对能源挑战。这一研究提出了能源伦理的一个重要概念——能源权。能源权的概念也可以从亨利·舒伊(Henry Shue)对生存排放权的论述中获得启发。舒伊认为,人类所排放的温室气体可分为两种,一种是生存排放,一种是奢侈排放。生存排放是维持基本生存所排放的温室气体,因此,是一种基本人权。应当限制和减排的是生存排放之外的奢侈排放。

(3)能源与社会公平

能源的获取事关社会公平,不仅包括代内公平,还包括代际公平。本杰明·索瓦库尔从英国、孟加拉国、厄瓜多尔等国家的能源获取与分配层面探讨了能源正义问题,试图建构一个能源正义框架(Sovacool,2013)。其中对代际能源正义的强调对新能源的发展也有参照意义。鲍斯曼(2004)从能源法的角度探讨了能源可持续发展的伦理与法律挑战,认为能源利用的每一种形式都对公平和正义提出了挑战。刘志秀等(2010)用经济学方法分析了当代能源决策对能源代际公平造成的不良后果,然后在"帕累托改进"思路的基础上,试图通过建立相应的代际补偿机制,消除当代人对后代人利益的侵蚀,以最大限度地实现能源的代际公平。但当代人究竟是用经济还是用知识和技术来补偿后代,这些东西是否能够真正补偿后代所遭受的能源损失尚待商榷。张宇燕等(2007)研究认为,随着对能源的巨大需求和高品质的能源资源的耗尽,如果没有重大的技术突破或者新的资源被发现,在不久的将来,能源就会进入高价运行周期。基于此,当代人必须未雨绸缪,通过征收能源资源税的方式,筹集资金,用于加强替代能源的研发投入和技术进步投入,努力降低替代能源的成本,才能实现代际能源公平。这种技术研究也是为了防止能源技术上的不可逆性——如果没有巨额资金的投入,技术研发就会因利益诱导而聚焦于对传统能源的改进。

（4）能源伦理关系问题

屈振辉（2015）认为,能源伦理关系表现为节制、效率、秩序、清洁和永续利用等多重维度,分别属于经济伦理、科技伦理、政治伦理、生态伦理和可持续发展等不同伦理范畴,表达了节约、增效、安全、环保和可持续利用等伦理诉求,这些伦理诉求是推动能源法发展的重要动力。如果人类能够从能源的角度更多地感受到命运共同体的意识,而不是残酷的你争我夺的利益划分或者是索取,那么能源界为生态文明所做出的贡献将会功德无量（张瑞敏等,2015）。刘明明等（2016）指出了当前国际能源治理体系存在碎片化、不公平、不民主、外部性、不透明等方面的挑战,中国应积极参与构建公平合理的国际能源治理体系。

丹麦奥尔胡斯大学社会科学教授本杰明·索瓦库尔在《能源与伦理:正义与全球能源挑战》一书中通过丰富生动的案例展现了能源实践中的可获得性、可支付性、程序正当性、透明性、审慎性等伦理维度（Sovacool,2013）。该书虽然哲学伦理分析偏少,但却向我们提供了国外解决能源伦理问题的一些经验,能够对我国的能源伦理研究和能源公平实践提供有益的启示。

第 2 章　能源开发的永续原则

能源问题是 21 世纪最重要的议题之一。如果未来世代要想在当今已取得成就的基础上继续发展,那么当代人必须做到能够在环境破坏最小、成本合理的情况下大规模发电。每代人都希望下一代能够生活得更好——更好的生活水平、更好的卫生保健系统、更好的科学、更加和平的国际关系、更好的环境等,但所有这一切的实现有个前提条件,那就是当今一些和能源生产相关的问题得到解决。而这点能否实现,仍有待观察。

能源开发是指以能源资源为对象进行劳动,以达到利用目的的活动。然而,是否所有的能源资源都可以被无限度地开发?是否需要为后代留下一定比例的能源资源?从当代人的视角看,能源开发应当有利于发挥能源资源的优势,充分合理地利用能源资源。从未来世代的视角看,能源开发则应当以科学的长期规划为依据,保持能源的永续利用和社会的可持续发展。

2.1　代际能源正义

在能源开发上最重要的问题不是我们是否有能力开发出所有的能源资源,而是我们是否有必要开发出所有的能源资源。能源资源不仅仅是我们这一代的财富,而是属于整个人类(包括未来世代)的共同财富。我们不是从祖先那里继承地球的,而是从子孙那里借来的。如果我们的过度开发使得未来世代因缺乏能源而受到伤害,那么,我们的行为就是不正义的。

2.1.1　能源的代际问题

当代人对能源的开发与利用会对未来世代产生影响,其中最显著的影响就是由能源使用所造成的气候变化会直接威胁未来世代的生存以及基本权利。在历史上,中断人类文明进程的气候变化大部分起源于自然原因。然而我们今天面临的气候变化,大部分是由于人为原因造成的,是我们化石燃料密集型的工业经济所带来的后果。"我们对未来能源的选择不可避免地将与全球的气候系统密切相关,因此也就不可避免地将与整个人类的未来密切相关"(麦克尔罗伊,2011)。可能会严重威胁未来世代的生存与权利的气候变化影响至少有以下 6 种:海洋酸化、自然与人为灾难、粮食安全、人体健康与疾病、水资源短缺以及气候难民。

(1)海洋酸化

由于二氧化碳排放,海洋酸度自工业革命以来上升了约30%,是过去5500万年来上升幅度最大的,对亚非地区严重依赖鱼肉为食的国家和地区造成了严重威胁。作为海洋食物链的基础,酸化快速消耗着水藻和浮游生物。酸度上升会漂白和损害珊瑚礁。例如,小丑鱼对酸化特别敏感,它们会失去嗅觉能力。酸化会打乱海蛇尾的繁殖过程,从而减少鲱鱼储量。还会使霰石和碳酸钙减少,这对大多数海洋骨壳类生物至关重要。

海洋酸化的威胁是全球性的,大西洋、北太平洋和北极海域的酸化会危及大量有机物的食物链。科学研究警告:气候变化可能导致大量地方生物的灭绝,以及巨大的生物变迁,会影响60%以上的海洋生物多样性,降低珊瑚活力——因漂白、疾病和热带风暴,近三分之一的珊瑚礁濒临消失(Gosling et al,2011)。

(2)自然与人为灾难

气候变化增加了自然与人为灾难的频率和严重程度。全球经济因自然灾害(大部分与气候变化有关)造成的经济损失每10年翻一番,达到了1万亿美元。2012年10月的飓风"桑迪"淹没了新泽西和纽约的部分地区,使纽约损失500亿美元(不包括对美国其他地区及巴哈马、古巴、多米尼加、海地、波多黎各造成的损失)(Walsh et al,2012)。20世纪90年代,与天气相关的灾害损失每年增加100亿美元(Reddy et al,2009a)。降雨模式的改变使极端天气事件、飓风、洪水、厄尔尼诺和拉尼娜现象更多,使海平面上升,威胁了海岸,也挑战了低海拔城市安全。风暴造成的洪水会引发山体滑坡,导致人口死亡和疾病传播。在马尔代夫,近一半(44%)的住宅和70%的主要基础设施离海不足100米。这些住宅都面临着海平面上升、风暴和洪水的威胁。2000—2006年间的极端天气事件至少淹没过马尔代夫90个有人居住的岛屿,其中37个岛屿被淹没过多次。2007年,海浪淹没了68个岛,摧毁了500个家庭,疏散了1600人(Sovacool,2011)。在非洲,海平面上升会摧毁30%的海岸基础设施。

从欧洲的阿尔卑斯山到亚洲的喜马拉雅山的山区还面临冰湖爆发洪水的严重风险——当冰川比预期的消融更快,会快速产生大量的融水,足以杀死数千人并摧毁整个城市。联合国环境署在布丹和尼泊尔附近就发现了至少24个高风险冰川湖(Meenawat et al,2011)。冰川消融会使克什米尔和尼泊尔的河谷泛滥,1820万人会死于疾病和饥荒。

美国国防部模拟了气候变化的可能影响,并开始准备应对美国西南部及墨西哥的干旱和极度高温。气候变化带来的问题多种多样:美国海岸和加勒比盆地的飓风强度会增加;新英格兰和加拿大东部的冰暴将更难应对;中美洲会发生大规模泥石流和洪水;加州、华盛顿州和加拿大、阿根廷、巴西会发生大规模野火;台风与气旋会严重破坏菲律宾、印度、孟加拉国、越南和中国的沿海城市。

(3)粮食安全

气候变化会严重影响食物的生产、加工与分配,尤其是会对非洲和亚洲产生严重影响。据发表在《柳叶刀》(Lancet)上的一篇研究文章可知,到2080年,至少有40个最不发达国家——总人口达30亿——将损失20%的谷物产量。暖冬带来的农业害虫与疾病会使蝗虫、粉虱、蚜虫泛滥,使谷物产量大幅下降。过去 30 年,非洲萨赫勒地区的降雨减少了 25％,造成尼日尔三角洲、索马里和苏丹的饥荒与营养不良。一些专家预测,气候导致的严重食物短缺,会使安哥拉、布基纳法索、乍得、埃塞俄比亚、马里、莫桑比克、塞内加尔、塞拉利昂和津巴布韦饿死 8700 万人(Haines et al,2007)。另一项研究警告,非洲有 7500 万人至 2.5 亿人到 2020 年前将遭受日益增加的饮水压力,雨水浇灌的农田将减少 50％(Prouty,2009)。

亚太地区的国家也会遭受严重打击。一些国家,如印度西部的马哈拉施特拉邦(Maharashtra)将遭受严重干旱,可能减少 30％的粮食产量,使 1500 万小农户损失 70 亿美元。整个印度的农民和渔民会因海平面上升而从沿海地区迁移,会因热浪而减少粮食产量,并会因海水入侵使地下水位下降。在中国,高温与蒸发率的增加会使农业用水需求增加 10％,农田更易遭受病虫害,从而使产量下降。在老挝,政府预测,几乎一半(46％)的农村人口会面临食物不安全的风险——因洪水、干旱和价格上涨导致的农田与自然资源损失。在不丹,已经发现了粮食产量不稳定,产量下降,质量下降,农业与灌溉用水减少。而且,还有土壤肥力下降、土壤流失,土壤持续冰冻而推迟播种,爆发新型病虫害。在有 1.6 亿人的孟加拉国,高温与降雨模式的改变,日益增加的灌水与沿海地带的盐化上升,可能减少粮食产量,造成粮食安全问题。一些研究计算得出,该国今后几十年的大米产量可能会减少 17％,小麦产量会下降 61％;并且潮湿的压力会抵消任何可能的产量增加(Rawlani et al,2011)。

(4)人体健康与疾病

世界卫生组织指出,气候变化已经在 2000 年杀死了 15 万人,并使 550 万人因身体虚弱而减少寿命;且大多数发生在发展中国家。更令人担忧的是,到 2030 年,与炎热相关的疾病,因洪水、干旱、火灾、生物多样性损失等引发的疾病导致的死亡会加倍。在中国,气候变化很可能改变疾病矢量并产生流行病条件——随着气温升高和饮水减少,使得疟疾、登革热、脑炎发生范围和频率增加。在马尔代夫,水生疾病如志贺氏杆菌与腹泻会在 5 岁以下儿童中更为普遍,通过洪水增加传播概率。气候变化间接造成营养不良与医疗服务的匮乏和质量不高,风暴与洪水又使食物发放或运输病患更加困难。在全世界的低海拔三角洲,洪水与飓风会直接影响健康与营养——通过造成身体伤害以及扰乱食物和基本服务供应,通过水生疾病与延长营养不良周期而间接影响健康与营养。例如,在 2004 年孟加拉国的季风季节,洪水使该国 60％的国土被工业和家庭垃圾所覆盖。超过 2000 万人因缺水导致皮肤感染和患上传染病(Rawlani et al,2011)。

(5)水资源短缺

气候变化造成的与水相关的影响可能是淡水获取减少、灌溉水减少、饮用水减少、卫生状况变差。降雨、降雪、融雪、融冰的变化会使全世界 40％的人口处于用水风险之中——因为他们依赖高山冰川获得水源。许多世界上的大型河流,包括印度河、恒河、湄公河、长江与黄河,都发源于冰川。风暴潮也会使咸水污染淡水。到 2080 年,增加的洪水、干旱与风浪会减少淡水的获得与质量,将影响 15 亿人(Biermann et al,2008)。

（6）气候难民

全球气候变化的威胁会使许多家庭离开故土。这些气候难民必须重新安置。气候变化每年造成 30 万以上的人死亡，严重影响 3.25 亿人，造成 1250 亿美元的经济损失。到 2050 年，有超过 2 亿人会因气候变化而丧失家园（Biermann et al,2008）。

虽然历史上的环境灾难也很常见，但气候变化还会使气候难民问题加剧。如《纽约时报》所说："随着今后几十年气候条件恶化的可能性，移民专家认为，发展中国家会有数千万人因气候变化灾害而移民（Kakissis,2010）。"同样，小岛国发展中国家，如马尔代夫与塞舌尔可能会在 60 年内完全被海水淹没。马尔代夫会因海平面上升而损失 80％的土地，并已经开始在斯里兰卡为其气候难民购买土地（Smith,2008）。太平洋小岛国基里巴斯共和国已经将生活在海岸与珊瑚礁地带的 94000 名居民迁移到了高地。

2.1.2　代际能源正义何以可能？

各种经济学理论都对"资源不会枯竭或可被替代"的前提毫不怀疑。因此，在任何一种理论框架下，作为个体基于其个人利益的最理性选择，都等同于忽略了子孙后代的利益：经济学的各个分支体系都盲目地将人类推上耗尽有限的资源的道路，而把账单算在子孙后代的头上。

能源的开发利用要有助于维护未来世代的利益，要在采取合理措施尽量避免严重影响后代自由权的前提下，努力扩大当代人们的实质性自由。人类当前对自然的需求需要用 1.5 个地球来满足，这意味着我们正大量消耗自然资源，大大增加了子孙后代满足自身发展需求的难度。不可再生能源具有稀缺性，能源的枯竭及其带来的环境问题有损后代人的发展权和环境权，产生代际不正义。

我们的全球能源系统是不正义的，因为它向大气中排放温室气体，它们对以农业经济为主的社群与国家造成了伤害，而这些国家的排放量又是最少的（Sovacool et al,2012）。能源开发与使用所排放的温室气体会带来一些严重的后果，如食品安全问题增加、气候难民扩散、自然灾害与人道主义灾难发生的频率与严重程度增加。这些后果可能会伤害当前世代和未来世代。由能源使用而造成的气候变化是一种广泛的威胁，它涉及多重的正义维度。由于自然过程与各社群和国家的不同适应能力，使得气候变化的影响是不均衡的；同时，在历史上，只有一小部分国家要对大量的温室气体排放负责（Arnold,2011）。

由能源利用而引发的气候变化是一个典型的正义问题。在气候变化中，我们可以看到全球性的不平等以及环境不正义，它渗透在日常生活中，并对世界上最贫穷和最脆弱人群的当前与未来健康与福利造成了威胁。气候变化要求我们比以往更为理性地思考事物之间的相互关联，要求我们思考谁是受益者、谁是受害者，思考我们的能源生产与消费模式所造成的遥远空间与时间影响。因为，对于那些在经济、政治和环境上处于边缘化的人来说，气候变化造成了深刻的不正义（Walker,2012）。东英吉利大学气候学家尼尔·艾格（W. Neil Adger）及其同事也指出，公平是本世纪达成任何实质性气候变化解决方案的核心要素（Adger et al,2006）。

但公平与正义的基础是什么,对象是谁?当代正义理论至少可以从两个相互关联的层面给出答案:正义的基础是人类的生存权,正义的对象是当代人以及未来世代。首先,气候变化以多种方式引出了对未来世代的正义考量。如果现在不减少温室气体排放,那么一时这些排放引发危险的气候变化,就会对未来世代造成严重的伤害。过去与当前排放所造成的气候相关影响会比核废料更持久。二氧化碳会在大气中停留很长时间,据估计,源于化石燃料燃烧排放的二氧化碳中,有四分之一会在大气中停留数个世纪(Archer,2009),可能需要 3 万至 3.5 万年才会彻底消除(Hansen et al,2008)。换言之,气候系统就像是一个进水龙头大而排水出口小的浴缸(Victor et al,2009)。

因此,未来世代将比当前世代受到气候变化影响得更加严重,他们将是最严重的受害者(Sinnott-Armstrong et al,2005)。田纳西大学哲学教授约翰·洛特(John Nolt)把这种情境描述为当前人在"奴役"未来世代。他写道:"我们的温室气体排放是一种不正义的统治,类似于历史上那些如今已经倍受谴责的统治。另外,我们遗留给后代的任何好处都无法抵消这种不正义(Nolt,2011)。"

与能源贫困的情形一样,气候变化也引发了有关人权的正义问题。正义理论家亨利·舒伊(Henry Shue)有说服力地指出,如果生命安全是一种基本权利,那么创造生命安全的条件也是,如就业、食物、住所,以及未受污染的空气、水和其他环境善物,他称这些为"生存权利"(Shue,2011)。这意味着人们拥有对某些"善物"的权利——这些东西使他们能够享受最为基本的福利,如表 2-1 所示,这些善物都是"生存排放"权。如 Shue 所说,"基本权利就是道德之底。它们规定着一个任何人都不能掉落的底线(Shue,1993)。"

表 2-1　体面的生活水平

基本善物	能源服务	体面的生活水平
食物	做饭使用能源,如沼气	充足的营养
水/卫生	加热水	每月 50 升饮用水
住所	空间、照明、空调	10 平方米空间,每平方米 100 流明的照明,20~27℃的温度
医疗	电力	70 岁预期寿命
教育	照明与电力	每月所有电器 100 千瓦时
衣服	纺织所需能源	
电视	电力	
冰箱	电力	
移动电话	电力	
移动性	私人汽车	机动交通

总之,保护未来世代和保障生存权意味着"在全球化的世界里,距离不再成为道德区别的理由;高排放的人有义务减少他们的排放,无论他们在哪儿(Harris,2011)。"并且,这还意味着,当一些人无法过上体面的生活而另一些人又过多时,必须用充足的最低(adequate minimum)标准以满足其基本生活水平(Shue,2010)。地球的恢复能力要求我们大幅减少排放,同时减少对能源的需求。

牛津大学道德与政治学教授布莱恩·巴利(Barry,1989)写道,"从时间角度看,没有哪个世代可以要求比其他世代享有更多的地球资源","平等机会的最低要求是对地球自然资源的平等权利。"无论我们认为美好的生活是什么样的,例如我们都认可是 10 分,那么我们如今所享有的价值就要持续到未来世代,以使未来世代的生活水平不掉到 10 分以下。当前世代没有权利要求更大的自然资源份额,因为我们大部分的技术与资本并非仅仅是当代人的创造。我们只是继承,因此,当前世代并不应有任何特殊的自然资源诉求。如巴利所说(Barry,1989),"由于我们从我们的前辈那里获得了利益,因此,一些平等概念要求我们为我们的后代提供利益。"

阿马蒂亚·森(2013)所提出的能力路径也可用于分析代际能源正义问题。能力路径是当代关于贫困、不平等与人类发展的争论中最有影响力的理论,而且其结构非常适合于当前对可持续性与未来能源情境的讨论。

能力是人能实现的一系列功能。一个人的功能是其是什么和能做什么的事实。据此观点,我们用于进行跨不同能源情境比较的价值应当是,人们的自由选择以及积极实现他们有理由重视的事情。能源理论家聚焦于人们实际上有能力做什么和能够成为什么,并评估不同能源情境中各种不同的被认为是有价值和没有价值的要素。更准确地说,能源路径中的自由与功能决定着什么是我们有理由重视的。

能力路径及其对个人的关注对于评估能源情境有一些有价值的意义。例如,想象一下,未来世代在某个遥远的未来发现了风力带来的不可接受的风险。那时,要移除所有的风力涡轮机并用其他能源转换技术取代要相对容易。但是,这样直接地消除风险对于其他能源技术,如核电,则是不可能的。这表明,从能力的视角看,风电至少在这一方面比核电有优势。

一些能源转换技术会带来不可逆转的影响。因此,大型水电设施会降低未来世代的能力(自由),而风力涡轮机却不会。对核电也是如此。核电的一个众所周知的缺陷在于这一技术会降低未来世代的能力(自由),因为放射性废料需要很长时间的管理。尤其是核电站的那些高度活跃的废料,对未来世代造成的风险是无法仅仅通过拆除核电站而消除的。

这表明,从能力视角看,风电比核电有明显的优势,因为风电不会降低未来世代的自由。据能力路径,这种自由的损失没有被当前的可持续性指标所充分认识,应当在不同能源情境的评估中予以考虑。

2.1.3   代际补偿与代际能源正义

目前的能源生产、投资与消费结构是以当代人的利益为核心考量的,在很大程度上忽视了后代人的利益,从而危及到代际能源正义。在以当代人利益为中心和以市场机制为基础的能源开发利用活动中,市场机制不会主动维护后代人的利益。如正值贴现理论,用于当代人的投资决策尚可,如果延伸至无限的代际决策,则缺乏合理性。因为从伦理学的角度讲,后代人的某些重要价值(如发展权、生存环境等)并不适用于折现,当代人能源消费的短期理性与人类可持续发展的长期理性之间的矛盾难以协调。在后代人缺席的代际能源资源配置中,政府作为能源资源的配置者,必须对后代人利益的损失做出相应补偿,以维护能源利用的代际正义。

帕累托改进理论为解决代际能源正义问题提供了一条可能的途径。帕累托改进(Pareto improvement)是指在没有使任何人境况变坏的情况下,使得至少一个人变得更好。在任何相邻的两代人之间,如果一种能源资源配置方式没有使其中一代人的状况变坏,而使另一代人的状况有所改善,这样也是一种较为理想的实现代际能源正义的模式。原因在于未来的发展存在不确定性,使我们无法准确预见未来世界的整体面貌。如未来能源包括哪些形式,即使最权威的学者也难以做出判断。现在认为不可能利用的自然资源,将来可能成为重要的能源来源。这意味着未来的能源发展具有很大的不确定性,这也与罗尔斯的"无知之幕"假设是一致的。因此,规划无限期的代际能源正义只是空中楼阁。

不能因为绝对的代际能源正义观而影响当代人的经济发展。人类发展的不同阶段,对能源的需求是不同的。在人类社会的原始阶段,相对于少量的全球人口和落后的生产力,显得木柴、秸秆、水力等各种能源无限丰富。任何人使用任何能源,几乎不会对后代人的发展造成任何不利影响。但是现在人口众多,生产力相对发达,对能源的需求加大,造成各种能源资源都很紧缺,似乎当代人利用任何能源,都会影响到后代人的使用。梅多斯等(2013)在《增长的极限》一书中阐述的正是这种状况,他们提出了悲观的人类发展"崩溃论",认为只有发展停滞才是拯救人类,这同样也是保证代际公平的一种思路。然而事实并非如此,到目前为止,人类一直在快速发展着。事实证明,只有通过当代人的不断发展、进步,才能更好地保证后代人的权益。

利用代际补偿机制,能够实现代际双赢。各代人平均分配地球上的各种能源资源是绝对的代际能源正义。假如当代人过多地利用了某种形式的能源,然后以其他形式补偿后代人,同样可以实现某种程度上的代际能源正义。由于经济过程不可避免地要耗用能源资源,如此一来,能源资源,尤其是可耗竭能源的存量就会减少。但是,减少的可耗竭能源资源并没有被当代人完全消耗掉。所消耗能源的一部分通过转化为非能源方式被储蓄起来。例如,当代人利用能源创造的价值进行基础科学研究,应用技术研发,以知识这个无形资产的方式储蓄起来,增加后代人的知识积累;此外,能源创造的价值还制造了大量更加先进的机器设备等有形资产,以供后代人使用。如果当代人消耗能源创造的无形资产和有形资产的总值不少于该能源的价值,就不但能改善当代人的生活质量,而且也不会损害后代人的利益。从这个角度看,如果当代人通过创造新的财富方式对后代人进行补偿,就能够实现能源配置的代际双赢。在无法准确预见未来能源的发展前景,但是可以预见近几代人的能源利用的情况下,如果能够保证任何相邻两代人之间能源利用的公平,就能基本保证所有代际之间的公平,并且,只有在当代人发展的基础上,后代人才能得到更好的发展。因此,能源代际补偿机制的建立,成为更高层次代际公平的可行途径(刘志秀等,2010)。

日本对遭受核辐射伤害儿童的补偿措施是一个典型的案例。核能对日本的影响最具有代表性。第二次世界大战使日本遭受了核武器的巨大创伤,而和平时代又遭受了核电事故的重大影响。2011 年日本福岛核电站事故导致的核泄漏问题给当地儿童日后的健康造成了危害。据日本政府核灾害对策本部于 2011 年 8 月公布的对福岛县内 1150 名儿童遭受辐射的检查报告,结果显示,45% 的儿童甲状腺内部遭受辐射(中国广播网,2011)。郡山,一座临近福岛核电站的城市,在"3·11"大地震发生不久就对孩子们的户外活动做出了这样的限制:两岁左右儿童的户外活动时间一天不超过 15 分钟,而 3~5岁的孩子在户外的时间不超过半个小时。小孩子只能在室内玩,不能到室外呼吸空气。可是建筑物的墙壁有这么厉害吗?会把辐射都过滤掉?不管怎么说,不能到处跑的童年都是悲惨的。在福岛核事故发生 5 年之后的 2016 年,日本冈山大学教授津田敏秀率领的研究小组分析了福岛县政府进行的未成年人甲状腺检查结果,发现甲状腺癌年发病率是日本全国平均水平的 20~50 倍。福岛县的甲状腺超音波检查以核灾发生时不到 18岁的约 37 万人为对象实施,截至 2016 年 8 月底,共确诊 137 名甲状腺癌患者,较前一年增加了 25 人,而且远高于全国平均值的每百万未成年人 1~2 人。福岛事故之初,日本政府还宣布事故并不严重,并将其定为 1 级事故——国际原子能机构规定的最低核事故级别,后期再也无法自圆其说,不得不重新定为 7 级(最高级别,与切尔诺贝利核电站事故同级)。核泄漏事故更为深层的影响是:人们的心态正在悄然发生改变。一些来自核辐射区域的孩子,竟然成了人们避之不及的"祸害"。这些从辐射区来的孩子们发现,他们在新的学校很难交到朋友。有家长说,自己的孩子在公园和其他小朋友做游戏的时候,本地的孩子问他们从哪儿来,听到回答是"福岛"的时候,孩子们立刻一哄而散。自家的孩子只好哭着回家(张乐,2011)。日本福岛核事故造成日本国土面积 3% 的地域受困于核污染。在事故发生 7 周年之际,已经发现上百名儿童因辐射患癌(网易,2018)。

遭受核辐射的成人与儿童的下一代谁来关心?他们面临着更高的先天性出生缺陷概率。二战后,日本有大量因核辐射而出生的缺陷儿童。对于这些儿童,日本政府提供了特殊的救助与补偿措施。除了政府提供所有的医疗费用之外,还配备专人或义工定期陪伴这些儿童。甚至还会带脑瘫等严重残疾的儿童进行观光活动,目的是为了让他们尽量享受与其他正常儿童相同的福利。

2.2 适应与代际正义

2.2.1 适应的代际正义意蕴

应对气候变化有三条路径:减缓、适应与地球工程。

(1)减缓(mitigation),即通过减少化石能源的使用等手段减少二氧化碳等温室气体的排放,降低大气中的温室气体浓度。减缓是近 30 年来气候变化谈判的核心议题,但也是阻碍全球应对气候变化取得实质性进展的最大阻碍,其原因在于历史排放责任的认定与当下减排责任的分配困境:发达国家不愿承担过多的历史责任,而发展中排放大国又不愿意牺牲当前的经济发展。换言之,在减缓问题上很难达成气候正义的共识。因而,减缓路径虽然看似直接,但执行起来却阻力重重。

(2)适应(adaptation),即通过调整自然或人类系统以回应气候变化的影响,如通过修建水坝阻拦因气候变化造成的海平面上升。实际上,从地质历史来看,气候本来就在一直变化(人为与非人为原因),而人类也一直在通过各种适应措施随之而变,人类就是适应气候条件的产物。适应是需要资源的,因此,其关键是提高人们的适应能力——包括资金与技术能力。适应能力是一个系统适应气候变化(包括气候波动与极端气候)的能力,以减少气候变化潜在的损害,利用机会或应对气候变化的后果。适应看起来是提高当代人的能力,其实质却是预防未来的潜在风险,因此,可以将适应看作一种保障代际气候正义的途径。

(3)地球工程(geoengineering),即通过工程技术手段对地球气候系统"对症下药",扭转温室气体排放造成的全球变暖,给地球进行物理或化学"降温"。例如,在太空发射太空镜,反射太阳光;在地球的平流层喷洒气溶胶,减少到达地球的太阳辐射;在海洋中投放铁块,以增加海藻数量,吸收二氧化碳;给工厂的烟囱安装气体收集装置,捕获二氧化碳等温室气体并转化为液体或固体,并埋入地下矿坑或油田等。这些"西医"手段看起来很有效,但实施起来并不容易,并且有大量的系统性风险。更严重的是,风险都转嫁给了未来世代,造成更为严重的气候不正义。也反映出当代人不愿减少排放以减少未来风险,不愿通过适应措施保护未来世代的道德问题。

可见,在减缓、适应与地球工程三种应对气候变化的路径中,只有适应措施最有可能实现代际气候正义,履行我们对未来世代的气候承诺。适应措施还是"双赢"的,它不仅提高了当前和未来世代应对气候变化的能力,而且还会带来一些附加利益,如经济稳定、环境质量改善、社区投资与当地就业。

可以通过一些适应措施保障未来世代的气候安全。

在"硬件"上,建设能够适应气候风险的基础设施,包括灵活性和多样性的基础设施,以确保在气候变化风险中仍能获得基本的生活保障(如供电与供水)。例如,为那些气候风险大的地区和应对气候变化能力较差的贫困国家安装分布式家庭光伏发电或供热系统,就能够有力保障人们在未来气候风险中的能源供应安全。

在"软件"上,提高政府、社区与人群应对气候变化风险的政策、机制、心理"弹性"(或适应性),提高人们的财富、教育与知识,使他们做出应对气候变化的合理决策。

2.2.2 最不发达国家基金

现有的证据清楚地表明,更贫穷的国家和在国家内的弱势群体对灾害尤其脆弱。不公平分布不仅在伦理上没有说服力,就长远看来也是不可持续的。例如,一个限制人均碳排放的情况,南半球被限定为 0.5 吨/年,而北半球则超过 3 吨/年,这将不利于推动发展中国家的合作,因此是不可能持久的。一般地说,不公正会破坏社会的凝聚力,激化在稀缺资源方面的冲突。干旱、洪灾以及强烈暴雨等难以预计的气候变化问题对那些较低贫困的人来说是更具灾难性的,因为他们不像较富裕的那样拥有应付困境的资源。

全球环境基金(Global Environment Facility,GEF)[①]于 2001 年在摩洛哥首都马拉喀什的《联合国气候变化框架公约》第 7 次缔约方大会创立了最不发达国家基金(Least Developed Countries Fund,LDCF),旨在帮助 51 个最贫困的国家计划与实施《国家适应行动方案》(National Adaptation Programs of Action,NAPA),减少气候变化对这些国家的当代及后代造成不利影响。该基金重点通过在发展与民生领域(如饮水、农业、食品安全、健康、灾害风险管理与预防、基础设施与脆弱性生态系统等)的投资降低最不发达国家的气候脆弱性。最不发达国家基金是目前世界上最大规模的气候适应基金,是气候变化适应基金的"种子",并且是最早和最全面地聚焦于最不发达国家的气候变化适应项目。

最不发达国家缺乏实施适应项目的必要能力。虽然西澳大利亚的珀斯市有能力建设一座海水淡化工厂以弥补因降雨减少和干旱造成的淡水资源减少的损失,荷兰有能力建设排水沟、大坝和漂浮房屋以应对增多的洪水和海平面上升,伦敦市有能力投资于泰晤士河的堤坝系统以更好地应对洪水,但世界上的最贫困地区却没有资源自己实施气候适应项目。最不发达国家所依赖的经济行业大多属于气候脆弱型,如农业、旅游业和林业,温度与降雨的变化以及极端天气事件会对它们造成严重的影响。由于各种地理与经济原因,它们所处地区受到海平面上升、生态服务破坏、社会动荡以及产生环境难民的威胁也最大(Sovacool,2009)。

由于最不发达国家基金涉及项目众多,本章仅介绍几个在亚洲实施项目的例子:孟加拉国的沿海造林、不丹的冰川洪水控制、柬埔寨的农业生产以及马尔代夫的海岸保护。

(1)孟加拉国容易遭受洪水、干旱、热带风暴与风暴潮的侵害。其 15% 的国民的住宅海拔不高于高潮水位 1 米。1970 年 11 月 12 日,"诞生"于印度洋上的热带风暴"波罗",给孟加拉国带来了一次空前猛烈的袭击,造成 50 万人死亡,是该国历史上最严重的风暴灾害。1991 年的一场超强风暴"哥奇"(时速达 200 公里/小时、海浪高达 6 米)造成 14.3 万人死亡。2007 年 11 月中旬,一场几十年罕见的强热带风暴"锡德"从孟加拉国南部和西南部沿海地区登陆,袭击了孟加拉国全国 64 个县中的 30 个县,导致 800 多万人受灾,4000 多人死亡或失踪。2014 年 7 月至 9 月,在雨季中大暴雨频发导致上游河流水位猛涨,孟加拉国北部和东北部地区先后遭遇两次洪水袭击。洪水造成全国三分之二的地区受灾,受灾人口超过 1600 万,死亡人数达 1000 多人,20 多万人感染疾病。

---

① 全球环境基金(GEF)是一个由 183 个国家和地区组成的国际合作机构,其宗旨是与国际机构、社会团体及私营部门合作,协力解决环境问题。自 1991 年至 2014 年,全球环境基金已为 165 个发展中国家的 3690 个项目提供了 125 亿美元的赠款并撬动了 580 亿美元的联合融资。23 年间,发达国家和发展中国家利用这些资金支持相关项目和规划实施过程中与生物多样性、气候变化、国际水域、土地退化、化学品和废弃物有关的环境保护活动(参见:http://www.gefchina.org.cn/qqhjjj/gk/201603/t20160316_24275.html)。

极端天气气候事件之所以会在孟加拉国造成如此严重的灾难,与其较高的贫困率以及对农副业的高度依赖性有关。假如孟加拉国是一个实现了高度城市化的发达国家,那么,就不会有如此众多的国民居住在低洼与河谷地带,而是居住在风险抵御能力更强的城市里,政府也会有更多的资源用于建设堤坝等防护设施,以保障人民的生命与财产安全(如防止海水倒灌以保障饮水与灌溉安全)。为应对威胁,孟加拉国环境与森林部着手通过最不发达国家基金资助进行沿海地区造林,以减少气候变化对沿海地区的影响。在沿海地区种植红树林能够有力地阻挡风暴潮。红树林构成的森林有着超强的适应力,是地球上生产力最强、生物复杂性最高的生态系统之一。每棵红树林都有个超滤系统,把大部分盐分拒之体外,还有一个复杂的根系,使它能在潮间带存活。它们就像一道天然的防波堤,可以消散海浪能量,减少财产损失。

(2)在不丹,冰川的加速消融增加了冰川湖溃决洪水的风险。有的冰川湖含有数千万立方米的融水,溃决时会在瞬间释放出大量的洪水,摧毁下游的环境与社区。农业、养殖业和森林等都受到洪水的严重威胁。在不丹,有 25 个冰川湖被认定为"高危",威胁到数万居民的生存。气候变化引发的冰川湖溃堤风险对不丹当代与后代所造成的严重威胁是一种严重的不正义,全球其他国家,尤其是那些排放大国,有责任对减少该风险做出努力。为应对灾害的风险,不丹政府启动了最不发达国家基金所资助的冰川湖防溃决项目,主要用于降低冰川湖的水位,以及增加公众、社区领袖和乡村政策制定者对气候变化的认知。

(3)在柬埔寨,干旱与洪水已经造成了大量的人员与作物损失,并被广泛认为是更极端天气的序幕。据 IPCC 的情境模式,柬埔寨最主要的粮食作物水稻会在 2020 年减产5%。虽然一些地区的年度降水量会增加,但由于降水变得越来越不稳定,温度也不正常,从而使产量持续恶化,可能使柬埔寨变成粮食净进口国。于是,柬埔寨政府使用最不发达国家基金用于建设在水资源管理和农业上的适应能力,促进地方政府与社区将长期气候风险融入水稻生产的政策与决策。主要措施是教授农民与地方领导人关于气候变化的问题,并促进灌溉水渠与池塘等基础设施的建设。

(4)马尔代夫的地理与地质特征使其特别容易遭受降雨与海洋引发的洪水袭击。该国约一半的人类定居点离海岸不足 100 米——包括四分之三的主要基础设施(机场、电厂、垃圾填埋场和医院等)。马尔代夫是世界上地势最平的国家,对气候变化极为脆弱。有研究指出,到 2100 年,其 85% 的国土可能会被海水淹没(Khan et al,2002)。马尔代夫政府使用最不发达国家基金提高其气候变化风险管理能力,在 4 座岛屿上建设了示范项目,包括改善基础设施、进行人工育滩、珊瑚礁传播、土地开垦与社区重建等。

2.2.3 适应基金

由于气候变化将极大地影响世界上最贫穷的人以及可能最为弱势的未来世代,他们往往受到气候灾难、荒漠化和海平面上升的最严重打击,但他们对全球变暖问题所做出的贡献又最小。在世界上的一些地区,气候变化已经导致了粮食安全问题的恶化,减少了可预见的淡水供应量,加剧了疾病和其他对人类健康的威胁。帮助最脆弱的国家和社区是国际社会面临的越来越大的挑战和迫切需要,特别是因为气候适应需要的资源远远超出了实现国际发展目标所需的资源。

为了帮助发展中国家的脆弱性社群适应气候变化,于 2010 年在《联合国气候变化框架公约》下设立了适应基金(Adaptation Fund)。其资金来源为《京都议定书》下清洁发展机制(CDM)项目产生的经核证减排量(CERs)的 2% 的收益,发达国家自愿捐资及少量投资收入。自 2010 以来,有 77 个国家为气候适应和修复行动投入了 4.76 亿美元。

"绿色气候基金"是一种适应基金,旨在帮助发展中国家适应气候变化,它是世界各国为保证应对全球气候变化问题详细方案得以顺利运行的核心组织,其组建过程融合了各缔约国之间利益博弈和联盟的过程,通过 ANT 理论转译模型来审视这一过程,研究各个行动者在绿色气候基金组建过程中运用的不同的转译手段,凸显出来的网络代言人的重要地位,可以为我国在今后的国际气候谈判中争取作为网络代言人并发挥作用提供有益借鉴。

绿色气候基金的组建过程实际上就是各国的利益博弈过程。"绿色气候基金"(Green Climate Fund,简称 GCF)的概念最早是在 2009 年的哥本哈根世界气候大会上,由墨西哥总统卡尔德隆(Felipe Calderon Hinojosa)提出的。其目的是建立一个《联合国气候变化框架公约》(以下简称 UFNCCC)缔约方金融体系的运行实体,以帮助发展中国家发展太阳能、风能和地热能等清洁能源,提高发展中国家的能源使用效率。2009 年 12 月 18 日晚,28 个国家的领导人或部长经过激烈的利益博弈,最后敲定了一份《哥本哈根协议》草案,然而此草案在 19 日的全体大会上并未获得通过,因此,至大会闭幕,该草案也只是一份不具有法律效力的文件。

2010 年的坎昆世界气候大会对"绿色气候基金"的提议再次进行了长久的谈判和协商,最终决定设立绿色气候基金,并成立了绿色气候基金过渡委员会。该过渡委员会由40 名成员组成,其中有 25 个来自发展中国家,过渡委员会的主要职责之一是确定基金正式成立后的组织框架,之二是管理过渡时期的气候援助资金,进行相应的融资运作。坎昆世界气候大会通过的《坎昆协议》明确规定,截至 2020 年,发达国家每年应筹集 1000亿美元资金帮助发展中国家应对全球气候变化。绿色气候基金拥有多项资金来源,并通过各种金融工具、融资窗口等获得资金。这些直接提供的基金,以帮助发展中国家实施与气候变化相关的政策措施为目标,为其提供充足的和可预见的财政资源,并希望在气候变化适应行动和气候变化减缓行动之间实现资金的均衡分配。在引导基金运行方面,该文件建议:"基金的运作在缔约方大会的权威性和指导下运行,并全面向缔约方大会负责;基金委员会在代表方面,要体现所有缔约方平等且地域平衡的概念,并具有透明和高效的系统治理,使受援国可以拥有直接获取资金的渠道"(冯迪凡,2011)。除此之外,在协议签定、基金准备和实施的过程中,国家推动和需求驱动扮演了主要角色,且受援国有直接参与权。在治理方面,绿色气候基金应在缔约方大会的权威指导下由委员会管理基金并实施监督,董事会应提交年度报告供缔约方大会审议和讨论。

2011 年 11 月 28 日至 12 月 9 日在南非德班召开了 UFNCCC 第 17 次缔约方会议，即德班世界气候大会。其中关于绿色气候基金问题便是核心议题之一，其构想是发达国家须在 2020 年之前每年拿出 1000 亿美元帮助发展中国家应对气候变化。各参与国经过一场艰难的谈判和博弈之后，于 2011 年 12 月 11 日通过决议，决定启动绿色气候基金。德国和丹麦在此之前曾分别宣布向绿色气候基金注资 4000 万和 1500 万欧元，成为首批用实际行动支持该基金的发达国家。绿色气候基金从构想到组建经历了激烈而艰难的两年时间。在这两年中，参与各方通过积极的政治斡旋，用本国语言来表达别国利益，成功转译了别国利益，或者本国利益被他国转译，这样的利益博弈显然还将长期进行。

在组建绿色气候基金的激烈角逐中，中国实际上处于劣势地位。一方面，中国作为世界上最大的发展中国家，拥有世界上最多的人口，面临着艰巨的发展任务。中国像其他发展中国家一样，在国民经济结构中，仍然以高能耗、高资源消耗、高污染、低附加值的低端产业为主导，致使我国近年来的温室气体排放量高居不下，排放总量迅速攀升并已超越美国成为世界碳排放最多的国家，减排压力巨大。另一方面，西方发达国家已经实现产业升级，将大量高耗能、高污染的企业转移到包括中国在内的发展中国家，同时凭借自身在清洁能源技术上的优势，通过知识产权转移等方式将清洁能源技术输出到发展中国家，从中谋取高额利润。而在绿色气候基金组建的过程中，发达国家利用这些优势指责发展中国家，迫使以中国为首的发展中国家加入强制量化减排的行列。要扭转中国在绿色气候基金组建过程中的劣势，抢得谈判中的主动权，根据上述行动者网络理论视角下的动态分析，可以得到以下两方面的启示。

第一，中国是绿色气候基金委员会的成员之一，作为最大的发展中国家，中国在获得资金支持方面处于有利地位。随着 2011 年绿色气候基金的正式启动，如果我国能运用资金有效促进国内清洁能源技术的发展，建立和完善碳税等相关机制，完成相应的减排目标，那么，我国将会在国际舞台上获得更多的话语权，在未来的国际气候谈判赢得优势。同时，中国要积极转换自身角色，参照"利益赋予模型"，"求同存异"，在国际会议和国际事务中，综合并创造性地运用多种转译方式，同其他国家在更广泛的意义上寻求共同的利益和目标，达成妥协。中国应成为应对气候变化联盟中的积极推动者，力争将别国的利益、兴趣和问题用我们的语言表达出来，建立以我国为主导的全球气候变化应对联盟。

第二，中国要成为全球气候变化的网络代言人，急需中国的科学家们进一步加强气候变化方面的基础科学研究，提高我国在气候变化研究方面的科学影响力，增强我国在科学技术方面的硬实力，为我国创建强有力的联盟提供更多的理论基础，以最大的能力吸纳和保持最多的行动者。我国政府应加强对相关科学研究在资金、技术及设施等方面的支持，同时最大限度地减少政治对科学研究的过度干预，保证科学论证的公正性，以便在未来的代言人竞争中占据优势，客观上为中国在全球的联盟中获得更多的积极推动力，为未来应对气候变化做出更多的贡献。

2.3　永续原则

2.3.1　永续利用与可持续发展

代际正义要求人类对能源进行"永续利用"或"可持续利用"。"永续利用"的同义词是"可持续发展"。可持续发展概念的出现根源于所谓的"发展危机",即自二战后的国际发展计划未能成功地改善全球大量贫困人口的境况。在过去 60 年间,贫困人口数量一直稳定在全球人口的约五分之一。贫困人口仍然挣扎在生存的边缘,人均寿命短,生存条件恶劣,营养不良,疾病缠身,且未来改善的希望渺茫。他们所生活的国家通常债务负担沉重、基础设施落后、几乎没有教育系统且暴力犯罪普遍。同时,世界还面临着环境危机与资源短缺,使世界上最贫困的人口雪上加霜。即使是富裕国家,也因能源价格上涨、气候模式改变和地球生物多样性的减少而压力倍增。从发展中国家的角度来看,尽管存在能源危机与气候变化等问题,但还要认识到存在其他许多更为迫切的影响人类福祉的可持续性问题,如饥饿、营养不良、贫困、健康,以及迫切需要解决的地区环境问题。同时,工业化国家高水平的人均能源消费、物质生产和温室气体排放也威胁着未来的可持续性前景,并直接、间接地给许多发展中国家提供了一种不适当的学习案例。

1983 年,联合国成立了世界环境与发展委员会(WCED)——该委员会后来被称为联合国环境特别委员会或布伦特兰委员会,力图找到解决全球性自然资源恶化与生活质量下降的途径。布伦特兰委员会指出,可持续性问题的提出源于人口与消费的快速增长,以及地球自然系统满足人类需求的能力下降。要矫正这种不平衡需要在两个方面进行努力:①满足所有人的基本需求并消除贫困;②由于自然是有限的,必须广泛地对发展施加限制。最有影响力的《布伦特兰报告(Brundtland Report)》使"可持续性"成为一个全球性目标,并将可持续性界定为这样一种状态:"在满足当代人的需求与欲望的同时,不损害未来人满足其需要与欲望的能力(World Commission on Environment and Development,1987)"。这一定义用在能源领域,就要求当代人开发和利用能源资源的方式,不应损害子孙后代使用能源资源满足他们需要的能力。这要求当代人要以较低的能源利用强度来不断提高现有的生活质量,从而给后代留下并未减量的能源资源,以为后代提高其生活质量提供机会。从 1987 年《布伦特兰报告》发布之后,政府、组织和个人开始在工作与生活中将这一可持续性概念用于伦理决定。评价企业的表现不能再只看经济指标,还要看其社会与环境行为,政府也在各个层面使用这一指标指导资源分配、税收与补贴、城市规划和建设等。《世界发展杂志》上的一篇文章写道:"可持续发展是一种'元解决方法',它能将所有人团结起来,包括只顾赚钱的企业家、追求风险最小化以糊口的农民、追求平等的社会工作者、关心污染问题或热爱野生动物的第一世界公民、追求增长最大化的决策者、目标导向的官僚,以及选举出的政客(Lele,1991)。"虽然乍一看可持续性似乎是一个描述性概念,但却常被用作一个规范性概念。《布伦特兰报告》更像是一种道德宣言,而不是一种科学表述,例如,报告中的"需要与欲望"概念就明显是一个道德概念。美国经济学家迪帕克·拉尔指出,这个模糊的普遍原则就像"母爱和苹果馅饼"一样,可能是没有人会反对的东西,因此,"报告所依赖的是其情感上的吸引力"(拉尔,2012)。

由于太过宽泛,所以存在着不同的解释,并形成了大量的关于可持续性的研究文献。其中,最广泛采用的是世界商业委员会的说法:可持续性"需要兼顾社会、环境与经济等方面的考虑,以做出长期的、明智的判断"(World Business Council,2000)。基于《布伦特兰报告》中的普遍的可持续性定义,各个领域也纷纷提出了不同的可持续性措施。能源领域最有影响力的可持续性措施是由国际原子能机构(IAEA)于 2005 年提出的能源可持续发展指数(EISD)。国际原子能机构报告指出,"良好的健康、高水平的生活、可持续的经济与清洁的环境"是讨论可持续性能源供应时最重要的伦理价值。该报告提出了基于这些伦理价值的 30 种可持续性指标以回应"可持续性的三大支柱":经济、环境与社会。经济维度主要是通过增加商品和服务消费来改善人类福利,环境维度着重于对生态系统的完整性和弹性进行保护。社会领域则强调丰富的人类关系,以及怎样实现个人和群体的愿望。从历史上看,工业化国家的发展着重于物质生产。这样自然地,在 20 世纪,大多数工业化国家及发展中国家的经济目标都是追求增加产量和经济增长。因此,传统发展路径与经济增长具有很强的联系。到 20 世纪 60 年代初,发展中国家大量的、不断增加的贫困人口,以及缺乏惠及穷人的制度体系,导致他们在直接改善收入分配方面付出了大量努力。发展模式转向公平增长,这种模式认为,社会(分配)目标,尤其是减贫,与经济效率同样重要。现在环境保护成为可持续性的第三个主要目标。在 20 世纪 80 年代初,大量证据表明,环境退化已成为可持续发展的一个主要障碍,并提出了新的主动保护措施,如环境评价。

19 世纪以来,以高投资、出口导向战略以及能源密集型制造业为驱动的世界工业化刺激全球经济迅猛发展;伴随着一系列公害事件、能源危机的产生,经济形势逐渐冷却,全球进入一个新的经济增长阶段——可持续发展阶段。可持续发展理念在能源领域中可被描述为"能源可持续利用",包括发展低碳能源、创新能源技术、提高能源效率、减少化石能源补贴等内容。目前全球能源供应和消费的发展趋势从环境、经济、社会等方面来看具有很明显的不可持续性。全球能源体系当前面临着两大挑战:保障可靠的、廉价的能源供应,实现向低碳、高效、环保的能源供应体系的迅速转变。能否成功解决这两个问题,将决定未来人类社会的繁荣与否。为防止全球气候产生灾难性的和不可逆的破坏,最终需要对能源的来源进行去碳化。

2.3.2 永续利用的代际意蕴

可持续性与维持生态现状的意义并不相同。从经济学观点来看,耦合的生态社会经济系统在其发展进程中应该将生物多样性维持在一定水平,这样才能保护生态系统的恢复力,而后者是人类消费和生产的基础。可持续发展要求对能够预见的对于后代的影响进行补偿,因为当今的经济活动以一定的方式改变了生物多样性的水平或组成,这将影响未来重大生态服务的途径,并减少后代人的选择机会。事实的确如此,即使经济正增长增加了当前可用选项的工具(或使用)值。

社会公平也与可持续性密切相关,因为社会不可能接受收入和社会利益分配的高度倾斜或不公平,或者说这种情况不可能长期持续下去。公平可通过在决策过程中加强多元性和民众参与以及授权弱势群体得到加强。从长远来看,代际公平和保护后代人权利是非常重要的因素。特别是无论谈及公平还是效率,经济贴现率都起着重要作用。不同个体或国家对福祉所采取的定义、比较和汇总是不同的,由此可能会产生经济效率与公平之间的冲突。例如,效率常暗含着资源限制下的产出最大化。通用的假定是人均收入增长将增加最多或所有个体越过越好。然而,这个方法却能潜在地导致收入分配缺乏公平性。总体福利可能会下降,这取决于有关收入分配方面的福利是如何定义的。相反,如果政策和制度能够确保资源能够有效地进行转移,如从富人流向穷人,则总福利就能增加。近年来,环境意义上的公平也得到了越来越多的关注,因为弱势群体已经承受了极大的环境灾难。同样,许多减贫努力(习惯上集中在提高货币收入上)正在被扩大到应对穷人所面对的环境和社会环境退化。总之,无论是公平还是贫困都不仅具有经济维度,也同时具有社会维度和环境维度。从经济政策角度来看,重点需要通过增长、提高获得市场的机会、增加资产和教育,来扩大穷人的就业和获益机会。社会政策将集中在授权和包容,使制度对穷人更负责,并消除掉排斥弱势群体的障碍。有关帮助穷人的与环境相关的措施,主要目的是试图减轻穷人对灾难和极端天气事件、作物减产、失业、疾病、经济震荡等的脆弱性。

经济增长仍是大多数政府普遍追求的一个目标,长期增长的可持续性是一个关键问题。特别是降低温室气体排放强度,是减缓气候变化的重要一步。假定世界大多数人口生活在绝对贫困状况下(例如,超过 30 亿人靠每天不到 1 美元生活),一个并不过度地限制这些地区经济增长前景的气候变化策略,会更有吸引力。一个基于可持续性的方法将会寻求调整发展和增长(而非限制)结构的措施,使得温室气体排放减少,适应选择得到增强。

人们还提出了大量检验可持续性的方法,以确定特定措施是否可持续。这些检验方法虽然差异很大,但总的思想是:在某种意义上说,资源的使用不应该比资源的更新快;在某种意义上说,废物的产生不应该比废物的吸收或循环更快。就生物燃料生产而言,可持续发展概念经常意味着,收获植物物质不应该比植物更新快;废物(特别是温室气体)的产生速度不应该比废物的吸收快。例如,就从森林获取物质而言,可持续性意味着获取木材和其他材料,不能快于同一地块能够生长的木材和其他物质。例如,假设一片森林每年每亩能够生产 20 立方米的木材,那么这个生产速度也应定为从这片森林获取木材数量的上限。20 世纪中叶以来,农业生产率稳定增长,因此,确定农业用地的可持续水平十分困难。当今的可持续水平远高于 20 世纪 70 年代。生产率提高的一些因素可能在数十年前就被预测到了。如机械化水平的大幅提高。但是,一些因素在几十年前却可能是不可预测的。例如,生物技术对提高单位面积产量做出了巨大贡献。事实上,为了提高生产率,美国玉米种植面积中大约 60% 都是转基因玉米。这些因素都对可持续性生产水平做出了贡献,而上一代人之前似乎不可能达到这么高的水平。

然而,可持续性概念应用遇到更为根本的困难:今天如何确定后代的需要呢?如果不能确定后代的需要,就不可能为他们进行规划。例如,有时把煤炭生产作为不可持续做法的一个例子。可以肯定的是,煤炭一旦烧掉,就是不可替代的。因此,今天每消耗一吨煤炭,留给子孙后代的煤炭就减少一吨。另一方面,按现在的消费水平,美国煤炭足够用几百年。而且,很难确信地说,从今起一个世纪后,电力是否依然利用燃煤方式进行生产。因此,很难说今天的煤炭消费就等于少给了后代煤炭。如果在未来 100 年内,燃煤电厂被非煤炭技术所取代,那么对煤炭的需求就会锐减,地下则仍会保有大量煤炭。如果发生这种情况,就意味着后代将拥有丰富的矿产,却没有任何用处;从这个意义上讲,今天任何煤炭的使用水平都是"可持续性的"。当然,这个例子并没有解释基于燃煤污染环境以及煤炭开采导致死亡而形成对煤炭的反对意见。

可见,即使人们同意要"可持续",但对于究竟"要持续什么"却存在着根本的分歧。一方面,有些人从人类中心主义立场出发,认为可持续性的唯一的或主要的忧虑是现在与将来的人的可持续福利;另一些人根据生态系统而不是人类来思考,认为可持续性等同于生态系统的复原能力。环保主义者指出,如果所要持续的对象是人类福利,那么可持续性概念就没有任何新意。

虽然没有明确统一的可持续性定义以及检验特定措施是否可持续的方法,但是有关能源可持续性的观点仍然大有裨益。它有助于了解今天的能源使用水平是否导致可预见未来——非常短期的未来——的能源与资源短缺。或者至少说,人们知道可持续性,就将有所裨益(塔巴克,2011a)。可持续性本质上是一个伦理问题,因为它要求决策以道德原则而非经济计算为指导。

经济学家提供了大量的智慧让我们理解可持续性。先来看一个可持续性的简单直白的例子。假设我们有 100 万元的资本,每年可以获得 10% 的利息,即每年利息收入为 10 万元。为了能够持久地使用这笔钱,我们每年从中支取的钱不能超过 10 万元。这样就能使这笔资金一直不消失,一直为我们和我们的后代创造收入。从这个例子中我们看到了可持续性的一个基本要求:对资源的使用不超过其自我更新的速度。

假设这笔初始资本不是一笔静态和单一的现金,而是多种增长率不同的资源的集合,并且其增长率很难预测。在有些年份,收益会超过 10 万元,而有些年份会不到 10 万元。那么,我们就需要密切关注这笔资本,以应对意外的变化。复杂性的增加使得可持续性的风险加大,一旦对这些资源的需求过大,就会变得不可持续。

真实世界的情况是我们虽然拥有更多的资本,但是我们却有 70 亿的亲戚和朋友——人类命运共同体。要在这种情况下应对资本来源增长率的变化就变得格外困难,因为要很好地协调所有活动是不可能的。对此哪些资源和利益更重要,谁有权要求多少资源很难达成一致。在这种情况下,要维持初始资本并在 70 亿人口中公平地分配收益就是一个巨大的挑战。可见,虽然可持续性概念本身很直白,但要在真实世界中实施和实现却并非易事。可持续性追求的是长期福利,平衡的是经济福利、生态健康与社会公平。有时,对一些善的追求会与其他善相冲突,如环境健康与社会正义要与经济安全进行妥协。

当然,我们大多不会把资金放在银行里"吃利息",而是会进行各种投资。可持续性要求投资所产生的收益要至少与储存在银行里的产生的利息一样多。任何投资行为都意味着要放弃具有内在价值的当前消费。放弃这种当前消费而进行的生产性投资,至少必须产生与当前消费相当的未来消费。但未来的消费额是否可以更大?不花费置于"床垫"下的资金,而(在没有通货膨胀的情况下)用其提供相等的未来消费是否足够?对个人来说,这种延期消费仍然会有损失:人终有一死,在他们能享用自己所储存的未来消费之前,他们可能已经死了。因此,他们会鼓励当前消费而不是未来消费。这种所谓的个人"急躁",要求人们在放弃当前消费的同时,产生一些额外的利益(以利息的形式)。

但这对社会又是怎样的?由于社会是不朽的,它为什么要急躁?它为什么要通过折扣未来以鼓励当前消费?通过对一个较长时间段的思考,我们就能获得答案。从很长的时期来看,"当前"与"未来"并不与单个人在不同日期生活的消费水平相关(就像在私人决定中),而是与两代人相关:当前世代与未来世代。投资变成了把当前世代的消费转移给未来世代的一条途径。当我们估价当前投资所可能产生的未来消费时,我们所估算的是未来世代所可能获得的,减去当前世代消费之后的额外消费。这种价值必然取决于一种代际分配判断。如果我们折扣未来消费,使之与当前所放弃的消费相等,那么我们就是在假定:未来世代所增加的一美元,在社会意义上不如当前世代所放弃的一美元有价值。一些经济学家认为,不应该对未来进行这种折扣。人们应当对收入的代际分配转移保持中立。当前世代的一美元与未来世代的一美元有着相同的社会价值。对未来世代所增加利益的任何社会折扣都是一种对"贪婪的文雅表达"。

一个与此相对立的,与贫困国家特别相关的论证是:通过削减当前贫困世代的消费来提升未来富裕世代的一美元消费,是一种倒退。因为随着经济的增长,未来世代将比当前世代富裕。因此,从当前世代拿一美元转移给未来世代,就像是从一个穷人那里拿一美元交给一个富人。因此,我们对未来世代所增加的一美元的估价,应当低于(折扣)当前世代所牺牲的这一美元。因此,这种社会折扣率概括了社会对代际公平的价值判断。对于所有的价值判断来说,恰当的折扣率都是一个有争议的问题。但绿党对这种"经济主义"逻辑却不屑一顾。

同样,经济学家也十分乐于将自然资源当作经济股本的一部分。其中的一些资源是有限的(如石油和其他矿产),因而当前的使用会造成未来资源的枯竭。这是否意味着,要发展可持续,当前世代就不应当使用这些资源?答案是否定的。因为当前这些耗竭性资源的使用即使当前世代的消费更高,也使当前世代的投资更大。有形资本投资的增加补充了自然资源股本,并传递给了未来世代。耗竭性资源开发所带来的经济增长率取决于折扣率。折扣率越高,耗竭速度也就越快。人们常常认为,当前自然资源的耗竭速度太快了。但这必然要求私人生产者折扣其未来矿井租金的市场利率，使之高于社会折扣率。但这并没有论证要把矿石为未来世代留在地下。实际上，有一个完全精确的原则，可使当前世代以最优比率开发耗竭性资源，且不使下一代人的情况更糟。假定各种形式的可再生资本（包括再生方法与研发投资）是自然资源的替代品，那么当前世代就应该用新的可再生资本——如道路、建筑和机器，或者与未来世代等值的金融资产——取代当前日益耗尽的资源存量。

需要提防可持续性概念被资本主义市场体系与化石能源企业所歪曲。《21世纪议程》指出，全球环境持续退化的主要原因是不可持续性的消费模式和生产模式，特别是在工业化国家。在资本主义市场体系看来，自由贸易才是可持续性的本质；在石油公司看来，能源需求的增长是实现可持续性的先决条件。无限的增长和自由贸易当然意味着一切照旧。公众只能借助技术解决办法，默默忍受由此产生的生态破坏。可持续性的普适性及其解释的多样性，正是可持续性的问题所在。难怪"可持续"迅速成为全球企业董事会决策的流行词，它实际上意味着持久地发展，不断改变生态系统以迎合人类的贪婪。批评者由此指出，可持续的定义在很大程度上还取决于你为谁工作，因此可持续性的定义实际上是没有意义的。对企业经济学家来说，可持续性意味着企业可以永远经营下去。而对环保主义者来说，可持续性能让地球永远运行下去。但两者未必兼容。

反环保主义者用瑙鲁岛的例子来反对为了后代而采取可持续性手段。瑙鲁岛是太平洋上的一个小岛，岛上的土地主要由鸟粪构成。这些鸟粪是很值钱的肥料。瑙鲁岛的居民一直在开采这种自然资源，因此该"国"正逐渐消失。鸟粪的销售收入被投资于澳大利亚的房地产和其他资产，从而在其唯一的资源耗尽时，为居民提供未来的收入与消费。瑙鲁岛的居民是否应当竭力维持不幸的生活，以使他们的"珊瑚礁"自然储备原封不动地移交给他们的未来世代？这将是十分荒谬的。但实际上，这正是许多环保人士的灵丹妙药所希望的。

目前也没有任何正确的经济理由去维持任何当前的可再生资源水平——如水产业。它完全取决于自然资源的再生率、人口变化、我们对代际公平的价值判断（概括为社会折扣率），以及技术进步。然而，许多可再生资源都面临着"普通大众"问题。如果可再生资源不为任何人所有，那么任何人都有过度使用它的动因。这样，一个共同拥有的湖泊就会捕捞过度。要解决这个问题，就需要创造所有权，使所有人有保护自己资源至最佳程度的动力。使共同所有的可再生资源所有权私有化，可以防止对这些资源的低效使用，非洲大象就是一个例子。撒哈拉以南的非洲大陆大象数量由于象牙的偷猎而减少。《濒危物种国际贸易公约》试图通过禁止象牙贸易来遏制大象数量的下降。但这只不过使象牙贸易转为地下。由于合法贸易被禁止而需求仍未减少，因此象牙价格急剧飙升。非法贸易中偷猎者的利润也剧增，从而诱使他们猎杀更多的非洲象。而南非抵制了这种趋势。南非允许象群为私人所有，用于生态旅游或狩猎旅游。其大象数量保持了稳定甚至有所增长，以至于在20世纪90年代末，人们担心象群的发展会危害农作物，官方也在进行一个淘汰计划。但在环保主义者看来，这好像是骗人的经济主义。因为他们所关心的不是人类福利,而是对生态系统的保护。

可持续性不仅具有环境意识,也具有政治与伦理变革的意义,因为它所推崇的新模式"不服从传统价值、国家主权、市场经济和代议民主。它要求个人与社会行为发生根本改变,并将文化视为全球变化的最后边疆。现代工业文明的规则、个人主义、利润与竞争等标准都被谴责为不道德(Barfield,2001)。"

2.3.3　能源永续利用的实现途径

世界各国十分重视可持续发展问题,2015 年"联合国可持续发展峰会"一致通过 2030 议程(SDGs)。至此,人类社会可持续发展战略进入了新的阶段。同年年底我国倡导供给侧结构性改革,提出"三去、一降、一补"结构性改革措施,如何指导未来政策,消除不良扭曲,实现可持续发展,成为各界关注的焦点。

2015 年,中国的二氧化碳排放量下降了 2%,相当于少排放了 2 亿吨二氧化碳。这个数字是创纪录的,相当于 100 个排放量最低国家的排放量的总和。中国在巴黎气候变化大会上做出的承诺,即在 2030 年要达成的目标,很有可能提前达成。

能源绿色发展已成全球共识,清洁低碳是大势所趋。自 1992 年联合国环发大会以来,全球低碳、可持续发展取得了长足进步。一方面,统计结果显示,过去 20 年,全球可再生能源发展从初期进入快速成长阶段,2015 年全球水电、风电、太阳能发电累计装机容量分别超过 10 亿千瓦、4 亿千瓦和 2 亿千瓦。2015 年,尽管化石能源价格大幅下跌,但全球清洁能源投资额仍高达 3290 亿美元,再创历史新高;可再生电力装机同比增长 30% 以上,其中风电为 6400 万千瓦,太阳能光伏为 5700 万千瓦。与此同时,近十年全球天然气的生产、消费年均增速均达 2% 以上,仅次于可再生能源。

另一方面,以太阳能、风能等为代表的新能源利用技术和能源互联网等新技术不断获得突破,促使新能源迅猛发展。太阳能光伏电池技术创新能力大幅提升,目前商业化应用的多晶硅电池组件转换效率约 16%,今后光伏电池转换效率有望提升到 24%,光伏度电成本将下降到 0.4~0.5 元,与煤电相当。下一代更大型的风电机组可利用在更高空域才有强劲和持续的风力资源,预测风机平均高度可提升至 110 米,发展风电的面积将比风机平均高度为 80 米时增加 54%,且风电单位成本有望下降 20%~30%,基本与煤电持平。预计至 2035 年全球可再生能源年均消费增长 6.4%。同时,物联网、移动互联网、大数据和云计算等互联网技术与能源技术深度融合,分布式能源、智能电网、新能源汽车开始步入产业化发展阶段,大量工业园区、城镇小区、公用建筑和私人住宅已拥有分布式功能系统,"人人消费能源与人人生产能源"的生产消费新形态正在逐步形成。

20 多年来的实践表明,要根本解决全球气候变化问题,必须将绿色发展置于国际气候制度的核心。2015 年 12 月的巴黎气候变化大会明确要求各国实施增长、消费和能源的低碳转型,大会达成的《巴黎协定》奠定了各国广泛参与转型的基本格局,确立了 2020 年后以"国家自主贡献"为主体的国际应对气候变化机制安排,这将极大地推动全球能源消费从煤炭和石油向天然气和新能源转变。目前全球 67% 左右的温室气体排放与能源生产和消费相关,而要实现《巴黎协定》的减排目标,各国必然要大力发展新能源和天然气。美国提出,到 2025 年可再生能源占电力消费的 25%,到 2050 年可再生能源占电力消费的 80%、占能源消费的 60%。丹麦提出,到 2050 年全部电力均来自于可再生能源。我国应对气候变化的自主行动计划要求 2030 年左右实现碳排放达到峰值。总之,发展绿色能源已成全球共识,清洁低碳是大势所趋(郭焦锋,2016)。

进入 21 世纪,全球已经开启了一个绿色能源时代。面对日益紧张的能源资源以及越发严峻的环境形势,可再生能源在经历了一个多世纪的沉寂之后又被人们唤醒,正在成为未来能源可持续发展的新希望。当然,此轮可再生能源的回归不是薪柴时代的简单重复,而是以技术进步为支持的风能、太阳能等新型绿色能源的兴起。作为这轮绿色能源的先行者,欧盟在 2011 年通过的《能源 2020 战略》中提出,到 2020 年,欧盟国家实现"三个 20%",即可再生能源占能源消费总量的比重提高到 20%,温室气体排放减少 20%,能源利用效率提高 20%。之后不久,欧盟又发布了"2050 能源路线图",并雄心勃勃地预计到 2050 年可再生能源比重将上升到 55% 以上。

中国也不能在新一轮能源革命中落后,必须顺应这个历史潮流,将绿色能源作为未来发展的重要方向。从必要性上看,作为全球温室气体的最大排放国,中国在未来必将承担更多的减排责任,逐步控制化石能源的大规模扩展,而可再生能源必将发挥极其重要的作用。从可能性上看,中国地域辽阔,地形多样,水力、风力资源丰富,日照时间充沛,具备大规模可再生能源开发的条件。中国政府已做出积极的发展规划,力争到 2020 年使可再生能源比重从目前的 7% 提高到 16%。

中国不能只顾能源成本的效率,它还必须追求环保,减少二氧化碳的排放量,为日益增长的城镇人口提供安全、清洁的环境。中国的可持续增长模式需要一边改良技术,一边降低成本,一边开采具有竞争力的能源。

(1)清洁能源的研发与利用

我国当前的电力能源结构相对单一,主要以燃煤发电为主,其他清洁新能源的比重相对较低,且燃煤发电技术还不能满足高效低碳、清洁环保的要求,缺少国家战略层面的发展规划。此外,我国煤炭资源大多数分布在西部欠发达地区,发电机组大多设置在中东部发达地区,"西煤东运"成为了当前采用的主要方式。但是这项举措加大了发电过程的运输成本,只能解决燃煤之急,并不能从根本上解决这一矛盾。目前,我国缺少与低碳经济发展相匹配的电力能源发展规划,对于燃煤发电减排技术的研发政策还不够明确,不能从根本上转变电力能源结构,满足不了全国范围的电力需求。虽然国家鼓励电力行业研发和使用新能源,但是由于技术壁垒、开发成本等原因,各种新能源开发技术的水平都不够高。比如说风能发电中最重要的是风电场所的选址,如何测量一定时期内的有效风速,如何保证风速的稳定性是目前急需解决的问题。此外,太阳能发电设备如何降低成本、水能发电设备如何避免季节性影响、其他生物质等新能源设备如何完善收购处理过程等,均很大程度地制约了我国新能源发电的进程。随着电力新能源的不断发展,我国的核能、风能、太阳能等能源的发电初始建设成本较高,相应的新能源电价在一定时期内比燃煤发电的价格高,将影响电力行业对于发电方式的选择。较低的销售电价与新能源开发成本等因素成为了短期难以避免的矛盾,在缓解这一矛盾的基础上,如何确定合适的新能源电价将成为我国新能源发电顺利转型的重要一环。虽然我国政府陆续出台了相关的政策方针促进电力能源的发展转型,但是仍缺少系统完善的制度体系支持。制度体系的不完善将导致新能源发展的缓慢,影响绿色、安全、经济的新能源发电体系的构建。

中国具备较为充足的风能、水能、核能基础,政府鼓励电力企业致力于风能、水能、核能等新能源的开发与运用,并为行业提供必要的资金和政策支持,以此来加快电力行业能源结构的调整升级,为今后的可持续发展提供根本保证。近十年来,我国新能源从起步到快速发展,取得了巨大的成就。截至 2015 年底,并网风电装机容量 12830 万千瓦,并网太阳能发电装机容量 4158 万千瓦,新能源运行规模和制造规模稳居世界第一,技术水平也有了长足的进步(李小琳,2017)。

(2)全球能源互联网

2015 年 9 月 26 日,中国国家主席习近平在联合国发展峰会上发表重要讲话,提出"探讨构建全球能源互联网,推动以清洁和绿色方式满足全球电力需求",为推动世界能源转型、应对气候变化开辟了新道路,得到国际社会高度赞誉和积极响应。全球能源互联网已成为"一带一路"建设的重要内容。"一带一路"相关国家的能源和需求分布不均衡,但清洁能源资源丰富、互补性强,通过能源电力互联互通,体现出新时代能源配置的智能化。

永续性原则应该引导人们在对待可持续发展的经济、社会和环境维度要均衡、一致。在强调传统发展与可持续发展的相对重要性时也需要平衡。例如,发达国家关于可持续发展的大多数主流文献趋向于集中在污染、增长的不可持续性以及人口增长方面。而这些观点在发展中国家却鲜有回应,他们的重点则是持续发展、消费和增长、减贫,以及公平。

遵循永续性原则的人是一种与传统的"经济人"不同的"可持续的人",这是一种有道德的,具有合作精神的人,具有社交技巧、丰富的情感以及与自然有关的各种技术。

循环经济是永续性原则的一种较好体现。循环经济是系统性的产业变革,是从产品利润最大化的市场需求主宰向遵循生态可持续发展能力永续建设的根本转变。

循环经济遵循"3R"原则,即减量化原则(reduce)、再使用原则(reuse)、再循环原则(recycle)。

(1)循环经济遵循"减量化"原则,以资源投入最小化为目标

针对产业链的输入端——资源,通过产品清洁生产而非末端技术治理,最大限度地减少对不可再生资源的耗竭性开采与利用,以替代性的可再生资源为经济活动的投入主体,以期尽可能地减少进入生产、消费过程的物质流和能源流,对废弃物的产生和排放实行总量控制。制造商(生产者)通过减少产品原料投入和优化制造工艺来节约资源和减少排放;消费群体(消费者)通过优先选购包装简易、循环耐用的产品,减少废弃物的产生,从而提高资源物质循环的高效利用率和环境同化能力。

(2)循环经济遵循"再使用"原则,以废物利用最大化为目标

针对产业链的中间环节,对消费群体(消费者)采取过程延续方法最大可能地增加产品使用方式和次数,有效延长产品和服务的时间;对制造商(生产者)采取产业群体间的精密分工和高效协作,使产品—废弃物的转化周期加大,以经济系统物质能源流的高效运转,实现资源产品的使用效率最大化。

(3)循环经济遵循"再循环"原则,以污染排放最小化为目标

针对产业链的输出端——废弃物,提升绿色工业技术水平,通过对废弃物的多次回收再造,实现废物多级资源化和资源的闭合式良性循环,达到废弃物的最少排放。

循环经济以生态经济系统的优化运行为目标,针对产业链的全过程,通过对产业结构的重组与转型,达到系统的整体合理。以人与自然和谐发展的理念和与环境友好的方式,利用自然资源和提升环境容量,实现经济体系向提供高质量产品和功能性服务的生态化方向转型,力求生态经济系统在环境与经济综合效益优化前提下的可持续发展。

自然界本无"废物",对 A 是废物,对 B 则为宝。可以建立生态工业园,在企业之间进行物质循环,将一个企业的废弃物变成另一个企业的原料,通过企业间的物质集成、能量集成和信息集成,形成企业间的代谢共生关系。例如,造米企业的麸皮是农业的好肥料;学校操场等设施在闲置时向社会开放,可以节约社会的公共空间与资源;共享经济、二手市场等可以增加物品的使用价值。

第3章　能源供应的效率原则

　　能源是人类生存所需的必要资源,因此,获得基本的能源供应是一种基本的人权,国家应当首先保障能源供应的安全。按照马斯洛的需求层次理论,人类对安全的需求仅次于对生存的需要。能源既是实现人们基本生存需求的必要条件,也是人们安全需求的重要内容。能源是实现经济发展与国家安全、促进人民福利的重要资源。公民享有能源权,而要保障人民的能源权利,国家就必须保证充分与安全的能源供应。历史和研究反复证明,只有充足的能源供应才能保障能源安全,以使人们的寿命更长、生活得更好。因此,让有需要的人能够获得能源资源与服务是其他能源伦理考量的先决条件。没有保质保量的充足能源供应,要实现平等或责任等其他伦理目标是不可能的。安全性是一条核心的能源伦理目标,而依赖国外能源供应是不可靠的,会危及能源安全。可以通过提升能源利用效率,实现一定程度上的能源独立,从而保障国家的能源供应安全,切实保障公民的能源权利。

3.1　能源安全

　　从历史上看,利用传统意义上的自然资源,以及自然资源的成本,尤其是能源的利用与成本,始终都是国家贫富的一个关键因素。能源是现代社会的重要物质基础和动力,是事关国家发展全局和国计民生的战略性资源。能源常常是制约一些国家经济增长和发展的瓶颈,"倘若中国拥有无穷无尽的自然资源,那么该国当然就极有可能不会实施每对夫妇只生育一个孩子的政策了"(拉卡耶等,2017)。自工业革命以来,经济增长始终都与能源需求的增长紧密相关。煤炭、天然气和石油,一直都在全球化、工业化和城市化过程中处于核心的位置。鉴于能源对经济社会发展的支柱作用,保障国家的能源安全就成为维持国家总体安全的基础,如习近平总书记(2014)所指出:"当今世界,能源安全是各国国家安全的优先领域,抓住能源就抓住了国家发展和安全战略的'牛鼻子'";能源安全是关系国家经济社会发展的全局性、战略性问题,对国家繁荣发展、人民生活改善、社会长治久安至关重要。

　　中共十九大报告指出,要增强忧患意识,做到居安思危,坚持总体国家安全观,统筹发展和安全。能源安全是国家安全的重要组成部分,也是实现生态文明建设和高质量发展的重要保证。当前,国际格局加速调整,国际能源格局作为其中一个重要领域也在不断积聚转型重塑的力量。经济发展与能源密切相关。当前世界经济正处在缓慢复苏的关键节点,国际能源格局转型趋势也慢慢浮出水面。特朗普政府宣布退出"巴黎协定"并实施"美国能源主导权"战略,中东乱局持续升级,新的供应来源和技术革命不断出现,全球能源和应对气候变化格局正在发生深刻变化。

3.1.1 何为能源安全

即使不考虑能源对于一个国家发展的重要性,它也是人类生存、生活舒适和出行的一种基础性需求。然而,大多数人对能源可获取的敏感性是不同的。对于许多生活在发达地区的人们来说,获取像电能、汽油和其他的石油产品这些二次能源是基本生存条件。直接的关切点就是,这些能源产品和服务价格的波动会影响生活的便捷和舒适。而对于发展中国家和地区的人们,尤其是居住在农村地区的人们来说,像柴火、木炭、粪便、秸秆这样的传统生物能源和煤仍然是生存的必需品,主要被用来烹饪而不是交通运输。

能源安全是指一个国家或地区以石油、天然气为代表的能源储量、能源生产和能源供应安全。有时,人们往往将能源安全与石油安全混合使用,能源安全一般是指石油安全,探讨石油安全概念及其演变分析西方主要石油消费国的石油安全战略,对于目前日益倚重海外石油的中国来说,十分必要。客观来说,能源安全是指我们的经济、社会制度和生活方式能够以可以接受的成本依赖充足的能源供应。对能源进口的外部依赖决定了能源安全需要重视两个方面:一是外部能源资源的可用性,二是外部能源资源的可受性。

"能源安全"概念的发展是一个演进的过程,国外对能源安全的重视和研究起始于20世纪70年代石油危机带来的恐慌。"能源安全"具有跨国性和多面性的特点,然而学者对能源的分析往往趋于孤立化和碎片化。尽管能源安全或者地缘政治理论强调,对能源的争夺、开发、利用和占有一直是世界各国政治、经济发展的焦点,强调能源生产国和消费国的安全研究,但是这些研究的不足之处有以下两方面。首先忽视了新能源(或下一代能源衍生技术)对国际体系的影响。从英国对煤炭、美国对石油的控制来看,这些新兴的国际体系霸主皆开始放弃传统能源(畜力或煤炭),而转向控制下一代能源。其次,现有的研究过多地强调资源的占用,而忽视了国内体制和能源的适应问题。例如,尽管前苏联能源资源占有处于优势地位,但是国内体制限制了其对能源的利用和创新。

能源安全的目标是指以不危及国家价值观和目标的方式,以合理的价格确保充足可靠的能源供应。某种意义上来说,能源安全是指以合理的价格提供足够的燃料和电能,支持国家经济的可持续发展,保障人民生活,并保卫本国领土。为了保证能源安全,能源短缺国要谋求石油进口渠道,这就形成了全球性的"能源争夺战"。如果能源安全的定义是在任何时候都能获得价格合理的能源,那么,这样定义的能源安全就取决于生产国能否采取措施促使市场稳定。石油生产国旨在市场稳定和抑制价格波动的各种政策措施有利于缓解石油等能源安全担忧。

世界经济社会的发展告诉我们:能源是经济发展的前提条件,能源服务能促进经济社会的发展。大多数发达国家已经在能源基础设施建设和经济社会增长方面建立了一个良性提高的循环系统,OECD国家已经基本不再使用传统的生物质能源,并且普及了电力的使用;转型经济国家的能源基础设施也比较完善,只使用少量传统生物质能,电力普及程度与OECD国家也不相上下;发展中国家无论在能源服务和电力普及程度方面,都存在非常严重的问题。能源安全不仅是国家层面的战略与规划问题,其更涉及千家万户国民的日常生活。走出田园牧歌式的"天不变、道亦不变"的生活模式后,油价的波动、电价的微调都会引发全社会的高度关切。《能源发展"十三五"规划》已由我国国家发展和改革委、国家能源局正式印发,中国的能源利用格局将向何处去,是一个拷问理论与实践的难题。

"能源安全"对于能源消费大国和生产大国而言具有不同的含义,消费大国的"能源安全"主要是指能源的"供应安全",即在合理价位持续性地获得外部石油供应。"供应安全"的三大基点可以被概括为目前能源安全领域广为接受的"3A"安全标准:资源的可获得性(availability)、运输的可依赖性(accessibility)和价格的可承受性(affordability),也就是"油源"、"油路"和"油价"的安全。

能源安全表现出以下几个特征:①能源安全已经走出一国范围,其威胁越来越具有全球性;②国际社会承担的共同风险和挑战在增加;③能源进口国与能源输出国之间越来越相互依赖,而且程度逐年加深(于宏源等,2010)。如何保障国家免于能源匮乏和高价能源成为能源安全的核心。能源安全可以分为不同的维度,有学者认为能源安全至少有五个可确定的维度:供应的安全、需求的安全、可获取的安全、可支付的安全和可持续的安全(查道炯,2016)。也可以从不同的视角来理解能源安全。例如,从地缘政治的视角与非传统安全的视角。

从地缘政治的视角看,石油、天然气和其他的能源资源在全球的自然分布状态并不受民族国家和地缘政治边界以及工业需求的影响。石油和天然气因此对于生产出口国和进口国来说都成为了战略性资源。理论上,出口国选择依赖石油、天然气或者是电力资源来换取有价值的外汇;而进口国则想要有一个可靠的和负担得起的能源供应渠道以确保支撑他们的社会、军队正常运转以及促进经济增长。考虑到石油和天然气对出口国和进口国所具有的价值,不管在公开的冲突或是和平的竞争中,这些能源资源往往都在政治博弈中被当作筹码。生产者可以利用它们作为谈判的筹码,而消费者则试图降低它们的价值。石油和天然气的战略价值还取决于各个国家尤其是强国,在他们与其他国家进行往来时,他们的目的绝不仅限于获取这些资源。在测算影响国际事务发展方向的实力、威望和影响力时,石油和天然气远远超出了它们自身作为资源的价值。地缘政治的视角一直以来主导着国际能源动态的研究,再衍生到关涉军事利益的研判,关于能源的地缘政治思维仍然非常具有吸引力。同时,从20世纪以来,政府主导所建立起的生产和消费国的关系已逐步成为转变所有国际关系的支柱。这样的趋势使得能源成为一种主权性商品而被关注,进而将其与国家安全关联起来。

从非传统安全的视角看,随着"人的安全"概念的逐渐深入,作为非传统安全威胁的能源问题也越来越引起学者的注意。目前,大家公认一个团体或是个人得到能源服务毫无疑义是"人的安全"中"免于匮乏的自由"维度中的一个方面,有一些学者甚至认为得到能源服务应该被看作是一项基本的人权。在非传统安全的视角下,脆弱性概念(指的是在将一个国家的能源安全进行概念化时,要将反对能源依赖和能源主导作为目标)更加适合于处理有关国际能源获取的持续性焦虑。所有的国家,不管大小,在全球能源运动中都具有其脆弱性,区别只在于脆弱的程度和范围不同。以石油和天然气为例。发生剧烈波动是这些工业固有的特征,因为它们面临的挑战是如何在每一个地区都找到扩大需求和供应的策略及合适的价格。用于贸易的油气资源通过两种形式运出国境,一种是用桶装着未经加工或提炼的产品运出去,另一种是直接加工成工业产品运出去。由于有些石油被出口到一个国家,然后又被加工成工业产品或原料出口到另一个国家,因此一个国家的石油进口不应该被看成另一个国家在石油进口可获取性的净减损。国家间的竞争确实存在,然而,英明的政策不是要让一个国家远离包括能源在内的世界贸易波动性的影响。相反,要了解一个国家在世界能源体系中的地位,必须从了解社会动态开始。通过关注与追寻能源供应相关的个人和团体的利益,就能找到使一个社会经受住来自能源市场所固有的周期性震荡影响的路径和方法。简而言之,非传统安全路径指出,能源是超越传统所关注的国家间零和博弈的一个动力。毕竟,研究国际事务的一个重要使命就是要通过将各种行为体从担忧他者不良意图所固有的忧虑中解放出来,从而为应对不确定性做出积极贡献。

目前国内外学术界对能源安全内涵有着不同的理解,主要有以下几种观点。第一种观点认为,石油安全是能源安全的核心问题。这种认识来源于20世纪70年代石油危机时人们对能源安全问题的最初理解。随着时间的推移,对这个问题的认识也在不断深化。在坚持这一基本共识的前提下,人们的认识也出现了一定的分化。一部分学者认为,稳定的能源供应和合理的能源价格是能源安全的核心问题。能源安全主要指一国拥有主权或实际可控制、实际可获得的能源资源,从数量上和质量上能够保障该国经济在一定时间内的需要和参与国际竞争的需要以及可持续发展的需要。我国的能源安全问题的实质是能源储备、供应结构与能源消费结构不完全匹配,并且程度在不断加深的问题,而不是一个总量供应问题。由此,我国的能源安全问题可理解为石油安全问题,或者油气安全问题。目前的能源安全问题主要集中在国际石油价格的波动对国民经济的影响上,从某种意义上说,怎样在合理的价格水平上得到我们需要的石油资源,是我国能源安全战略的核心问题。持这种观点的一些学者还进一步认为,20世纪80年代之前,国家能源安全的概念主要强调能源供应安全及其价格稳定两方面。而有些学者则认为,石油的运输安全是能源安全的基本面问题。无论是从长远还是从全球的观点来看,能源安全问题就是石油安全问题。能源安全分为三个方面的内容,一是投资和控制境外石油资源,二是建立国家石油战略储备,三是通过控制能源运输确保石油供应链的安全。与此相联系,石油供应链的安全成为国家能源安全的前提和保障,中国实施世界能源战略核心问题是海运供应安全,应把能源运输归入国家安全战略框架之中。显然,这是一种单纯强调和突出石油这一种能源安全特殊重要性的观点。在20世纪两次石油危机期间或者前后,具有代表性意义。但随着石油危机的消退和逐渐远去,这种观点逐渐受到了挑战。实际情况是,虽然石油仍然非常重要,但它的安全性问题并非常态性的,而是集中性的。常态性的安全问题往往要么是能源总量供给不足问题,要么是石油之外的其他能源问题,比如电力问题等。由此也出现了其他一些关于能源安全问题的新观点。

第二种观点把煤炭安全问题作为能源安全的核心问题。这种观点虽然也是把能源安全主要视为某一类能源品种的安全,但这种能源不再是石油,而是煤炭了。这种观点认为,煤炭和煤电的安全是中国能源安全的核心问题。我国富煤缺油少气的资源禀赋,决定了只有依靠煤炭资源才是解决能源供应安全的可靠途径。然而,把煤炭这种能源作为能源安全的核心问题,就世界范围而言可能并不具有普遍性的意义,但是却非常适合中国的能源结构特点。在我国的能源生产与消费实践中,常态性的问题却是煤炭的供需脱节,虽然煤炭生产不成问题,但运输却是经常困扰供需双方的常态问题。

第三种观点认为,国家能源安全概念包括以下两方面的含义:一是经济安全性,二是能源使用的安全性。能源供给保障是国家能源安全的基本目标,是"量"的概念,对应于一定的时间,并受一定的技术经济水平的限制;而能源使用安全则是国家能源安全的更高目标,是"质"的概念。相对于前两种观点,这种观点不再把能源安全定义在某一种能源上,而是强调能源总量的安全性;同时,也不再只强调它的经济性问题,同时也强调它的使用安全性问题。

近年来,国内对能源安全内涵的研究出现了宽泛的趋势。能源安全不仅包括某一种能源的安全问题,而且也包括其他主要能源以及总的能源供给的安全问题;不仅包括国内的能源安全问题,同时也与世界能源安全问题紧密相联。能源安全是个全球性的问题,没有全球能源安全,就没有单个国家的能源安全。那种过度追求自身安全而以邻为壑的单边主义政策并没有带来安全,相反却给全球各国带来了灾难;不仅包括能源供给安全问题,同时也包括能源的使用安全问题。能源安全包括三个层面的内容,依次为:能源供应链安全、能源使用安全、能源结构安全。相对于国外发达国家,我国的能源安全主要集中在第一个层面上,同时需要兼顾其他两个层面的安全。

3.1.2　国际能源安全形势

传统的能源安全观主要考虑保障能源供应、维持供需平衡问题。随着时间的推移,能源安全的内涵不断扩大,既包括传统的能源供应保障问题,也包括能源生态环境安全、能源经济和金融安全等非传统能源安全问题。中国也面临传统能源安全和非传统能源安全双重压力。当石油价格在 2008 年达到 150 美元一桶的创纪录高价时,美国每年为进口石油的花费接近 7000 亿美元。这相当于美国一年在伊拉克战争的全部花费,或是 2008 年 10 月为解决银行业危机美国国会所提供的救援资金总额(麦克尔罗伊,2011)。石油生产国以石油为工具给依赖石油的消费者们施加压力,这种事情在过去发生过好几次。由于石油来源的不可靠性,减少对石油的依赖不仅对美国、英国等发达国家十分重要,对中国也同样如此。如果不这样做的话,将会为这些国家的经济增长,甚至是国家安全带来严峻形势和不必要的危险。

在国际事务的研究中,能源作为安全状态的参照点由来已久。但直到第二次世界大战结束之际,能源安全的概念才与军队的能源供应紧密地联系起来。因为在第二次世界大战中,印度尼西亚、中东、高加索和罗马尼亚这些产油区的争夺战,凸显了石油供应在军事上的重要性。第二次世界大战结束后,石油的重要性得到了各个国家的确认。发达国家对石油产品的依赖不断增强,不仅军事和交通,而且食品生产、医疗、制造业、热力和电力等行业都依赖于石油。对于一些国家来说,也意味着从国外获取石油变得至关重要。然而,同时出现的去殖民化使得发达国家与他们之前所属殖民地的能源贸易从根本上发生了改变。与此相应,许多发展中国家在经济发展、政治稳定和军事实力上也越来越依赖于石油收益。

根据研究,在国家能源安全竞争力指数中,排名最靠前的5个国家分别是挪威、丹麦、哥伦比亚、奥地利和卡塔尔。其中,挪威能源安全竞争力最强,不仅供应能力强劲,能源可持续发展能力也强;后四者供应能力相对较强,能源安全外延指数得分更高。国家能源安全竞争力比较弱的5个国家是阿根廷、委内瑞拉、南非、拉脱维亚、乌克兰。得分低的主要原因在于能源供应能力极弱。其中,拉脱维亚有4个指标的数值缺失,得分偏低。虽然委内瑞拉为能源净出口国,但其能源效率低,消耗量大,综合供应能力并不强。中国位列第49位,排在印度之后,美国位列第24位(苏兴国,2017)。

中国国内能源总产量高,能够满足经济快速发展的需求,能源供应能力不错。但是由于能源效率低,能源强度较高,以煤炭为主的能源结构导致环境污染问题严重,经济的可持续性很差。印度的能源安全竞争力水平与中国相当,但是能源的供应能力与中国差距明显,其主要的优势在于能源与经济社会环境的协调一致。中国与美国能源安全竞争力方面存在较大差距,在基本供应能力差距不大的情况下,中国能源安全的主要弊端在于经济发展拉动的能源需求大,供应中断的风险较大,而且能源消耗对环境造成了巨大损害,可持续性差。美国在能源效率、新技术等方面有着巨大的竞争优势。

2015年,欧盟的一次能源消费总量达到23.32亿吨标准煤,在全球仅次于中国和美国,能源进口依存度为55%。根据欧盟委员会预测,到2020年,欧盟将有超过90%的石油和70%的天然气依靠进口,其主要能源进口方俄罗斯和中东地区的政治格局的不确定性增加了欧洲能源供应的危机感。为提高能源安全,欧盟通过了《2020气候与能源法案》和《2030年气候与能源政策框架》,提出建立欧洲能源联盟以改善内部能源利用,提高对短期能源供应中断的应对能力,建立低碳能源体系。在其成员国内部,通过开展国家立法促进绿色增长与能源转型已成为主要国家的共识。英国2008年出台的《应对气候变化法》通过逐步实施碳预算制度,实现2015年煤炭发电同比下降了7.1%;德国2000年通过的《可再生能源法》为其实现中长期减排目标及落实弃核政策提供了法律保障;法国2015年的《绿色增长能源转型法》强化了国家核安全管理局的职责,提高了存储核废料的标准和公众关于核安全的信息透明度,为实现弃煤、控核、建立低碳安全高效的现代能源体系进行了立法布局。

中国自从 1993 年首度成为石油净进口国以来,石油对外依存度由当年的 6% 一路攀升,到 2009 年中国石油消费量达 3.93 亿吨,成为世界上第二大石油消费国,同年国内原油产量为 1.89 亿吨,石油进口量 2.04 亿吨,对外依存度已达到 52%。2011 年中国石油对外依存度达到 56.5%,比 2010 年又上升了 1.7 个百分点。按目前发展趋势,中国 2020 年的石油对外依存度将达到 70% 左右,2030 年将达到 80% 左右。如果以 50% 为安全警戒线的话,将是形势非常严峻的对外依存。

充足的能源供应通常受到对外国供应者依赖的威胁(易受意料之外的中断、财富转移和成本提高)以及不可靠的能源基础设施的威胁。对可靠性的最主要威胁在供应环节。例如,1998 年拉脱维亚的输油管中断,2005—2006 年俄罗斯与乌克兰之间的天然气管道被关闭,2007 年中国发生煤炭短缺,2005 年的欧洲和 2003 年的美国加利福尼亚、巴西、斐济的水电不足,“卡特里娜”飓风造成大量炼油厂关闭。在 20 世纪 70 年代著名石油危机之后的 20 年里,全球石油市场发生了 5 次中断:

① 1990 年和 1991 年海湾战争,使市场每天少了 430 万桶石油生产;

② 2001 年伊拉克暂停石油出口,每天减少了 210 万桶;

③ 2003 年和 2004 年委内瑞拉罢工,每天减少了 260 万桶;

④ 2003 年海湾战争,每天减少 230 万桶;

⑤ 2005 年“卡特里娜”飓风,每天减少 150 万桶。

依赖进口能源还会使进口国的宏观经济受到冲击。据估计,从 1970 年到 2004 年,美国依赖国外石油供应的损失为 5.6 万亿~14.6 万亿美元,成本高于自独立战争以来的所有战争成本(包括两次世界大战和第一次伊拉克战争)。这不是石油本身的成本,而是宏观经济震荡和财富转移的成本。美国石油依赖的成本仅在 2008 年就超过了 5000 亿美元。美国每年从国外购买 60% 的石油,进口和提炼石油的成本是美国 7000 亿美元贸易赤字中贡献最大的——占 48%。另一项评估计算,保护石油资产和基础设施的波斯湾军事成本在每年 500 亿至 1000 亿美元之间。由于美国生活方式是世界上能源最为密集的,因此美国的石油依赖是重要的国家安全威胁源。美国约有 40% 的军费预算被用于保护石油贸易。

然而,全球经济没有减少对石油进口的依赖,依赖度反而变得越来越高。全球对中东原油的依赖度在 2015 年已经达到 70%。国际能源局(IEA)预测,到 2030 年,印度、欧洲、中国和其他亚洲国家的石油依赖度将超过 75%。亚洲每天的石油使用量已经超过美国,而印度和中国的消费量将在 2025 年前翻一番。

许多非工业化国家的石油依赖问题也十分严酷。原油与石油成本的上升意味着用于进口石油的外汇对贸易平衡是个极大的负担。虽然发达国家只花掉 GDP 的 1%~2% 用于进口石油,但发展中国家却平均花掉 GDP 的 4.5%~9% 用于进口原油。更高的油价对发展中国家是双重打击:一重是昂贵的原油,一重是反映在原油价格上涨中的交通成本的飞涨。一项对世界 161 个国家 1996—2006 年间平均原油价格的研究显示,当原油价格涨到 7 美元/桶时,中低收入国家就会成为最脆弱的,然后是低收入国家,即使这些国家比工业化国家或高收入国家人均消费石油较少。原因是,低收入国家在能源进口上所花费的 GDP 比例更大。

危险不仅源于对石油的依赖性。美国和欧盟等国的电力部门也越来越依赖国外的天然气资源。阿尔及利亚、印度尼西亚、卡塔尔和委内瑞拉是全球天然气供应大国,其进口依赖模式与石油领域的趋势一致。

对能源安全的另一种威胁是能源基础设施可靠性的下降——部分与更多技术有关,另一部分与传统能源系统的中心化和资本密度有关。大量现有的能源基础设施易受人为和偶然因素的破坏。能源系统会以不可意料和计划外的方式出岔子。一些系统同时需要多种燃料和多种服务,一旦缺少一种就会出故障。如烧油或天然气的炉子断电时无法运转,因为需要电点火,汽油泵也是如此。城市用水系统需要电力,而热电厂需要水。如建得太近,一个系统出故障会使另一个也出故障。例如,总水管破裂会使电线短路;火灾或爆炸会点燃输油管线系统;地震会造成总煤气管破裂和爆炸,或海啸引发日本核反映堆泄露。当英国转用北海天然气时,一些公用电话亭发生了爆炸,原因是燃气泄漏到邻近的电话线导管,渗入电话亭,并在打电话者吸烟时着火。

日益频繁的严重断电就是脆弱性的表现。据 IEEE 估计,1964—2005 年间,美国发生的 17 次严重断电影响了超过 1.95 亿居民、商业和工业消费者,其中 7 次发生在最近 10 年。1991—1995 年间发生了 66 次小规模(影响人数在 5 万~6 万人)断电,1996—2000 年间发生了 76 次,而这只是美国的情况。这些断电影响极大,美国能源部估计:断电和电力不稳使消费者每年损失 2060 亿美元,超过 1990 年的全国电力账单。在发展中国家,停电、备用发电机和资源的低效使用会损失 2% 的 GDP 潜能。例如,尼日利亚经常停电,以致一位政府官员说它们的电力供应像“癫痫”;尼泊尔电力局(国家垄断供电者)向首都加德满都每天供电不足 8 小时,其他 16 小时是间歇供电。晚上的市集,更多的店铺使用蜡烛而不是电灯。

国际能源界对实现能源安全的路径有着两种截然不同的看法。在《21 世纪能源安全挑战》一书中,盖尔·勒夫特和安妮·科林梳理了现实主义和理想主义两大流派。

现实主义者认为,油气作为一种可完全耗竭的能源资源,其战略价值大于市场价值,能源可能成为国家对外政策的工具,国与国之间要依靠竞争和战争才能获取资源。因此,石油的争夺注定将是一场“零和博弈”,国家间的合作虽然可以在不同程度上缓解这一属性,但不可能完全回避竞争。理想主义者则认为,没有世界的能源安全就没有一国的能源安全。石油和天然气都属于全球性的交易商品,完全可以按照市场机制来运行,这依赖于全球不同国家、公司之间的相互依存与合作。追求能源安全可以通过减少需求、扩大国内能源供应、能源供应多元化、拓展全球贸易和投资来实现。真正的能源安全不再是能源独立的白日梦,而是相互依赖和支持。随着全球能源生产和供应的市场化程度越来越高,石油生产贸易机制已发生深刻变化。石油的商品属性和金融属性日益彰显,石油输出国组织(OPEC)、国际能源署(IEA)等组织先后诞生并相互角力,跨国能源开发与供应商(卖方)和国际资本(买方)的作用也在加强,越来越多的利益相关方参与市场博弈。有人认为,石油安全早就已经不再是简单的能源供应充足的范畴,而是一个国家甚至多个国家彼此相互影响的能源系统性风险。全球化时代能源输出国与能源进口国之间关系的实质是相互依赖,没有稳定的进口就不可能有稳定的出口。

3.1.3　中国的能源安全形势

由于我国化石能源资源贫乏,再加上近 30 多年来工业经济的高速增长,中国已成为世界上能源安全度较低的国家之一。中国作为增长最快的新兴经济体和全球能源消费大国,能源安全的首要威胁是能源峰值问题。中国能源过快耗竭,所有一次能源几乎都已达到或越过峰值。中国是能源大国,能源安全问题关系我国经济可持续发展的新常态。国务院办公厅发布《能源发展战略行动计划(2014—2020 年)》,标志着我国能源战略有了明确的中长期规划。战略行动计划提出了节约优先战略、立足国内战略、绿色低碳战略、创新驱动战略四大战略计划,为我国能源战略的实施指明了方向,为中国能源安全筑牢了基础。

2018 年全国能源工作会议分析了新时代能源发展形势和任务,筹划新时代能源发展战略目标和思路举措。推动新时代能源发展,必须坚持把能源安全新战略思想作为基本遵循,坚持把保障国家能源安全作为重大使命,坚持把满足人民美好生活需求作为根本宗旨,坚持把推进美丽中国建设作为责任担当,坚持把参与构建人类命运共同体作为崇高愿景,确保把党中央决策部署落到实处。要将加快推动能源发展质量变革、能源发展效率变革、能源发展动力变革作为工作的着力点,全力推动能源高质量发展,为保持经济持续健康发展做出更大贡献。

党的十九大对能源发展作出一系列重大决策部署,进一步指明了新时代能源发展的方向,提出了新的更高要求。能源行业要牢牢立足我国国情,紧扣能源发展主要矛盾变化,坚持绿色发展方向,壮大清洁能源产业,把推动高质量发展作为根本要求,进行一场全方位的深刻革命,切实扭转规模数量型、粗放浪费型的传统能源生产消费模式。要把构建能源体系作为新时代能源工作的总抓手,着力建设坚强有力的安全保障体系、清洁低碳的绿色产业体系、赶超跨越的科技创新体系、公平有序的市场运行体系、科学精准的治理调控体系、共享优质的社会服务体系和开放共赢的国际合作体系,切实把清洁低碳、安全高效的要求落实到能源发展的各领域、全过程,推动我国能源在实现高质量发展上不断取得新进展。

能源工作要坚持紧扣能源发展的主要矛盾变化,大力推进能源领域改革开放,创新和完善能源治理调控,推动质量变革、效率变革、动力变革,有效防范化解重大风险,助力打赢精准脱贫和污染防治攻坚战,引导和稳定预期,加强和改善民生,进一步推动"四个革命、一个合作"向纵深发展,为经济社会持续健康发展提供有力保障。一要聚焦突出矛盾和问题,切实提升油气保障和能源安全生产水平;二要聚焦绿色发展,着力解决清洁能源消纳问题,着力推进能源结构调整战略工程,统筹推进煤炭清洁高效利用,大力推进能源清洁发展水平;三要聚焦煤炭和煤电,深入推进供给侧结构性改革,坚决夺取煤炭去产能任务决定性胜利,大力化解煤电过剩产能;四要聚焦核心技术攻关和成果转化应用,大力推进重大技术装备攻关,健全完善工作机制,培育壮大科技创新新动能;五要聚焦重点领域和关键环节,进一步深化电力体制改革、油气体制改革、"放管服"改革,进一步强化能源监管和依法治理;六要聚焦重点地区和重要领域,扎实推进北方地区清洁取暖,加大成品油质量升级工作力度,大力提升能源惠民利民力度;七要聚焦重大战略合作,进一步做好统筹谋划,打造合作亮点,提升话语优势,全方位提升能源国际合作水平。

当前我国能源形势基本稳定,能源供应总体安全,但也面临着一些突出的能源安全问题。

(1)能源需求总量增长过快,消费结构亟待调整。近年来,虽然我国能源消费增速逐年下降,但随着我国经济生产总值的不断增长,能源消费总量也在逐年上升。

(2)能源发展中环境问题突出,CO_2 减排压力大。任何一种化石能源的使用都会带来不同程度的环境污染,尤其是煤炭在开采和转化利用过程中的环境问题最为突出。煤炭在燃烧过程中排放的污染物远大于煤炭开采,而我国 85% 的煤炭通过直接燃烧使用,主要包括火力发电、工业锅炉、民用取暖和家庭炉灶等。高耗低效的燃煤方式,导致煤炭消费使用过程中污染物排放十分严重,是造成煤烟型大气污染以及引发雾霾天气的主要原因之一。2014 年,中国国家总理李克强当着 3000 位与会代表的面宣布"两会"开幕时,他的开场白就是一句宣战口号:这是一场"针对污染的战争"。中国对抗污染的这场斗争,意在改革能源定价机制,以刺激非化石燃料发电、削减钢铁和水泥行业的产能,因为钢铁和水泥行业造成了大量的污染。中国的经济增长,将会变得更加"绿色"。

(3)地缘政治不确定因素增多,潜在威胁我国能源安全。我国石油进口集中度高,尤其是严重依赖中东地区,由于近年来中东地区局势持续动荡,对我国石油进口造成不安全因素,加之我国石油进口渠道比较单一以及石油储备不足,对原油突发性供应中断和油价大幅度波动的应变能力较差,因此我国石油进口风险较大。不过,我国天然气的进口来源比较稳定,在一定程度上拓宽了能源供应渠道,保障了能源供应安全。

(4)油气战略储备不足,应对突发事件风险能力较低。石油和天然气储备能力是一个国家油气市场成熟度的重要指标,国外已有成熟的经验。在石油储备方面,由于石油储备设施建设滞后,我国的储备水平低(30～50 天),与 IEA 规定的 90 天的安全储备达标线和部分发达国家高达 150 天(如美国等)甚至 180 天(如法国、日本等)的储备水平相比,具有较大的差距。为此,我国正在加快建设石油储备基地。

(5)非化石能源消费占比低,替代能源发展较慢。为降低我国油气资源对外依存度、减少雾霾、实现能源清洁消费,加快发展水电、核电、风电、太阳能及其他可再生燃料等非化石能源已成为我国能源结构调整的重要发展方向。

为保障我国能源安全,可以在以下方面进行努力。

统筹国内国际两种资源,实现开放条件下的能源安全。统筹国际国内两种资源,通过油、煤、气、电、核"多轮驱动",增加能源有效供给,保障能源安全。国内资源利用方面,应主要加强化石能源的合理开采利用及新能源发展,具体包括 3 个方面:一是积极推进煤炭安全开采和清洁高效利用,优化发展煤电,加快建设跨区域远距离输电通道;二是加快开发煤层气、页岩气、天然气水合物等非常规天然气资源;三是稳步发展光伏、风电、生物燃料等可再生能源以及水电、核电等。

国际资源利用方面,应主要加强能源进口结构的优化、海外项目合作及炼化基地布局,实现开放条件下的能源安全,具体包括 4 个方面:一是充分利用低油价契机,扩大相对清洁的石油天然气进口,置换国内成本较高、开采难度大、污染较为严重的部分陆上石油开采,减少对国内储量的动用;二是全方位加强与主要产油国的合作,利用其石油资产大幅缩水契机,加快收购、参股一批具有长远战略意义的石油资产;三是适当布局海外炼化基地,特别是充分利用国内技术领先、成熟可靠的甲醇化工技术,如甲醇制烯烃(MTO)、甲醇制汽油(MTG)等技术,有效控制一批低成本天然气资源,将其加工为高附加值化工产品,促进共赢;四是与"一带一路"沿线国家在煤电、光伏、可再生能源领域开展广泛合作,打造命运共同体,夯实我国能源安全基础。

随着中国经济发展进入新常态,中国对能源的依赖程度持续下降,能源供求压力大为缓解,而优质能源供给不足的问题会更加突出,中国油气对外依存度仍将持续攀升。从国际能源形势看,世界油气资源有保障,美国"页岩气"革命推动了全球能源供需格局的重大调整,英国脱欧、TPP 夭折等事件预示着贸易保护主义和孤立主义思潮抬头,全球能源地缘政治日趋复杂。可以预见,"十三五"期间乃至未来相当长的时间内,中国面临的能源安全国际形势或将更为严峻。

即使目前经济增长放缓,中国石油进口依然强劲。作为全球最大的石油进口国,石油安全是中国能源安全的关键所在。伴随着中国的经济转型和目前国内市场汽车增量(每年超过 2500 万辆),交通领域是中国今后能源消费增长最快的领域,石油进口对外依存度还将大幅度上升。要真正能够回避国际油价大幅波动影响和保障中国能源安全,除了加快石油战略储备,促进石油进口多元化,还需要对石油消费进行替代。新能源汽车的发展虽然有助于雾霾治理和石油替代,但不是短中期的选择,也无法解决目前日益严重的城市交通拥堵。而发展城市轨道交通是短中期石油替代的重要方面。电力是城市轨道交通的主要能源,可以减少石油消费,并减少尾气排放。

传统能源安全主要体现在油气供应领域。一方面,随着经济发展和人民生活水平的提高,中国油气消费需求持续快速增长,油气对外依存度不断攀升。2016 年,中国石油消费总量达 5.8 亿吨,其中国内生产仅 2 亿吨,石油对外依存度超过 65%。同年,天然气消费量达 2086 亿立方米,其中国内生产 1369 亿立方米,天然气对外依存度接近 35%。另一方面,为了应对气候变化和减缓生态环境压力,中国能源结构调整将进一步深化,油气资源特别是天然气将成为新增能源的主力。近几年煤炭消费总量控制虽取得一定成效,但煤炭在全国能源消费构成中的占比依然较高,2016 年仍超过 60%。可再生能源受资源条件和价格等因素制约,成为主力能源仍需时日,"十三五"期间,石油、天然气在替代煤炭、推动能源转型方面仍将发挥重要作用。根据多方研究结果,中国石油消费可在 2030 年前后达到 6.5 亿～7 亿吨的峰值；2030 年天然气消费将超过 5000 亿立方米，在目前水平上翻一番。即便考虑非常规页岩油气的开发，国内供应能力很可能维持在石油 2 亿～2.2 亿吨、天然气 2500 亿～3000 亿立方米。到 2030 年中国石油、天然气对外依存度或将超过 70% 和 50%，据此推算，届时中国能源保障程度不足 80%，比美国当前水平低 10 个百分点。考虑到届时中国油气来源地仍主要依靠地缘政治复杂、民族宗教矛盾突出、恐怖袭击频发的中东、北非地区，未来保障中国油气持续稳定供应依然任重道远。

从非传统能源安全看，包括生态环境问题、能源金融风险以及能源设施和人员遭受恐怖袭击等风险正变得越来越突出。首先，能源生态环境安全的重要性空前上升。以煤为主的能源结构导致煤炭产区生态环境破坏严重，煤炭消费大省大气污染物和 CO_2 排放过高，已明显超出生态环境承载能力。其次，能源金融风险也成为保障能源安全的考虑因素。能源基础设施建设需要巨额资金投入，涉及大量银行贷款，大规模能源建设或将导致银行金融风险进一步加大。一旦能源需求出现误判，很可能导致大面积产能过剩和信贷风险明显上升。这类风险已在煤炭开采、火电站建设以及风电和光伏等可再生能源项目中大量出现，风险控制势在必行。"一带一路"沿线国家民族、宗教矛盾突出，恐怖主义事件高发，在沿线国家开展能源合作也将面临较高的能源金融风险。第三，油气管网、电网等能源运行风险也在加大。中国通过陆上油气管道进口的油气资源约占总进口量的 1/3，西气东输的油气以及从中亚进口的油气管线容易受到恐怖分子破坏的威胁；70% 以上的石油和 30% 以上的液化天然气(LNG)进口均通过马六甲海峡，可以预见，随着油气进口量的增加，能源运输通道安全风险有增无减。

综上，"十三五"及未来相当长的时间内，中国能源面临的安全问题将从保障能源供应为主，转到生态环境安全与能源供应保障并重，同时也要保障能源运输通道、油气管网安全，以及控制潜在的与能源相关的经济和金融安全风险，未来中国能源安全形势愈加严峻。

"美国能源主导权"战略实质上是长期以来美国"能源独立"政策目标的延续和强化，总体上看，其对我国能源安全战略的影响利大于弊。一是美国由油气进口消费大国向出口大国转变，将显著改写全球油气供需格局，有利于我国降低油气进口成本，实现油气进口多元化，但由于美国对境外产油地区依赖度降低，我国获取资源的安全保障成本将有所增加。二是全球油气价格长期保持低位，将有利于我国能源结构由煤炭向天然气等清洁能源调整。三是美国油气成本降低并削减节能、可再生能源、电动汽车领域的技术研发预算和相关补贴，有利于我国相关领域技术赶超和市场拓展，加快实现新能源领域技术进步。四是美元在能源金融中的作用将明显改变，为我加快发展能源金融带来机遇与挑战(吴昊，2018)。

从能源资源禀赋来看，中国在主要一次能源，特别是油气资源上的对外依存度非常高。由于能源安全的"木桶效应"以及石油的战略地位，中国的能源安全在"狭义上可以等同于石油安全，即石油供给关系的稳定、油价的稳定和运输环节的稳定供给"。

中国还应当更多地参与多边能源合作机制,在深入参与过程中寻求发挥更加积极的作用(周冉,2017)。依靠多边合作渠道来解决能源安全问题是西方国家的重要经验之一,如建立针对石油输出国组织的国际能源署。随着中国在全球能源市场中参与度和重要性的提升,中国在深化甚至主导国际多边能源合作方面必会有所作为。目前,中国已经在全球层面参与到包括八国集团、石油输出国组织在内的对话机制中来,并在诸如上海合作组织、亚太经合组织等区域合作机制中发挥着重要作用。

"一带一路"建设的实施将有助于实现我国能源供给来源的多元化,符合规避能源风险的要求。囿于传统能源输送的基础设施建设、国家间的经济政治关系,我国传统化石能源进口地区比较集中,如 50% 以上的进口原油、天然气均集中来自于政治形势多变的中东地区。从世界范围来看,资源在全球分布不均衡,据《BP 世界能源统计年鉴 2016》显示,1995—2015 的 30 年间,中东地区始终保持着石油储量、产量第一的地位,占据全球 40% 以上的市场份额。资源的垄断导致市场规则失灵,从而导致供给的数量与价格都非常不稳定,使我国能源具有极大风险。"一带一路"的建设促进了我国与沿线 65 个国家的经济交流、能源合作,其广度、深度不断深化;同时有效降低风险,改善能源进口地区的过度集中的局面,实现进口的多元化,极大提高我国的能源进口安全。此外,在"一带一路"倡议的推动下,我国还对国外多家能源企业进行并购、直接投资,减轻了我国能源对外依存度较高的局面,降低了能源进口价格,为能源安全提供了有力保障。由此,通过全球能源互联网建设,实现与世界各国能源互通互联,必将为我国能源安全提供保障支持,缓解境外资源获得困难的局面(范爱军等,2017)。

作为当今世界最大的能源消费国和第二大经济体,中国有责任也有能力为能源进口来源国/地区乃至全球能源市场的稳定提供帮助。尽管中国已通过向外派遣维和部队和护航舰队的方式介入相关国家和地区的安全治理过程,但总体对外影响仍远远不够,尤其"在全球冲突解决和地区稳定问题上,中国对外政策必须更加主动积极,承担相应的国际责任和义务,积极介入西亚、非洲和拉美等地区事务,努力形成'良好的政治环境'和'产油区的稳定',为国际能源市场平稳发展创造条件(吴磊,2017)"。在这一问题上,"一带一路"倡议的铺开为中国能源安全能力建设的外向型发展提供了最富"创造性介入"色彩的外交平台。这一战略构想"既与中国能源进口的陆上与海上通道相吻合,有助于加强中国与沿线国家的能源联系,同时也是为了通过能源与交通基础设施、商业金融与投资合作促进区域经济融合发展,消除各国之间的发展鸿沟,消除产生极端主义、恐怖主义的土壤(刘强,2016)"。

新时代需要以绿色、开放、发展的理念谋划能源安全战略。进入 21 世纪,能源安全的内涵更为丰富,全球气候变化使世界各主要经济体更加重视环境保护和低碳发展,能源的清洁化、低碳化成为全球共识。同时,随着互联网在全世界的普及,以新能源技术和互联网技术结合为特征的能源技术革命新突破开始显现,能源信息安全又成为能源安全内涵的重要组成部分。

党的十八届五中全会提出的"创新、协调、绿色、开放、共享"五大发展理念是"十三五"乃至更长时期我国发展思路、发展方向、发展着力点的集中体现。其中的绿色、开放发展理念对于推动我国能源革命,明确新形势下我国能源安全观具有特别重要的意义。绿色发展是一种资源节约型、环境友好型的发展方式,能源的绿色发展就是充分利用天然气和可再生能源,全面提高能源资源利用效率,最大限度保护生态环境,既满足人民群众的合理能源需求,又体现人与自然的和谐发展。开放发展是保障国家能源安全的必由之路。要用全球视野、世界眼光去谋划我国能源发展,充分利用全球能源资源和全球市场,深入参与全球能源治理,借助能源宪章等多种交流平台,在能源安全、能源开发和气候变化等领域开展全方位的国际合作,以扩展能源供给多元化的空间,增加能源供给,增强我国能源安全的基础。

3.2 能源独立

在全球能源战略选择的同时,其实各国均有各自的能源安全战略选择问题。斯科特 L. 蒙哥马利认为,关于能源安全,各国将继续坚持打自己的小算盘——美国靠海外石油,中国靠进口,欧盟依赖连接俄罗斯的天然气管道,欧佩克则指望全球的石油需求。美国一直把"能源独立"作为其能源发展的战略目标,但美国认为,"能源独立"既是不可能的,最终也是不明智的。因为美国有超过90%的交通运输要靠石油来驱动,石油需求大约占全球石油需求总量的1/4,对石油的严重依赖使得美国不可能在短期内切断与主要石油供应国的联系。尽管随着近海油气田的开采,以及页岩气、页岩油为代表的非常规油气的成功开发,美国"能源独立"取得重大进展,油气对外依存度出现重要拐点。因此,绝对的能源独立,是一个不受欢迎的能源孤立主义的幻想(周新军,2017)。

能源安全是否等同于能源独立?20世纪70年代以来,美国几任总统,如尼克松、卡特、小布什和奥巴马,都曾提出过能源独立的概念。随着美国"页岩油气革命"的兴起,有机构预测美国到2030年会实现能源独立。然而,正如有些学者指出的,美国能源独立不是指能源供应只靠自己、不靠别人,形成封闭的自我循环经济圈,能源独立更多是一种美国保障国家能源安全的战略目标和指导思想,它的核心是要充分利用国内、国外有利条件,通过增加本土油气供应、鼓励节能增效、大力发展新能源和清洁能源等措施,从而建设一个有利于美国的能源安全保障体系。

之所以强调供应,是因为要确保可获得性就必须要获得充足的和不间断的供应,以及最小依赖于国外进口。能源不独立的代价十分高昂,如俄罗斯与欧洲进行的天然气价格谈判。俄罗斯能成功地将出口给白俄罗斯和乌克兰的天然气价格提高3倍,就是因为这些国家完全依赖于俄罗斯的出口。在更严重的情况中,依赖性的增加或国内能源供应的匮乏会促成国际冲突,包括20世纪的世界大战,以及美国入侵伊拉克。美国发起海湾战争的部分原因就是想要保障石油和天然气的来源。当时,美国在很大程度上依靠外国能源,而俄罗斯和其他一些能源充足的国家的势力在不断抬头(祖克曼,2014)。

3.2.1　美国的能源独立

作为两大主要石油消费国,尽管近年来美国和中国需求放缓,全球石油需求仍保持平衡增长。分地区来看,美国、中国、印度、日本仍是全球前四大石油消费国,2016 年消费占全球比例分别为 20.5%、12.2%、4.6%、4.3%。美国仍然是全球最大的石油消费国,且其原油消费严重依赖进口。石油危机爆发后,历任美国总统都试图通过增加国内能源生产减少能源进口以降低石油对外依存度,确保能源安全(徐孝明,2018)。

21 世纪初,国际油价持续升高使能源安全再次成为美国的重要政治议题。2009 年 1 月,奥巴马政府上任于金融危机之际,美国面临油价高企,经济遭受重创需要重整的重任。新政府试图以能源独立为切入口作为解决经济危机的重要手段,既确保美国的能源安全,又引领一场"安全、绿色、经济"的"绿色工业革命"。提出了以创新为中心、以发展新兴产业为突破口、以"智能制造加低碳能源"为主要特征的制造业重振战略,以巩固其全球领导地位,而在美国制造业重振战略中,能源独立战略是其重要环节。

奥巴马政府以能源独立为目标的能源安全政策构想包括六部分:一是应对气候变化;二是投资构造安全的能源未来和创造 500 万个就业机会;三是进一步提高各类汽车能效;四是推动国内能源供给;五是能源来源的多样化;六是致力于节能降耗和降低成本。它们可以概括为"发展替代能源",将发展清洁能源和保护环境结合起来,将绿色能源打造成为拉动美国未来经济增长与发展的新动力。能源独立目标贯穿奥巴马政府任期始终。

1973 年第一次石油危机爆发后,尼克松政府就提出了"能源独立"计划,然而历尽变迁,该目标并没有实现。美国的石油进口总量和进口比例均日益增加,美国的石油消费对外依存度不断攀升,国内石油供需缺口不断扩大,2008 年的缺口是 20 世纪 70 年代的 3 倍。因此,美国人很担心一旦出现石油供应的长期短缺,将成为其不可承受之重。美国能源信息署(EIA)发布的《2010 年度能源展望》揭示,石油消耗量占美国能源消耗总量的 38.3%;天然气消耗量比例为 23.9%;煤炭消耗量的比例为 22.4%;除化石燃料外,核能占 8%;可再生能源(水电、地热、太阳能、风能和其他可再生能源)占 7.2%。就能源消耗的领域而言,交通运输和工业所消耗的石油量分别占美国石油消耗总量的 71.8% 和 22%,而石油提供了交通运输 96% 的燃料;工业、商业和住宅等领域消耗天然气的比例分别为 32.4%、13.6% 和 20.8%;美国的发电领域消耗了 92.6% 的煤炭和 30.1% 的天然气;核能则被完全用于发电(占美国发电总量的 21.9%);可再生能源主要用于发电(水力、地热、太阳能和风能)、住宅领域(地热和太阳能)、工业领域(生物燃料)和交通运输领域(生物燃料)等。

能源战略是奥巴马政府的政策核心之一,是以能源独立为具体内容的美国能源安全战略,它以系列能源立法形式将政府意志体现于能源政策,并贯穿任期始终。具体内容包括:增加国内石油产量、发展替代清洁能源、改善交通系统、节约能源和发展新能源等。

3.2.1.1　落实能源独立的需求管理政策

(1)强化节能和提高能源利用率以减少需求的快速增长

美国的石油储量有限,节约能源、提高能源利用率,是历届美国政府推行能源安全的常规手段。尼克松、福特、卡特与小布什政府都强调节约与提高能效的重要意义。奥巴马政府也强调,提高能效、发展新能源和国内多元化交通,才能切实解决长期困扰美国的能源安全问题。由于美国的家庭、商业和工厂建筑领域能耗超过总能耗的70%,提高能效随之成为节约能源的重点。2009年2月,上任伊始的奥巴马签署了《美国复苏与再投资法案》,决定投入500亿美元发展新能源和提高能源使用效率,实现能源结构的调整。一是,在住宅方面,奥巴马政府对35万套房屋的节能改造进行了援助;通过国家能源计划和能源效率补助款项目实施提高能源效率和可再生能源工程;通过复兴法案给56个州和地区的能源效率设备进行退税和项目补助。二是,在商业方面,联邦政府通过为创新性能源效率的建筑系统发放补助金、提升联邦办公建筑的效率、培训商业建筑技术工人、参与"能源之星"项目、采用能源管理方法指导节能等方式实现建筑节能。三是,在工业方面,美国能源部对民间能效工程投资了超过8亿美元,并跨越多个制造业推动能源效率产品和工艺的发展。

2011年3月,奥巴马发表《能源安全未来蓝图》,计划美国在2025年前的石油使用量减少三分之一,把清洁能源所占比例提高到50%,还要求2025年前将美国的石油进口量削减1/3。报告指出,美国要减少对进口石油的依赖主要取决于两方面:一是在美国国土上寻找和生产更多的油气;二是通过更清洁的替代燃料和更高的能源效率,全面减少美国对石油的依赖。奥巴马政府多管齐下,采取了系列措施扶持相关产业的发展:设立专项技术发展风险投资基金,加强清洁能源与非常规油气资源的技术攻关;加大技术开发的示范力度,推动商业化进程;以政策为依托促进清洁能源和非传统油气资源产业基础设施的建立和完善,推进清洁能源及页岩气等非常规能源的广泛利用,推动美国能源经济的转型。

(2)努力拓展国内多元化交通体系以减少能源需求

交通是美国最大的石油消费领域,约占2008年美国石油消耗总量的70%,而同期日本和中国的同一指标分别仅为38%、36%。为减少交通能耗,奥巴马政府对交通运输系统的改造如下。①提高汽车燃料经济标准。相关机构在2011年建立了新标准,并在2012—2016年对全国小汽车和轻型卡车实施新的燃效标准和温室气体排放标准。②投资先进的车辆技术和公共基础设施建设。如大力发展电动汽车,拟实现2020年国内200万辆电动汽车的保有量的目标;与中国、欧盟和其他国家推动双边项目,签订规模化生产电动汽车的协议,致力于加速电动车辆在世界范围的普及。预计若2050年美国的电动汽车能达到汽车保有量的30%,石油消费量估计减少250万桶/日。在经济复苏法案提供24亿美元用于对电池、电力驱动原件制造以及电力驱动基础设施的投资。③促进生物燃料的使用。2011年,环境保护局放宽了对新一代车辆的乙醇添加量约束,允许乙醇提高到体积比的 15%,同时美国能源部和农业部提供补贴、贷款和贷款担保来保障美国未来生物燃料的独创性。④升级联邦舰队。美国总务管理局在 2010 年购买了 5603 辆混合驱动舰艇,2011 年移交了 100 辆混合驱动电动舰艇。⑤投资清洁公交车建设。利用复兴法案的基金,通过开发可替代燃料科技和推广替代燃料巴士,加速美国公交车队的基本结构调整。⑥实现航空现代化。美国管理机构通过采用最先进的空中控制技术,着手实现美国空中交通系统现代化。

3.2.1.2 以能源独立为目标的供给政策

(1)放宽对近海油气田的开发限制,推进国内油气资源的开发

历史上,由于技术或人为原因,美国在开发海洋石油时曾多次发生石油泄露事故,导致巨大的环境灾难,此后美国政府对开发海洋油气资源采取了谨慎的态度。面对新世纪国际油价和进口石油比重长期高居不下的现实,美国政府逐步改变了能源开发战略,开始放宽对近海油气田的开发限制。2010 年 3 月,奥巴马政府宣布扩大近海油气田开发计划,2012 年启动了墨西哥湾地区新一轮的油气田租赁竞标,计划开放 75% 的美国近海油气田。2015 年 1 月,美国内政部宣布允许在大西洋沿岸 50 英里大陆架外缘进行原油开采,同年 5 月,又宣布允许原油钻探范围延伸至北冰洋海域。

(2)大力开发以页岩气为代表的非常规油气资源

2005 年,美国页岩气产量仅为 196 亿立方米。2010 年,美国开始出现"页岩气革命",页岩气出现爆炸式增长,当年产量蹿升至 1378 亿立方米;2012 年达 2762.96 亿立方米,占当年天然气产量的 40.57%;2015 年 5 月,美国页岩气产量达到 2.9 亿立方米/天。战略家伯罗斯断言,"页岩气革命"将推动美国实现"能源独立",全球能源生产版图将发生重大变化(于培伟,2013)。

美国开发非常规油气资源的另一个重要领域是对致密油的开发。EIA 的数据显示,2009 年初,致密油日产量 25 万桶;2011 年 11 月,达到近 90 万桶;2013 年超过 348 万桶,占美国原油日产量 773 万桶的 45.0%。非常规油气资源的大量生产成为美国石油对外依存度出现拐点的真正突破口。

(3)积极研发替代性清洁能源,实现能源体系的转型,引领美国走向更安全、清洁、稳定的能源供应,促成清洁能源革命

奥巴马政府加强了对替代性清洁能源等新能源的投资力度。2010 年 9 月,奥巴马在参观俄亥俄州工厂演讲时提出,要在未来 3 年内使美国的可再生能源产量翻一番。清洁能源包括生物能、太阳能、地热能、风能、水能等非化石类传统能源。2009 年,奥巴马政府表示要在 10 年内投资 1500 亿美元以构建一个清洁能源的未来,计划到 2025 年美国的 25% 电力消耗来自可再生能源,到 2050 年要减少 80% 的温室气体排放。奥巴马政府要通过新能源产业以"绿色革命"的方式再创造美国经济神话。作为全球生物能源组织中积极的一员,美国与联合国等国际组织及多个国家制定了合作开发生物质能源的指标,使发展中国家也能以可持续方式参与发展生物能。能源产业的转型升级和新能源的发

展是奥巴马经济复兴计划的核心内容之一。

二战后,中东逐渐成为美国全球战略目标之一,其稳定的石油供应成为美国国家利益的重要组成部分。巴内特认为:"为了能源的流动,美国必须在中东、中亚地区维护稳定(Barnet,2004)。"但是,大量驻兵消耗了美国大量战略力量,其中仅伊拉克战争的预算和经济成本就高达 3 万亿美元左右,这还未包括阿富汗战争(斯蒂格利茨,2010)。这强化了美国对中东石油的依赖和脆弱性。为此,美国小布什总统在 2006 年的国情咨文中提出,要在 2025 年前将来自中东的石油进口减少七成多,并增加开发替代能源。奥巴马政府上任后实施了以战略收缩为主要特征的中东政策,坚决退出伊拉克,避免卷入叙利亚内战,意在减少中东地区石油供应不稳定的负面冲击。

特朗普的能源独立政策希望增加美国石油产量且减少石油进口依赖度,保障能源供应安全。更具体地说,是通过注重美国本土油气资源开发,放松油气开发监管,鼓励企业在大陆礁层钻探石油。此外,其在气候变化、多边贸易以及其他全球性问题上的后退,都有助于美国实现能源独立。

其实,美国能源独立政策并非特朗普首推。1973 年的石油危机对美国的打击是巨大而深远的,使得美国从无节制挥霍国际石油资源,改变为谨慎应对石油危机。尼克松政府首次提出的国家"能源独立计划",以后受到历届政府的支持,旨在加快国内能源资源开发,希望依靠自身力量满足国家能源需求,其本质是进口石油依赖减少或降低到对国家能源安全和经济稳定不造成较大影响的程度。特朗普政府的能源独立政策将可能更加激进,而提名跨国石油公司埃克森美孚的首席执行官蒂勒森为国务卿便增强了这一预期。竞选期间特朗普表示将大力发展国内化石能源,可以预期特朗普与蒂勒森组合对全球能源市场的影响可能是巨大而深远的。显然特朗普执政期间应该不会公然反对发展新能源,但是,回归传统化石能源大发展轨道是其能源独立政策的重要保障,一直在传统能源领域耕耘的蒂勒森显然将是有力的执行者。

一个国家的能源独立不是说这个国家所有的能源消费都自给自足,而是说这个国家能源对外依存可控,其宏观经济、社会稳定和外交政策不为能源对外依存所绑架。如果未来美国的能源发展真的可实现 IEA 的预测,至 2035 年美国成为天然气净出口国,石油进口降低到 30% 以内,那么此时美国的"能源独立"可以基本实现。相反,IEA 预测,到 2035 年中国石油对外依存度可能会接近 80%,此外,厦门大学中国能源政策研究院的研究预测,中国天然气 2035 年对外依存将接近 50%(林伯强,2017)。

基于美国能源生产和消费在国际上的重要地位,美国"能源独立"将可能对国际能源供应格局、国际能源价格、地缘政治产生很大影响。比较通俗地说,一个国家的油气进口安全有两个基本点:一是产地稳定;二是运输通道安全。

20 世纪 70 年代的两次石油危机对依赖石油进口的美国造成了巨大冲击。此后历届美国政府均把能源安全问题放在优先地位,实现"能源独立"是美国保证能源安全的战略目标之一,采取的措施包括:推行节能措施,减缓能源需求增速;加快本土油气资源开发力度,降低石油对外依存度;实施能源多元化战略,大力发展生物燃料、天然气等清洁能源,在日本福岛核事故之后仍坚持核能开发等。

特朗普政府提出了"美国能源优先计划(America First Energy Plan)",在前几届政府的基础上更加接近"能源独立"这一目标。"美国能源优先计划"包括:加大开发本土能源,进一步减少石油进口;取消"气候行动计划",为美国能源工业松绑;继续推进页岩油气革命;支持清洁煤技术,重振美国煤炭工业。由此可以看出,特朗普将石油和天然气看作是美国能源独立的核心,同时支持煤炭行业发展。他认为风电、太阳能产业投资回报周期太长、效益差、前景黯淡。

需要注意的是,特朗普政府"能源独立"主张与 20 世纪 70 年代这一概念提出时相比,内涵已经发生明显改变。美国目前对进口能源的依存度已经较低,进一步减少对外依赖的实质,一是希望扶持本国化石能源产业发展,增加本国就业并促进经济增长;二是通过减少对中东国家石油进口的依存度,对伊朗等石油输出国施加更大压力,同时有助其增加亚太地区政策的操作空间和灵活性;三是借助其天然气成本优势及国际能源转型需求缩小巨额贸易逆差,增强对全球天然气价格的掌控力。煤炭行业在美国属于夕阳产业,但涉及就业问题,特朗普提出支持煤炭的清洁开发利用,除了有助于加快美国能源独立的进程外,也有获取这部分民众支持的政治考量。尽管 2017 年美国总统特朗普宣布美国将退出气候变化《巴黎协定》,但这并不意味着美国从此不再利用碳排放这一优势来影响全球气候政治的方向(吕江,2018)。

3.2.2　丹麦的能源独立

丹麦较好地通过促进能源效率、推广分布式发电和热电联产,以及使用可再生能源等措施,实现了能源自给与能源独立。从 1972 年至今,丹麦能源政策的主要目标就是减少对国外进口石油的依赖,实现能源独立,逐步淘汰化石燃料,并减少二氧化碳排放。

丹麦成功的核心是提高能源效率,延长能源燃料、电力和二氧化碳税,以及对热电联产和风力涡轮机的创新与补贴。在能源效率上的大量投资使得丹麦当前所使用的能源数量与其 1970 年时相等——尽管其经济和人口一直在增长。在 1974 年的 OPEC 石油危机(此次危机一直到 1985 年石油价格下降才结束)后,丹麦开始征收更高的汽油、柴油和燃油税。丹麦于 1982 年开始征收额外的煤炭税,于 1992 年开始征收二氧化碳税,于 1996 年开始征收天然气和硫税。1980—2005 年,这些税种使丹麦的税收增加了 250 亿美元,既帮助丹麦避免了经济问题(如通货膨胀),也为政府的能源效率与可再生能源研究项目提供了财政资金。天然气、生物质(包括垃圾和秸秆等)驱动的热电联产增加了丹麦的供热量,提供了大量的电力。丹麦的人均风力使用量和风电占全国电力供应比例都处于世界领先水平(Lund et al,2009)。

从 1980 年到 2010 年,丹麦的能源密度下降了 27.8%,而人均总能源消耗下降了7.7%。1980 年,丹麦只有 5% 的能源是自给的,但到 2010 年自给能源达到了 121%(有额外能源,虽然无法全部储存)。在这一时期,丹麦的可再生能源占总能源消费的比例增加了 32%,风电容量增加了 638%,热电联产在电力比例中增加了 61%,在地区供暖中增加了77％,同时人均二氧化碳排放量下降了28.7％,单位GDP的排放量下降了44.2％。

丹麦的能源政策制定者是如何做到能源独立的?丹麦的能源策略有以下三大核心要素:促进风电开发;支持热电联产和集中供暖;提高能源效率(包括征收二氧化碳税和资助能源研究)。

3.2.2.1 促进风电开发

丹麦先天具有欧洲最佳的风力条件。在全球石油危机的背景下,丹麦的能源决策者早在20世纪70年代就开始进行政府资助的风电研究计划(Möller,2010)。从1979年开始,丹麦政府实施了风电投资补贴,以补偿个人、市政当局和农场建设风能、太阳能和沼气池。这些补贴最初占到新能源系统成本支出的30％。虽然后来随着工业的成熟和价格下降而周期性地减少了风力涡轮机的补贴,但丹麦政府坚持了三条重要的原则:使所有农民和乡村家庭都有机会在其自己的土地上安装风力涡轮机;当地居民可以成为其当地或邻近市政企业的合伙人,且所有权必须为当地人所有;只有经政府同意,且不违背农民和当地居民的意志时,才能建设大型风电场(Maegaard,2010)。这种在风能上进行合作开发的路径反映了丹麦促进农业和其他经济领域协调发展的悠久历史(Mendonca et al,2009)。

两年后的1981年,丹麦政府确定了上网电价,要求公用事业购买所有新能源技术所发电力,而且在特定的分布区域,价格要高于批发电价。1985年,丹麦政府与电力企业达成了一项协议,要求电力企业在5年内安装100兆瓦的风电容量(实际上1992年才全部完成)。同年,立法者通过了另外2项重要政策。一是政府建立了丹麦风力涡轮机担保基金。该担保基金为使用丹麦造风力涡轮机的大型风电项目提供长期资助,刺激地方制造业和减少建设更大型项目的风险。二是丹麦能源局还提供开放式电网接入,并网成本由风力涡轮机所有者和电力公用事业单位共有。风力涡轮机所有者要承担低压转换以及接入最近的10/20kV配电网接点的成本。公用事业企业要承担增强电网的成本。

丹麦的电力输送企业在法律上对中心风电场和非中心风电场的普通百姓所拥有的风力涡轮机所需的变电站、传输与分布设施负责。他们有责任连接风能并在必要时扩大输电网,并在风力发电减少时提供财政补贴。这种基础设施和电力减弱的补贴成本由电力公司支付,并分配给所有消费者。如果成本过大,分销公司有权拒绝接入。在这种合作系统中,丹麦的风电从1978年的仅11万亿焦耳增加到了2010年的18114万亿焦耳,且2010年风力涡轮机的供电量占到丹麦全国电力的21.9％。

3.2.2.2 支持集中供热和热电联产

为了使对化石燃料的依赖最小化和提升电厂的能源效率,丹麦决策者激进地在发电和集中供暖上鼓励使用热电联产。从1955年到1974年,丹麦几乎所有的供暖都是用的化石燃料,这意味着石油危机对丹麦的经济曾经产生了十分惨重的打击。在1973年油价大幅上涨时,丹麦85％的电力来自石油,运输领域几乎完全依赖石油,石油提供了

90％以上的一次性能源供给(Lund,2010)。于是,1976 年制定的《丹麦能源政策》将目标定为尽快减少对石油的依赖,强调建设"多样化的能源供给系统",并在 2002 年前实现总热量消费的三分之二是"集中供暖"。而且,丹麦还力图将石油依赖度降低到 20％——这一雄心目标的实现需要将约 80 万个锅炉从使用石油转换成使用天然气和煤。在 1976 年至 1981 年的 5 年内,丹麦的电力生产从 90％依赖石油变成了 95％依赖煤。1979 年,丹麦强化了支持热电联产的规定——《供热法案》(Heat Supply Act),目标是"促进国民经济对建筑取暖的最佳能源利用,供应热水并减少国家对石油的依赖(Mortensen et al,1992)。"

为实现这一目标,丹麦对供热系统进行了"根本性重建",将所有的燃油系统都转变成了燃烧煤炭、天然气或生物质的系统。国会还从哥本哈根派遣代表到各个地方社区,强调天然气和生物质对热电联产系统的重要性。例如,在 1979 年,丹麦国会制定了基于北海近海气田的国家天然气计划,并于 1981 年引入了使用秸秆的集中供暖系统,使"稻草能源扩张"(Voytenko et al,2012)。1986 年,丹麦能源局、可再生能源转换集团、丹麦技术委员会鼓励更为去中心化的热电联产和建设秸秆示范电厂——从 100 千瓦到 3000 千瓦。总之,丹麦从 1975 年至 1988 年间在热电联产系统上投资了约 150 亿美元,到 1990 年时,全国已经有 350 个集中供暖公司。

到 20 世纪 90 年代,丹麦政府仍在继续支持热电联产。不过,丹麦国会暂停了煤炭使用,并宣布"不再允许新建煤电厂"。1997 年,丹麦国会通过了"停煤计划",全面禁止新建煤电厂。政府开始促进环境友好区域建设,推进大城市之外的城镇与乡村的电力投资。热电联产要取代集中供暖,之前使用的石油、柴油和煤炭被禁止和替换成了天然气。如果地方市场不够大,以致无法满足热电联产,那么就要求使用生物质进行集中供暖。相应地,大城市的所有大型设备都被要求使用生物质(尤其是秸秆),并要求遵守强制性的能源效率法规(Raven,2006)。这一波环境友好转换和能源效率提升促进了大量的热电联产市场投资。在 1990 年至 1997 年期间,丹麦超过四分之三的电网新增电力来自小型热电联产电厂——其中 40％的热电联产电厂的燃料来自可再生资源,25％来自天然气。丹麦的热电联产总使用量从 1972 年的 49196 万亿焦耳增加到了 2010 年的 200870 万亿焦耳。热电联产提供了丹麦全国 50％的电力和约 80％的集中供暖,位居欧洲第一。排名第二的欧洲国家荷兰的热电联产电力仅占全国电力的 38％,芬兰为 36％,其他欧洲国家均不足 10％(Odgaard,2007)。

3.2.2.3　提高能源效率

提高能源效率是丹麦能源政策的第三大支柱。在 1973 年的石油危机之后,政府资助了信息公开运动并强化了建筑标准,规定每年空间热消耗限制在每平方米 90 千瓦时以内。国会用公共资金补贴能源审计以实现标准的减少热消耗措施,提高居民住宅与商业建筑的隔热性。从那时起,丹麦就开始施行激进的欧盟能源效率政策与目标,尤其是欧盟主管能源效率的主席康妮·海德嘉(Connie Hedegaard)就是前丹麦首相。丹麦提高能源效率的努力集中在四个领域：能源税与配额、责任、标签以及创建电力储蓄基金（To-geby et al,2009）。

(1)能源税与碳税。丹麦从 1977 年起对所有家庭征收能源税，从 1996 年起对所有部门征收二氧化碳税。即使在 20 世纪 80 和 90 年代化石燃料价格下降后，这些与能源相关的税收依然很高，这样可再生能源产业的发展就能依赖可预测的燃料与电力价格。而且税收还释放价格信号，鼓励丹麦电力市场的能源效率措施，增加政府用于风电、生物质和小规模热电联产的研发基金。这些税收使丹麦的一次性能源消耗从 1980 年到 2004 年间仅增加了 4%，而经济却增长了 64%——用固定价格计算。仅碳税一项就使可再生电力提供者每 1 千瓦时额外增加了 1.3 欧分的收入。在 1980 年至 2005 年间，这些税收使丹麦的财政收入增加了 570 亿美元。

这些税收使能源消费走低——如果没有的话，丹麦的能源消费会至少增加 10% 以上，并使化石燃料价格保持高位。高化石燃料价格能促使研究者和地方社区使用风力发电。丹麦管理者与制造者和感兴趣的市民一道，采取的是由下而上的风力涡轮机发展策略。丹麦模式是"边学边做"，设计者愿意承担早期的失败（Lehtonen et al,2009）。在 1980 年至 2005 年期间，风力涡轮机的成本下降了 60%～70%，丹麦的研发使其风力涡轮机的发电量大幅增加。在同一时期，商业涡轮机的发电量增长了 70 倍——从 20 世纪 80 年代的 30 千瓦增加到了 2006 年的 2.0 兆瓦。从 1990 至 2009 年，丹麦政府的能源税增加了 161%。

(2)能源效率责任。丹麦政府规定，电力企业有提高能源效率的"责任"。在 2006 年规定所有的电力、天然气和集中供暖者必须认可能源效率目标。

(3)能源标签。丹麦政府规定，建筑和电器必须张贴能耗标签。丹麦早在 1979 年就设定了建筑标签制度（2006 年更新）——从 A 到 G，并推荐如何减少建筑能耗，还规定建筑在出租或出售时要有能源认证证书（EPC）。并且所有新建筑所有者在使用前都必须贴标，现有建筑必须更新标签——需要花费 650 欧元。超大建筑（每层超过 1000 平方米）必须每 5 年更新一次标签。2010 年的建筑能耗比 2006 年减少了 25%，2015 年至 2020 年间又将减少 25%。家用电器，如电视、冰箱、洗衣机等，也使用了同样的能耗标签制度——预计每 10 年节约能源 700 太瓦时。而且 90% 的丹麦新购买电器都达到了 A 级能源效率。这还创造了一个新的服务行业——受过专业训练的能源顾问，他们测算建筑能耗和给建筑评级。

(4)电力储蓄基金。丹麦于 1997 年创建了电力储蓄基金，旨在提升家庭与公共建筑的能源效率（Lund,1999）。2010 年 3 月，电力储蓄基金转变成了能源储蓄基金。所有电力消费者每使用 1 千瓦时的电力就需要支付 0.1 欧元给该基金。

虽然丹麦的这三条能源政策也面临着一些挑战，但政府的计划更强调可再生能源、热电联产和能源效率。2006 年，丹麦首相福格·拉斯穆森（Fogh Rasmussen）宣布了一个长期目标："100% 不依赖化石燃料和核能"——这一目标随后体现在丹麦的"2006 能源计划"中（Lund et al,2009）。这一雄心目标被纳入了丹麦工程师协会（IDA）的能源策略

"IDA 能源计划"。该计划主要包括以下 4 个方面:减少长期能源需求,包括使建筑空间供暖减少 50%,使工业燃料消耗减少 40%,使电力需求减少 50%;通过鼓励使用热泵和家庭太阳能热水器及转换为非油、煤、气的热电联产,以促进能源效率;扩大可再生能源,使到 2025 年时,30% 的国家能源供应来自可再生能源,到 2050 年时达到 100%(更具体的包括使风电容量翻倍,增加 500 兆瓦的波浪发电,以及 700 兆瓦的太阳能发电);促进智能能源系统,以更好地平衡供应和需求,减少传输损耗,使用"智能电网"技术(Sperling et al,2011)。如果丹麦实现了工程师协会的能源计划目标,那么到 2050 年,丹麦的一次性能源供应将大幅下降,二氧化碳排放将接近于 0。虽然看似不现实,但一项独立评估认为丹麦"100% 的基于国内资源的可再生能源供应是完全可能的"(Lund et al,2009)。

丹麦的能源税及支持能源效率、风能和热电联产的政策带来了明显的社会与环境效益:①降低了能源密度;②实现了丹麦的能源自给;③大幅减少了二氧化碳排放;④促进了丹麦的能源技术出口;⑤提升了丹麦的能源安全。

(1)降低了能源密度。丹麦在能源效率上的投资大大降低了丹麦的能源密度——单位 GDP 所需能源。从 1990 到 2008 年,丹麦终端能源消费者的能源效率提高了 18%,一次能源密度下降了 26.3%,而同期丹麦的经济增长了 44.5%。丹麦的家庭能源消耗在 1980 年至 1999 年间下降了 10%,而地板热供暖却增长了 19%。

(2)实现了能源自给。丹麦现在已经能够能源自给。早在 1991 年,丹麦就已经在石油和天然气上实现自给了。丹麦在 1980 年时有 95% 的能源依赖于国外进口,到 1997 年时已经实现了完全能源自给,并在随后的年份中每年都有剩余的能源——除丹麦之外,整个欧盟只有爱沙尼亚有剩余能源(因为它有丰富的化石燃料)。

(3)减少了温室气体排放。随着更多的可再生能源与热电联产替代低效和污染的传统化石燃料发电,相关的二氧化碳排放量也骤然下降。在 1990 年,丹麦每发 1 千瓦时电约排放 1 千克二氧化碳,到 2005 年,每发 1 千瓦时电所排放的二氧化碳已经不到 600 克。其总体二氧化碳排放密度——单位 GDP 的二氧化碳排放量——在 2004 年比 1980 年低 48%。丹麦也是少数在 2009 年之前实现了在 1990 年水平上减排二氧化碳 19% 的国家,超过了《京都议定书》所规定的义务(Parajuli,2012)。

(4)提高了竞争力。丹麦的风力涡轮机专家创造了最大的出口市场。丹麦管理者促进风能制造的本土化,提供了强大的国内市场和稳定的年度需求。他们通过销售新产品创造了就业和增加的税基。他们还用其国内涡轮机作为真实世界的实验室,以降低涡轮设备的成本,提高发电能力——尽管也要面对来自海外风能企业的竞争,尤其是中国和印度。

(5)提升了能源安全。热电联产和风能发电促进了能源供应的去中心化,这种转化获得了政治利益(更大的多样化)和能源安全利益(更多的发电单位能够更强地应对突发事故和恐怖袭击)。丹麦从 20 世纪 70 年代的中心化发电(不足 20 个大规模电厂),实现了如今的去中心化的模式——有超过 4000 个小型发电厂。丹麦的能源价格十分稳定。一项对 22 个 OECD 国家国际能源安全表现的研究表明,丹麦的能源安全度是最高的

(Sovacool et al,2010)。

虽然丹麦的能源政策路径有很多优点,但也面临一些挑战:①连贯性问题;②分散电网的管理问题;③瓶颈问题;④社会抗议问题;⑤价格波动问题;⑥可能退回到进口化石燃料的问题。

(1)连贯性问题。在20世纪90年代末,丹麦政府的能源政策发生了一次转变。政府试图放开和重组丹麦能源部门,使其更以市场为基础和更具竞争力。1998年,政府废除了鼓励地方和风电场集体所有制的原则,取消使电力企业加强运营和跨能源基础设施投资的限制。2001年,自由保守政府上台,国会改变了丹麦的能源政策,推进"环境卫生计划",取消风电场以"美化风景"。该计划背后的理念是用少许的大型风电机取代了大量的小型风电机。

风力开发者一致认为,这些措施阻碍了风电增长。从2004到2006年,开发者安装了不到40兆瓦的容量,而政策改变之前则达到了1000兆瓦。在2006年,仅安装了可怜的8兆瓦,而在2007年(首次)退役的风力涡轮机数量(39台)超过了安装数量(7台),而风车所有者和共有者从几十万下降到不足5万。2008年,丹麦决策者似乎意识到了他们的错误,再次诉诸于风能,但2001年到2007年这一时期确实是"停滞期"(Sperling et al,2010)。主要的风电工厂也在这一时期关闭了,对乡村经济也产生了负面影响。

(2)分散电网的管理问题。风力的去中心化和分布式发电特征虽然提高了能源安全,但也使对散布的传输与分布电网的管理变得更加困难。这种去中心化的丹麦电网不仅从技术上难以管理,而且在一些特殊地方也存在社会与政治上的难管理。数百的共有与独立热电联产提供者确保了大量的多样性,但他们的碎片化也使能源决策变得复杂。市政能源计划当局需要更清晰地规划,并且丹麦需要为这些散布的行为者提供更好的计划工具以协调他们的行为。

(3)瓶颈问题。丹麦风电行业的快速发展与扩张不仅满足了国内需求,而且出口到了国际市场,但却产生了生产、建设与风电场设计的瓶颈问题。Vestas公司现在的平均风力涡轮机等待时间在24~30个月;风叶生产商LM Glasfiber的报告显示,它们的产品至少要延期2年交货。近海风电通常要延迟12~18个月。另外,则是由于中国市场的膨胀;中国消费了全球1/3的钢铁,是全球最大的风能安装者,其市场份额在10年内翻了3倍。这推高了世界原材料价格,促使风力涡轮机价格上涨。也刺激了丹麦的制造商如Vestas和Siemens(在2004年购买了丹麦的能源公司Bonus)将风力涡轮机的建设外包给中国和印度,因为它们更接近这些新兴市场,且劳动力成本更低。

(4)社会抗议问题。虽然丹麦对风能的态度比其他国家要积极得多,但大型风电场却开始引发一些社会抗议,尤其是一些建设在生态风景区的大型风车——除了当地所有者和参与者外(Pasqualetti,2011)。一些人反对风车的理由是它们太大和太"碍眼"。另一项对风电态度的调查显示,"越来越大的风车和较少的地方参与……最终将导致大众对风电接受度的下降(Möller,2006)。"

(5)价格波动问题。按供应与需求规律,当风电产出高时,市场价格就低(因为更多风车发出了额外的电量），电力就不值钱了。相反，在需要电的时候，风力发电量可能较低。2005 年 1 月，丹麦可获得的风电量低于 100 兆瓦，因为一次飓风使许多风电场关闭，迫使丹麦增加从德国和邻近北欧国家的电力进口。

(6)可能退回到进口化石燃料的问题。虽然完全支持可再生能源，但丹麦能源部门仍然受化石燃料控制。虽然丹麦政府公开重申要 100％不再依赖化石燃料，但仍在 2010 年消耗了 720 万吨的煤，并在 2011 年生产了 223480 桶石油。丹麦的总体能源生产与使用中有 40％来自石油，23％来自煤炭，30％来自天然气，只有 17％来自可再生能源。由于这种能源混合，丹麦仍然是人均二氧化碳排放最高的国家之一。虽然风能与热电联产有助于提升丹麦电力部门的表现，但丹麦的交通部门仍完全是以化石燃料为基础的，而分析家认为，丹麦要转变为脱离以石油为基础的交通燃料是很难实现的——由于其气候条件和现有基础设施原因(Tonini et al,2012)。丹麦的交通、农业、工业和家庭部门仍属碳密集型和化石燃料型。而且，丹麦的石油和天然气储量在迅速耗竭。丹麦的石油储量平均每年下降 6.7％，该国预计将在 2018 年前再次成为石油和天然气进口国(Parajuli,2012)。

丹麦的能源政策对其他国家至少有五个方面的启示。

(1)丹麦的经验证明，国家能源转换是可能的，并且可以快速发生。在 1973 年的国际石油危机出现之后，丹麦只用了 5 年时间就从 95％依赖石油转变为 5％。在 20 年内，丹麦从依赖大规模化石燃料电厂的中央发电网，转变为风电和热电联产，使丹麦成为世界风电领导者(按风电所占比例和按人均风电量算)，以及欧盟中使用热电联产最多的国家。

(2)丹麦的经验证明，碳税不会对整体经济产生恶劣影响，而且如果实施恰当，还可用于促进风能、能源效率和热电联产。而且，虽然丹麦有许多昂贵的能源税，但其经济仍在过去几十年内以 2 位数的速度在增长。

(3)确保接入电网有很多好处，能使市场进入的障碍最小化，防止公用事业企业用其权力阻碍可再生能源的传输与地面分布。它增加了可再生能源项目的利润——通过将接入电网的成本转嫁给公用企业(以及作为最终支付者的消费者)。还鼓励社群所有，带来更高的乡村收入和更大的社会接受度。

(4)丹麦的经验证实了能源计划的"多中心"路径——强调利益相关者在多重地理维度的参与——的成功。丹麦的每一条主要路径——风能、热电联产和能源效率——都把责任分配给了国家和地方行为者。对风电来说，国家计划者提供了稳定的财政支持和恰当的发展指南，而地方计划者和合作者起草风电场计划和支持特殊的风电项目。对热电联产来说，国家计划者提供恰当的税率和最小化石油与煤炭使用的清晰指南，而地方计划者实施供暖计划和加快建筑的集中供暖。对能源效率来说，国家计划者规定建筑标准和国家电力基金等，而地方行为者建构银行、公用企业和居民之间的合作关系。这些努力包含地方参与，并使丹麦的能源项目在地方层面仍然是去中心化的，而不是中心化地掌握在大企业手中。例如，在 2005 年，只有 12％的风电场为公用企业所有；而个人和企业占有剩余的 88%。

(5)政策稳定的重要性。丹麦的能源政策从 1973 年至 1988 年间都很连贯,这种稳定性使其在风能、热电联产和能源效率上扩张极大。反之亦然,1998 年到 2007 年之间能源政策的转变阻碍了风电投资,并造成该行业不必要的停滞。庆幸的是,丹麦的政治系统在 2008 年又发生了改变,一个更自由的政府让该国将于 2050 年前脱离化石燃料——能源转变的实现通常需要在"正确的"政治环境下才有可能。

3.2.3 "一带一路"与中国的能源安全共同体战略

安全是一个相对的概念,或许一国的能源安全意味着另一国的能源不安全,对一国的保护意味着对其他国家的威胁。与国际能源合作相伴生的是社会、文化的不完整性,这就需要构建一些共同的核心价值(如对自然环境最低限度的保护)来维系人类社会生存、能源交流和能源发展。能源合作是保障能源安全的一种主要方式。全球能源合作不仅仅是一个经济的全球化问题,还是一个包括政治、经济、法律和文化等领域的合作过程。能源安全是一个全球性的问题,国家间相互合作及制度的构建是国际能源安全的基础。在相互依存、相互促进的互动体系中,国家间已经形成了一荣俱荣、一损俱损的态势,没有一个国家能够脱离其他国家而保证自身的能源安全。因此,通过制度协调能源消费国、输出国、运输中转国之间的关系,开展国家间的战略对话,保障国际能源市场的稳定,实现互利共赢是各国的共同要求。要积极应对国际能源格局变化,就需要构建人类能源与生态安全共同体。

实际上,持久安全需要一个和谐、稳定、互利、合作的国际环境,各国完全的能源独立仅能换来暂时的能源安全。能源独立虽然可以在一定程度上保障一个国家的能源安全,但能源独立不等于能源安全,完全的能源独立既不可能也不必要。各国的发展水平、国际分工、资源禀赋、资金与技术等方面存在着巨大的差异,有的国家能源供应充足但能源消费有限,必然需要在国际市场进行交易。如果各国都将能源独立作为自己的目标,必然导致大量的重复性能源基础设施建设,造成巨大的浪费。在全球化时代思考能源问题也应当具有全球性视角,在"制定一个可靠的未来能源战略时,一开始就要从一个全球而非局部的视角来考虑我们每一个具体选择将对国际安全以及环境完整性的影响(麦克尔罗伊,2011)。"要实现全球的能源安全,就需要构建人类能源与生态安全共同体。能源为人类携手共建你中有我、我中有你的"命运共同体"提供了强大动力。在全球一体化的能源新时代,国际能源政治的动力学发生了深刻变化。任何国家都处于相互依赖的能源权力结构之中,都无法脱离全球能源市场,能源开发与利用产生的环境、安全问题已成为全人类面临的共同挑战(朱雄关 等,2018)。

在全球能源格局发生深刻变革的新时代以及失序的全球能源治理体系重构的过程中,亟待一个既能正确指引全人类实现可持续发展,又能有力彰显维护各国能源权力的新理念、新思想。这为中国积极倡导构建能源合作共同体,进一步提升国际能源合作水平和推动全球能源治理体系朝着更加公平合理方向发展提供了千载难逢的机会。

对我国而言,一是要坚持符合我国国情的新型能源安全观。按照中共十九大提出的总体国家安全观,以推进绿色发展、建设美丽中国为导向,构建和坚持新型能源安全观。在加快传统能源行业转型升级、努力推进能源进口多元化的同时,大力发展新能源、绿色能源,走自主创新和低碳化发展道路,最大限度地保障我国未来能源安全。

二是要以"一带一路"建设为契机,构建人类能源安全共同体。积极倡导建设持久和平、普遍安全、共同繁荣、开放包容、清洁美丽的世界愿景,通过积极参与国际能源署事务、深化上合组织能源合作、持续推进 G20 能源治理机制等方式,深度参与全球能源治理,努力维护全球能源共同安全。秉持共商共建共享的全球治理观,以"一带一路"能源俱乐部建设为重要平台,努力推动形成油气领域自由贸易,打造沿线区域能源共同体;以人民币原油期货为人民币国际化建设的重要突破口,尽快启动上海油气期货交易市场,切实提高我国在全球油气市场的话语权和主动权。

三是要积极合作应对气候变化,构建人类生态安全共同体。妥善应对美国退出《巴黎协定》,在慎重对待国际社会过高期望前提下,坚持应对气候变化既定路线,坚定维护《巴黎协定》既有成果。以"美国能源主导权"战略的逐步推进为契机,加大国内控煤及向天然气等清洁能源的转变力度,使能源结构调整成为我国近中期缓解区域大气污染压力、实现控制温室气体排放的重要手段。

四是要深化中美能源领域全方位合作,化解中美经贸摩擦。美国能源政策调整,为美国向我国出口油气资源、缩减两国贸易逆差提供了契机。建议继续加强能源贸易和投资合作,通过加大对北美油气产业投资力度,提高我国对美资产配置多元化和收益水平,丰富能源进口来源。积极借鉴美国能源领域技术优势,重点开展与有关政府及页岩油气、风电、太阳能、电动汽车及储能等领域领先企业的多层次合作。

五是要全面评估国家能源格局变化带来的潜在风险,提前展开相应布局。加快推进我国在印度洋、南海等油气战略通道基地建设,努力提升对油气战略通道掌控力;加强与中东地区国家安全、军事、经贸、金融合作,努力提升我国对中东地区局势的综合把控能力,做国际能源合作的坚定倡导者和保障者。

构建能源合作共同体应包括四方面内容。一是塑造普遍安全的能源供需格局。国际能源行为体对能源供需的刚性需求以及供需格局的多元化是全球一体化能源体系的重要特征。能源生产国、消费国以及过境国都处于你中有我、我中有你的相互依赖能源权力结构之中。因此,应当摒弃"石油武器、能源霸权、能源战争"等零和博弈思维,在共商、共建、共享的基础上塑造既能维护生产与消费安全,又能维护运输安全的普遍安全格局。二是建立互利共赢的能源合作关系。随着新兴经济体国家的崛起,能源生产出现了供不应求的趋势,国际社会需要投入大量资金开发能源,同时能源利用对环境和气候变化造成的重大影响,给人类生活方式带来了巨大挑战。因此,在保持能源体系平衡、提高能源利用效率和应对气候变化方面,能源生产国和消费国有着共同利益和互利合作的基础。中国应与世界各国一道在深化这一合作基础之上,由能源合作的共商共建走向能源合作的共赢,最终共享能源合作带来的成果与红利。三是构建开放包容的能源治理体系。以国际能源机构（IEA）和石油输出国组织（OPEC）为代表的"俱乐部治理模式"衬托出全球能源治理体系垄断性、排外性和失序性的特点。重构全球能源治理体系需要一个既有相互依赖特点，又有开放包容精神，既能代表新兴经济体能源诉求，又能兼顾其他类别国家能源利益的多边国际能源治理机制。四是寻求绿色低碳的能源发展方式。习近平总书记说："我们不能吃祖宗饭、断子孙路，用破坏性方式搞发展。绿水青山就是金山银山。我们应该遵循天人合一、道法自然的理念，寻求永续发展之路。"绿色正在成为能源治理的主色调，推动清洁低碳能源发展已成为国际能源合作的普遍共识。基于休戚与共、责任共担的精神，中国应与各国一道走一条既符合彼此自身利益，又能造福全人类的清洁绿色、可持续发展的能源合作之路。

构建能源合作共同体应抓住三个重点。第一，牵住"牛鼻子"，秉持综合普遍的能源安全观。能源安全广泛涉及国家安全、社会安全、环境安全、气候安全和人的安全，在全球一体化的世界能源市场上，任何国家都不能独自应对所面临的能源安全问题。中国应秉持互利共赢、多元发展、协同保障的新能源安全观，与能源生产国、消费国、过境运输国、跨国石油公司、政府间与非政府间组织开展能源领域内的多边合作与对话。同时积极发挥大国责任，鼓励和支持新兴经济体和发展中国家在全球能源格局中掌握话语权，积极参与到多边能源合作与治理当中，从能源个体安全走向集体安全。第二，找准"着力点"，构建能源合作的新兴增长面。中国应在国际能源合作的领域、内容上构建合作的新兴增长面，充分发挥和做实引领示范效应。一方面，充分借助北极沿岸地区国家的巨大能源生产潜力，积极开发利用北极地区丰富的能源资源，与传统能源生产国在能源合作新领域务实合作。另一方面，充分利用、借助拉美国家先进和成熟的新能源技术和市场，深化与拉美国家新能源合作的质与面，与新兴经济体国家在能源合作内容上寻求创新与突破。第三，解好"综合题"，寻求永续发展的能源合作新路径。走一条可持续发展的新能源合作之路是未来全世界解决能源问题、维护人类共同家园、造福子孙的最佳选择。中国作为全球最大能源消费国，应积极树立负责任的大国形象。一方面，把新能源国际合作和节能减排相结合，加大对新能源开发利用的投资力度，学习引进国外新能源技术、设备和成果。另一方面，在推进"一带一路"建设的过程中，积极推动国际社会加强新能源技术研发等方面的对话与合作，探讨建立清洁、安全、经济、可靠的全球能源供应体系，逐步增强在世界新能源发展中的参与能力、引导作用和示范效应。

构建能源合作共同体应采取三个举措。首先，用好辐射点，扩大朋友圈。能源合作共同体必须建立在广泛、众多的国家、国际组织和跨国公司参与合作的基础之上，所以扩大中国能源合作的朋友圈将是构建能源合作共同体的一项重要任务。为此，应发挥中国与相关国家既往能源合作的示范辐射作用，以同中国能源合作机制较为健全、合作较为顺畅的国家为辐射点，充分发挥这些国家的作用，以点带面，广泛辐射周边国家，一步步扩大能源合作的朋友圈，构建点线相连的多元运输线和稳定的供需链。其次，发挥影响力，构建合作网。中国应发挥在全球政治、经济等各领域的综合影响力，以及作为全球最大能源消费国的能源供需影响力，整合各国资源，共同建立一个开放型的多边能源合作机制,形成一张点、线、面相结合,互联互通的全球能源合作网络,并通过发挥这张能源网的广泛覆盖性,将能源进口国、出口国和中转运输国以及国际组织、跨国石油公司等相关能源行为体整合起来,形成彼此间紧密的能源合作关系,建立多元、共赢的能源供需体系。最后,利用新平台,重构新秩序。当前,由西方发达国家及部分资源富集国家主导的全球能源治理体系正逐渐失去其约束力和影响力。失序的全球能源治理体系在调整重构过程中,迫切需要一个既能代表新兴经济体和发展中国家能源权力,又能兼顾其他国家能源利益的能源治理新秩序。

有别于以利为先、零和博弈的能源霸权思维,中国将在构建"人类命运共同体"理念的指引下,秉持以义为先、合作共赢、共同发展为导向的新能源安全观、大国责任观和正确义利观,与世界各国一道携手共建能源共赢格局。

3.3 效率原则

3.3.1 能源效率

所谓的效率,就是要达到事半功倍的效果。目前,学术界对能源效率没有统一的定义,但内涵基本一致,即能源的投入产出效率。有研究认为,能源效率为提供同等能源服务所减少的能源投入量。经济上的能源效率通常指用相同或更少的能源获得更多产出或更好的生活质量。国家发改委能源研究所将能源效率定义为,能源利用中发挥作用的能源量与实际消耗的能源量之比。能源需求方面的效率,即"节能";能源供应方面的效率,即"学习曲线",也在从能源勘探、开采、提炼、输送到消费的所有领域里,发挥着始终如一的作用。全球正在用较少的能源,生产出更多的产品。据国际能源署(IEA),提高能源利用效率,可以将全球的能源需求量减少一半。积累起来的资源,或者说通过提高能效而"节省下来"的资源,能够促进全球经济逐渐重新定位到高附加值的投资,以及一种更多地是由消费者而非产业引领的国内生产总值上去(拉卡耶 等,2017)。

欧盟核心三大能源政策即为能源效率、能源可持续和能源供给安全政策(Winzer,2012)。提高能源效率,降低了经济的能源强度,即单位 GDP 能耗。同时对于国家安全、环境和经济也大有裨益。能效的重要性可能会令人惊讶,因为人们无法轻易察觉低能效时的能耗水平。大多数能效的变化是肉眼看不见的,因此人们无法发现大多数的能效提升。这些能效提升的成就在很大程度上源于整个经济活动中广泛分布的细微变化。

能效也在减少碳排放方面占主导地位。经济总体的碳排放强度(单位 GDP 的二氧化碳排放量)可以由能源消费的碳排放强度和经济的能源强度的乘积构成。能量消费的碳排放强度由各种能源(如石油、天然气、煤炭、水电、核能、风能、太阳能和地热能)的消费比例决定。低碳或零碳能源的比例越高,能源消费的碳排放强度越低。

提高能源效率也是经济伦理要求。"从经济伦理学的角度看,效率是经济伦理的一个基本价值尺度和目标,是人类目的性价值的实现,即凡是有利于人类价值实现的经济活动和行为都是有效率的"(马俊峰,2011)。能效原则要求发挥能源的最大价值,物尽其用。提高能源效率的主要途径是技术进步。"技术进步对能源效率的影响是毋庸置疑的,技术水平的提高直接会改善能源效率。一方面,通过高效开采能源和先进的能源转换技术,减少对能源的浪费;另一方面,通过高效的应用技术,直接降低单位产品的能耗(周德九 等,2012)。"

G20每年就发达国家和新兴市场国家之间的实质性问题进行开放及有建设性的讨论和研究,每年峰会主题不固定,从21世纪10年代开始关注国际能源问题。2014年布里斯班峰会将能源合作、提高能效列为工作重点并核准了《G20能源合作原则》,推出《G20能源效率行动计划》。能源问题的解决途径是提高能源利用效率,大力发展新能源,并在新能源基础上对现有经济结构进行改造,尤其是改造对石油依赖程度最大的汽车行业,大力发展新能源汽车及电动汽车,不要对现有能源生产、供应、管理体系进行根本性改革,大力发展分布式能源体系。发展分布式能源体系就是从生产关系角度解放能源生产力,因而是解决能源问题的根本性措施。2012年时,美国车辆1加仑油平均能够跑24英里,但美国前总统奥巴马签署的新法律要求,到2025年,美国的新车1加仑油平均要能够跑55公里(祖克曼,2014)。

提升能源服务、减少依赖、增加能源基础设施弹性的最简单与最佳方式是能源效率。简言之,能源效率就是通过改善性能、使用更多高效设备或改变消费者习惯来减少能源使用。包括替换资源输入或燃料,改变性能或改变商品与服务结构以使能源更少。相比建设传统电厂、新油气田和煤矿,能效措施时间短,所需资本低,回报快。能效技术可以提高负载因素,增加现金流,降低资本风险,减少财政风险。

在20世纪70年代的能源危机之后,法国管理者意识到能源效率的重要性,创造了相当于"能源警察"的职业,在晚上巡街。他们惩罚晚上亮灯或让汽车空转的人。1995年《欧盟能源政策白皮书》的出台标志着欧盟共同能源政策的形成,而2003年正式启动的"欧洲理智能源计划"(Intelligent Energy for Europe)进一步将提高能源利用效率、促进可再生能源的开发和推广利用列为该计划的重要内容。

推进结构能效并举措施,升级能源安全"战略匹配"。从1993年开始,中国成为石油净进口国(王安建 等,2008),2010年更首次取代美国成为全球最大的能源消耗国。随着近年来环境问题的日益突出,根据政策目标调整,中国国家能源安全的重心也开始从追求安全、稳定、经济、高效的能源供应战略匹配,到追求安全、高效和清洁能源供应战略匹配的重大转变。美国目前单位GDP的能源消耗量已低于1970年的50%水平,我国政府做出了到2020年单位GDP减排40%~45%的承诺,必须在提高能效方面下更大的功夫。

煤炭在较长一段时间内仍是我国的主体能源这一现实不可忽视,坚持能源绿色低碳发展,推进煤炭的清洁高效利用迫在眉睫。在控制煤炭消费总量的基础上,着力提高电煤在煤炭消费中的比重,推进煤电机组节能和超低排放改造,争取到"十三五"末,电煤比

重提高到 55％左右,现役燃煤发电机组经改造平均供电煤耗低于 310 克/千瓦时,30 万
千瓦级以及具备条件的燃煤机组全部实现超低排放。实际上,我国的煤电清洁发展水平
从多年前就一直保持上升趋势。数据显示,截至 2016 年底,我国煤电超低排放改造完成
率已超过七成。全国已累计完成煤电超低排放改造 4.5 亿千瓦、节能改造 4.6 亿千瓦,
分别占到 2020 年超低排放改造目标 5.8 亿千瓦的 77％、节能改造目标 6.3 亿千瓦的
73％。发电效率也持续提高,2016 年已实现了供电煤耗降至 310 克/千瓦时。与 2006 年
相比,2016 年我国 60 万千瓦、30 万千瓦、20 万千瓦、10 万千瓦及以下等级机组火电供电
煤耗分别下降 20 克/千瓦时、26 克/千瓦时、45 克/千瓦时、56 克/千瓦时及 103 克/千瓦
时(邹春蕾,2018)。

如今,提高能源利用效率和节能,比以往任何时候都更加重要了。建筑与住宅是最
大的能源消耗者,差不多占到了全球能源消耗总量的 35％,因此,如今各国都在实行更加
严厉的节能措施。我们在能源利用效率方面所采取的措施,将会对全球能源消耗的未来
产生至关重要的影响。

倘若美国的汽车平均每英里的油耗量降到 24 加仑至 34 加仑之间,那就会让全球的
石油需求量每天减少 365 万桶,或者说削减大约 4％。实际上,从长远来看,能效提高所
产生的影响,就算不会比任何的"规则改变者"大,也是能够与之相媲美的。

电动汽车主要在晚间充电,因为那里的电力需求正处于"低谷"(即电力消耗量最
小),电价也比较便宜。这个行业倘若成功发展起来,比如说晚上有 100 万或者 200 万辆
电动汽车同时都在充电的话,那就很可能会极大地改变现有的发电模式。

3.3.2　美国的能效之路

美国通过一些做法提升了能效。美国能源部下属的能源信息署(EIA)专注于收集、
分析和传播独立公正的能源信息,以促进政策的制定更加合理、市场的运行更加高效以
及在能源、经济和环境的相互影响等方面的公众认知更加深入。

EIA 的前身是美国联邦能源管理局内的几个办公室,根据 1974 年《联邦能源管理法
案》而设立,是为应对 1973—1974 年能源危机而设立的。在能源危机之后,除了 EIA,联
邦政府,特别是能源部(DOE)、联邦贸易委员会(FTC)和环境保护局(EPA)等许多公用
事业部门和州政府也相继启动了信息计划以鼓励减少能耗。

(1)Energy Star——"能源之星"计划

美国环保局和能源部主导的最为知名、成功的计划就是"能源之星"。美国环保局于
1992 年启动了这项自愿参与计划,国会根据 2005 年《能源政策法案》进一步授权该机构
"认证和推广节能产品和建筑物,通过标签以及其他形式来宣传符合最高能效标准的产
品和建筑物,从而减少能耗、加强能源安全并减少污染。"

如果产品符合"能源之星"产品规范中列出的能效要求,就可以获得"能源之星"认
证,并贴上"能源之星"标识。EPA 根据以下主要指导原则制定了这些规范品类别必须能
够在全国范围内显著节约能源,并且必须满足消费者所需的功能和性能。如果认证产品

的价格超过低能效的传统产品,那么买家将能够在合理的时内通过节省水电费而回收投资。

"能源之星"计划和标识提供信息,以引导消费者购买通过"能源之星"认证的产品。但要获得这种竞争优势,产品必须符合"能源之星"的标准。因此,它激励制造商提高其产品的能效,以获得竞争优势。它还激励制造商提供系列能效各异的产品,其中包括满足监管最低要求的产品和符合"能源之星"认证最低要求的产品。

一些消费者似乎十分信赖"能源之星"认证,而不太注意电费,一些消费者恰恰相反,还有一些似乎对电费和"能源之星"都不敏感,但"能源之星"计划确实影响了企业的决策。专注于冰箱市场的企业往往生产并提供仅能满足"能源之星"最低要求的产品。

(2)Energy Guide"能效指南"标签

美国联邦贸易委员会(FTC)要求大多数家用电器在零售点展示"能效指南"标签,电器类别包括:锅炉、中央空调、洗衣机、洗碗机、冰柜、炉子、热泵、游泳池加热器、冰箱、电视机、热水器和窗式空调。标签上会突出显示预计的年度运行成本、类似型号的年度运营成本的范围、每年预估用电量等信息,如果通过认证的话,标签上还会显示"能源之星"标识。

"能效指南"标签鼓励消费者关注设备的运行成本。由于充分了解这一点,制造商才有更大的动力让自己设计的产品经济有效地降低能源成本。"能源之星"计划也致力于改变工业总体能耗,这反过来使美国能源部能够推行最低能耗标准。

(3)燃油经济性和环境

与"能源之星"和"能效指南"两项标签相似,新的乘用车和轻型卡车必须张贴燃油经济性标签,以每加仑英里数和百公里加仑数两种计算方式表示。除了估计每年燃料成本外,还可以就其燃料成本与新车的平均指标进行比较。

汽车或燃油设备上的标签使消费者能更加便捷地比较不同产品的能耗。重要的是,突出显示年度运行成本让消费者开始关注能源消费,而不仅仅是购买价格。标签使消费者能够轻松地做出经济上合算的选择。这一类计划可视为对"缺乏关于设备或电器的能耗信息"这一障碍的直接应对。

汽车燃油经济性标签与CAFE标准相互配合。通过鼓励消费者考虑新车的燃油成本,进而引导消费者购买更节省燃油的车辆,借此提高节油型乘用车和卡车的市场份额。市场份额的提升使得汽车制造商更容易达到CAFE标准。

(4)LEED"绿色能源与环境设计先锋"认证

对于新建筑物和许多现有建筑物来说,通过非政府组织美国绿色建筑委员会①的LEED认证计划可以获得认证和标识。这个评价体系旨在促进设计和施工更加有利于环境和居民健康。LEED于2000年推出,建立初期只有一个针对新建筑的评价体系。发展至今面向新建建筑、现有建筑、室内设计和社区发展形成了几个新的评价体系。认证级别取决于选址、能效、二氧化碳排放、水资源利用效率、用材的可持续性和居民健康。

---

① "LEED认证标志"由美国绿色建筑委员会注册的商标,经许可后方可使用。

能效只是众多标准之一,因此可能并不是 LEED 认证建筑中特别重要的一个特征。

对于 LEED 认证能否促进更多节能建筑物的建设仍然存在一些疑问。例如,《今日美国》在 2012 年的一篇报道中提到,一项名为"LEED 认证商业建筑物"的调查显示,设计师在环保方面关注的是最简单最便宜的环节。美国绿色建筑委员会称,针对 7100 个项目的分析表明,92.2% 获得 LEED 认证的新建筑项目把能效提高至少 10.5%。虽然研究并没有明确指出 LEED 认证对节能建筑产生多大程度的影响,但是这个评级、认证和标签系统确实提供了一个强有力的动因,让建筑者按照已施行的认证规则来建设建筑物。随着时间的推移,以及认证阶段各方面能耗要求的不断发展和推进,人们越来越重视能源和水的使用效率与 LEED 认证计划形成鲜明对比,1995 年启动的"能源之星"新房屋计划的重点是节能,剔除了各种与能源无关的指标。美国环保署提供的资料提到,获得"能源之星"标签的新房屋经过了检查、测试和验证,满足美国环保署制定的严格要求,能够提供更优的质量、更佳的舒适度和更好的耐用性。整个家庭计划向建筑商提供明确的激励措施,使其在市场上提供更节能的房屋,并给考虑购买新房的消费者提供信息。

Opower 公司及其竞争对手,与公用事业单位和其他能源供应商合作,采用了另一种促进节能行为的助推措施。例如,一个公用事业公司可以在发给客户的每月账单中包括"家庭能源报告",引导客户的节能行为。该报告把客户的能源使用情况与不同邻居进行比较,低能耗获得笑脸;高能耗获得哭脸。Opower 报告不会向客户提供任何经济激励。但它确实提供了减少能源使用量的技巧和建议。

据统计,Opower 这一简单的行为助推使用电量平均减少了 2%,对减少量贡献最大的是那些用电量远远高于平均水平的家庭。由于政策的改变,这种提供能源信息的创新已经变得无处不在:公用事业委员会已经开始把"行为式节能"(能源消费者行为的变化)认可为一种合理的节能措施,并允许使用公用事业项目资助。因此,许多州的监督管理委员会制定政策(允许公共事业机构利用此类节能手段实现强制性的能效目标)。如果没有这种州级政策和规则的激励,公用事业机构是没有动力资助 Opower 或其竞争对手提供报告的。

3.3.3　中国的能效之路

在传统的能源行业中,对能源生产端的重视程度要大于能源传输和消费端。过去几十年,我国能源发展的重点都在提升能源生产力,以满足经济发展需求,能源效率问题没有得到应有的重视。随着能源供给波动加剧和大气污染问题日益严重,能源的经济性、安全性和环境性受到了越来越多的关注。在解决这些问题的过程中,提升能源效率可以与扩大和优化能源生产扮演同等重要的角色。要推动提升能源效率逐步走向能源舞台的中央,发挥其可以发挥的重要作用,需要研究机构、政府部门和能源生产传输及消费企业,乃至每个人的共同努力。

首先,中国应当大力研发能源技术。能源技术的发展都对能源效率的提高发挥着重要的作用。通过对能源效率的实证研究,要想使能源效率的增长率从预期的 4.0% 提高到必须的水平即 5.5%,在保持其他因素不变的条件下,科学与研究支出应当增加 278.9%,即需要增长两倍之多。因此,加大对能源技术研发的投资,并且大力推广各种先进的、有经济效用的高效产能技术,将是一项非常有效的举措。

白炽灯和荧光灯的对比可以清晰地反映技术进步与能效提高之间的关系。想要发出达到足够可用强度的电磁光谱中的可见光,白炽灯泡内的钨灯丝必须要升温到 2500℃。灯丝相当于一个黑体,在消耗能量的同时发出与其温度的 4 次方成正比的辐射。然而,由 2500℃灯丝发出的大部辐射都在光谱中更长的波段,不为人眼可见。因此,用日常术语来说,这些辐射主要是以热量的形式发出而不是光。白炽灯泡所消耗的能量只有不到 2%转化为可见光,其他 98%以上都以热量的形式散失。很明显,如果我们改用较高效率的光源将节约很多能量。荧光灯发出可见光的效率要超过白炽灯泡的 3~5 倍。如果我们大规模地用荧光灯代替白炽灯泡的使用,将节约 7%的电能消耗量(麦克尔罗伊,2011)。随着技术的进步,将来还会出现更加高效节能的光源。

我国能源技术持续进步,是全球能源技术创新前沿。我国电力、钢铁、电解铝等行业能效达到世界先进水平,一些先进企业能效达到世界领先水平。在百万千瓦超临界二次再热火电机组、第三代核电、特高压输电等领域,我国已经步入世界先进行列,并实现"走出去"发展。在风机、光伏制造等领域,我国与国际先进水平差距明显缩小。在主要发达国家能源需求饱和的形势下,我国已经成为全球能源技术创新的最前沿。随着能源科技创新能力不断积累,特别是技术装备自主化水平持续进步,我国能源发展进入创新发展的新阶段。

其次,中国还应当继续加快国内产业结构的调整。同样,根据对能源效率的实证研究,要想使能源效率的增长率从预期的 4.0%提高到必须的水平即 5.5%,在保持其他因素不变的条件下,重工业产值占工业总产值的比例应当降低 2.1%,但自 1978 年到 2005 年,中国重工业产值占工业总产值的比例甚至以年平均 0.64%的速度在增长,这说明中国的产业结构优化仍然存在很大不足。并且自 2003 年以来,中国的产业结构又出现了主要依赖高能源投入和严重的能源浪费与环境污染为特征的产业结构模式,为了缓解这种产业结构特征对能源、环境和经济增长造成的不利影响,中国应加大调整优化产业结构的力度。针对这个问题,党的十六大提出了要走以信息化带动工业化的新型工业化道路,2003 年党的十六届三中全会又提出了树立全面、协调、可持续的新的发展观,通过转变增长方式和结构调整,改变以高投入、高消耗来实现经济快速增长的局面。

再次,优化能源消费结构也是制定高效能源政策时必须考虑到的一个方面。要想使能源效率的增长率从预期的 4.0%提高到必须的水平即 5.5%,在保持其他因素不变的条件下,煤炭的消费比例降低的速度应达到 3.95%,而 1978 年到 2005 年间,中国煤炭消费比例降低的速度仅为 0.1%,这是远远不够的。可以说,以煤炭为主的能源消费结构是造成中国能源效率低下的另一个主要原因,并且同时也是造成大气环境污染的主要原因。因为中国目前的煤炭利用技术还不成熟,导致利用效率低下,能源浪费和废气排放严重。虽然近年来中国的能源消费结构得到了不断的优化,但与发达国家相比,中国的能源消费结构还存在很大的不平衡。因此,中国的能源政策制定应将优化能源消费结构作为一个重要的方面。具体应加速洁净能源的发展,如水电、太阳能、风能、生物质能、地热和海洋能等,提高优质能源的比重,发掘能源作物的巨大节能潜力,并积极推进能源各行业的结构调整工作,努力实现能源工业的均衡发展。

党的十九大提出了"两步走"新战略:到 2035 年基本实现社会主义现代化,到 2050 年建成富强民主文明和谐美丽的社会主义现代化强国。与邓小平同志提出的社会主义现代化建设"三步走"战略相比,不仅把基本实现社会主义现代化的目标提前了 15 年,而且强调到 2035 年确保生态环境根本好转,美丽中国目标基本实现。能源事关经济社会发展、国计民生和国家安全,其生产利用方式直接关系生态环境质量水平。在国际国内经济深刻调整、能源技术加快变革的背景下,作为全球第二大经济体和最大能源生产消费国,我国必须加快能源高质量发展转型,重塑能源发展理念、供需模式、技术选择和体制机制,这是确保"两步走"新战略目标实现的重要前提。

2015 年,经合组织国家(OECD)人均能源消费量达 5.9 吨标准煤,是我国人均水平的 1.9 倍。其中,美国人均能源消费达 9.7 吨标准煤,是我国的 3.1 倍;德国、日本尽管能效水平先进,但人均能源消费分别也是我国的 1.7 倍、1.6 倍。从发展历史看,主要发达国家在 20 世纪 70 年代就基本完成工业化,但此后人均能源消费一直维持在高位水平。从技术进步角度看,虽然发展中国家可以应用更高效的技术产品,但往往也伴随新的用能需求增长。近 40 年来,发达国家能源技术不断进步,实际上绝大部分被持续增长的用能需求所抵消。

我国居民消费普遍升级将驱动能源需求持续增长。与发达国家工业、建筑、交通运输在终端能源消费中"三分天下"相比,我国近 70% 的能源消费集中在工业,与生活水平密切相关的建筑、交通运输用能将持续刚性增长。2015 年,我国千人汽车保有量仅为 110 辆,不足美国水平的 1/7,不足日本、德国的 1/5;我国人均用电量为 4047 千瓦时,不足美国水平的 1/3,不足日本、德国的 2/3;其中,我国人均生活用电量仅 529 千瓦时,与发达国家的差距更加显著。我国较低的人均能源消费固然与勤俭节约等传统美德有关,但主要源于较低的收入水平、区域城乡发展差距和现代能源服务远未普及。今后伴随我国中等收入群体持续扩大,对现代优质能源服务的需求将持续增长。

要实现 2050 年全面现代化发展目标,如果延续传统发展模式,我国人均能源需求也将达到发达国家相当水平。按照目前 OECD 国家人均能耗水平测算,我国 2050 年能源需求将达 90 亿吨标准煤,即使按照能效先进的日本、德国人均能耗水平测算,届时能源需求也将超过 70 亿吨标准煤。事实上,我国部分发达地区和城市人均能源消费已经达到发达国家水平,今后伴随全国经济发展和生活水平普遍提高,以及机器人、自动驾驶等新的用能需求出现,我国能源需求相比目前水平可能还要翻一番。届时,无论资源环境、气候变化、能源安全都将可能不可承受。

党的十九大指出,伴随中国特色社会主义进入新时代,我国社会主要矛盾已经转化为人民日益增长的美好生活需要和不平衡不充分的发展之间的矛盾。特别是随着我国人均 GDP 达到中等偏高收入国家水平,环境问题开始成为人民群众最大关切,成为关系党和政府执政能力、社会稳定和长治久安的突出问题。从深层次看,我国能源消费总量过大、结构不合理、利用方式粗放,是造成各种生态环境问题的根本原因。要在较短时间内解决发达国家上百年积累出现的生态环境问题,强化末端治理固然重要,但关键是从源头控制能源消费总量。到 2035 年要基本实现美丽中国目标,我国不仅要持续降低煤炭消费,还要逐步实现石油消费减量替代。

最后,中国在制定能源政策时还需要考虑到的一个重要方面就是能源价格。由于能源价格对能源消费的影响存在着两个途径:第一就是能源价格通过对能源效率的作用而影响能源消费量,比如能源价格上升会促使能源效率的提高,而能源效率的提高又会减少能源消费量;第二个途径就是能源价格上升会直接减少能源消费量。因此,能源价格对能源消费的影响很难确定。但是,由于石油进口量的增加,中国对国际石油市场的依存度越来越高,因此,国际油价的波动将不可避免地影响中国的能源消费和经济增长。数据显示,虽然 2005 年中国石油的对外依存度比 2004 年降低了 2.2 个百分点,但仍高达 42.9%。

近年来,由于世界各国的经济发展,国际油价和原材料价格出现大幅度上涨,这对中国的经济增长带来了沉重的负担。据测算,国际油价每桶上涨 1 美分,中国石油进口成本将增加 46 亿元人民币,直接影响国内生产总值增长 0.043 个百分点。因此,中国应充分发挥石油消费大国的需求优势,积极参与国际石油的定价体系,从国际油价变动的被动承受者变为主动影响者,为此,中国应尽快建立和完善自己的石油期货市场,以远期交易方式降低短期价格风险。其次,中国还应建立国际采购的协调机制,争取合理的石油价格,打破国内市场中存在的垄断行为,进一步形成统一开放的能源原材料市场。此外,中国还需要建立完善的能源安全保障体系,保证现货和期货的储备,保证商品期货市场和金融期货市场的发展。

在制定适当有效的能源政策时,除了考虑通过提高能源效率保证能源的可持续利用,"开源"也应当得到足够的关注。2015 年中国的能源供需缺口达到 44206.5 万吨标准煤,而且 2005 年底中国各能源的已探明储量最多也只能维持 50 多年的持续开采,可见扩大能源的潜在储备量是非常重要的。我国的可再生能源非常丰富,开发利用的潜力很大。要想扩大潜在的能源储备量,除了积极开发各种可再生能源之外,还应当抓住机遇,大力进口各种能源,如风电、煤炭和天然气,并努力实施能源进口多元化战略,扩大石油供应渠道,尽可能多地进口石油和天然铀。尤其对于沿海地区,大力进口煤炭将能够有效缓解目前十分紧张的能源运输问题。同时,中国还应当制定政策严格控制能源和资源性产品的出口,希望能够与扩大能源进口结合起来增加国内能源资源的存量,避免对国内资源的过度开发。从长远来看,这对加强中国的能源储备,保障中国的能源安全具有重要意义。

近年来,我国能源供需矛盾明显缓解,能源结构优化成为突出问题。但受国内资源条件制约,我国石油、天然气等优质能源消费增长主要依靠进口。2016 年,我国石油进口依存度达 65%,天然气进口依存度达 35%,并且都在持续上升。目前,我国已经超过美国,成为石油进口第一大国;天然气进口仅次于日本、德国,是第三大国。在世界地缘政治博弈日趋复杂情况下,作为国家安全的优先领域,在开放条件下保障我国能源安全面临严峻的挑战。特别是随着美国依靠页岩气走向"能源独立",欧洲国家依靠能效和可再生能源减少进口依赖,我国未来保障能源安全的经济、外交和军事代价可能十分巨大。

我国已是世界第一温室气体排放大国,排放总量超过美国和欧盟的总和,人均排放量也已达到欧盟部分发达国家水平,面临的应对气候变化国际压力非常严峻。2015 年《巴黎气候变化协定》进一步强调到 21 世纪末将全球平均温升控制在低于 2℃水平,要求到 2050 年,不仅发达国家相比 1990 年水平要减排 80%~90%,发展中国家温室气体排放也要明显下降。我国已经承诺到 2030 年左右二氧化碳排放达峰并力争提前实现,已有 70 多个城市提出 2030 年前提前实现达峰,但在 2030—2050 年,我国面临的持续深度减排压力仍然非常艰巨。

当前,世界各国都在大力推进能源转型,节能低碳成为国际竞争合作的制高点。欧盟提出到 2050 年可再生能源占一次能源比重达到 75%,德国提出到 2050 年一次能源消费总量比 1990 年减少 50%,可再生能源占一次能源消费比重提高到 60%。同时,荷兰、挪威、法国、英国等已经提出禁售燃油汽车时间表,英国、加拿大等多个国家计划淘汰煤电,全球能源转型由共识到行动并且不断加快。目前,我国已经在传统化石能源、高耗能行业积累大量投资,如果继续延续高碳发展道路,未来可能出现巨大的资产沉没损失,与发达国家的差距存在进一步拉大的风险。

目前,我国工业化、城市化正处在升级发展关键阶段,还有数亿人口从农村转移到城市,工业制造业规模将进一步壮大,汽车保有量还将增长一倍以上。通过大幅提升工业、建筑、交通节能低碳标准要求,能够从源头避免高碳"路径锁定"。同时,在能源科技创新日新月异、新一轮工业革命方兴未艾的形势下,我国区域城乡梯级发展的特点,以及潜力巨大、层次丰富的市场需求,意味着在技术路线、生产制造、商业模式等各个环节都存在很大创新空间。

我国能源发展面临赶超跨越,甚至引领全球低碳发展的有利机遇。在前两次工业革命进程中,英国、美国等发达国家的崛起,都离不开能源资源的重要保障和能源开发利用技术的重大突破。我国已经不具备发达国家现代化进程中的有利外部环境,以较低人均碳排放实现全面现代化是我国的必然选择。作为世界制造业第一大国、建筑第一大国、汽车产销量第一大国,包括超低能耗建筑、电动汽车、高速铁路、新一代核电、智能电网、智慧能源等先进技术和创新模式,在我国都有广阔的市场空间和应用前景,具有引领世界低碳发展的较大潜力。

我国必须加快能源高质量发展转型,进一步大幅提高能效,高比例利用清洁低碳能源,到 2050 年把一次能源需求控制在 50 亿吨标准煤以内。研究表明,实现这一目标不仅技术可行、成本有效、社会可接受,而且能够支撑我国经济相比 2010 年增长 6 倍左右,主要污染物排放下降到改革开放前水平,温室气体排放大幅下降,实现现代化和"美丽中国"发展目标。

能源作为一种投入要素,与资本、劳动和原材料一样,在经济生活中发挥着重要的作用,是经济可持续发展的物质基础。但是随着全世界各国经济的飞速发展,能源对经济可持续发展的约束问题已经日益明显。尤其对于中国这样一个发展中国家,经济增长仍以粗放型为主,能源的投入和利用方面仍存在着非常严重的问题,如能源利用效率与人均能源消费量低下、能源消费结构不合理等。特别是在"十五"期间,中国的经济增长模式出现过度工业化和过度重工业化的逆转,工业产值占 GDP 的比例由"六五"时期的39.4%达到 2003 年的 45.3%,重工业占工业总产值在 2003 年也达到 64.3%,工业发展模式又回到与大跃进时期类似的局面:资源密集、能源密集、资本密集,以及污染密集。可以预见,按照中国当前的能源利用效率、能源消费结构以及经济结构,要保持未来中国经济的高速增长率,必须依赖于能源的大量投入,而这必然会加剧中国面临的能源供需失衡局面,使中国的经济增长更加依赖于能源的进口,从而使中国的能源安全问题日趋严重。因此,在保持可再生能源的再生率的同时,提高能源效率、优化能源消费结构和经济产业结构,已经成为保证中国经济实现可持续发展的一个重要问题。

近年来,能源和环境因素对经济增长的约束愈加收紧。一方面,随着我国经济步入"新常态",牺牲能源和环境的粗放式增长方式已经难以为继;另一方面,人民生活水平提高,对环境质量要求更高,使得传统能源使用和生态环境改善之间矛盾愈发突出。在资源禀赋差,但经济发展对能源需求和环境改善却又越来越迫切的情况下,提高能源利用效率、降低生态环境压力,推进能源节约和污染减排已成为未来我国经济发展的必然选择。

能源资源是有限的,必须节约使用,减少浪费,最大程度地提高能源使用效率。时任国务院总理温家宝在丹麦哥本哈根气候变化大会上承诺,中国到 2020 年单位 GDP 二氧化碳排放比 2005 年下降 40%～45%。2015 年 6 月 30 日,中国向《联合国气候变化框架公约》秘书处提交应对气候变化国家自主贡献文件,承诺二氧化碳排放 2030 年左右达到峰值并争取尽早达峰,单位国内生产总值二氧化碳排放比 2005 年下降 60%～65%。

第4章 能源分配的公平原则

　　能源作为一种生存与发展的基本资源,在地球上的自然分布是不均衡的,但更具伦理追问价值的是其人为分配上的不平等:一些国家与人群消耗了过量的能源,进行着能源的奢侈消费;而另一些国家与人群却得不到基本的能源,无法满足生存消费。能源的不正义分配所造成的能源贫困是不道德的,它违背了基本人权。根据公平原则,在能源分配上,需要对能源贫困家庭与人群进行精准的"能源扶贫"。

4.1 能源贫困

　　能源分配不正义的直接后果就是造成一部分人处于能源富足中,而另一部分人处于能源贫困中。能源贫困不仅会造成严重的社会问题,也会加速生态环境的破坏,因此,能源贫困不仅是一个社会正义问题,还是一个生态环境问题。

4.1.1 能源贫困的界定

　　在联合国千年发展目标接近目标年份之际,一个由 20 个联合国机构组成的协调小组在时任秘书长潘基文的领导下于 2011 年提出了"人人享有可持续能源"的全球性倡议。该倡议得到了来自政府、企业和民间社会等各阶层的积极响应,旨在促使全球范围内于 2030 年实现三大能源目标:①确保全球普及现代能源服务;②将提高能效的速度增加一倍;③将全球能源消费中可再生能源的比例提高一倍。由于认识到能源对可持续发展的重要性,联合国大会在第 65/151 号决议中宣布 2012 年为人人享有可持续能源国际年。"人人享有可持续能源"倡议正促使各国政府、私营部门和民间社会合作伙伴做出公开承诺,推进相关措施的实施,加快改造世界能源系统。为确保其三大目标的实现,该倡议制定了全球性的行动纲领。该行动纲领分为 11 个行动领域,为各国和利益相关方实现人人享有可持续能源的目标提供了统一的行动框架。来自非洲和中东、美洲和加勒比、亚太地区及欧洲四个地区,共 80 多个国家政府正积极实施"人人享有可持续能源"举措。

　　联合国千年发展目标旨在将全球贫困水平在 2015 年之前降低一半(以 1990 年的水平为标准),然而,能源贫困正从诸多方面阻碍着该目标的实现。由于认识到消除能源贫困在确保环境可持续能力等方面的积极意义,为更好、更快地实现千年发展目标,联合国将"使用固体燃料人口比例"作为衡量"确保环境的可持续性"目标实现的重要指标。

能源贫困有两种最基本的判断标准：①无力支付能源账单，或能源账单占家庭收入的比例过高（支付能力标准）；②无法获得电力，依赖固体生物燃料，如木柴或粪便进行做饭和取暖（获得性标准）。支付能力标准较适用于判断发达国家的能源贫困，而获得性标准更适合用于判断发展中国家的能源贫困。能源贫困概念源于 1982 年的英国燃料使用权运动。人类消费的能源经历了由早期薪柴到现代化石燃料及可再生能源的替代。一种资源逐渐替代另一种资源的过程，本质上是能源资源之间地位演变、效能由低升高、品质由高碳到清洁的"优胜劣汰"的过程。现代能源的消费提高和改善了人类生存和生活质量，而且带来了生活方式的变迁。正是得益于现代化能源所提供的服务，人类文明才得以从传统社会进入现代社会。能源贫困意味着没有或者缺乏现代化的能源接入和服务，阻碍现代文明的全面扩展和可持续发展。缺乏电力接入以及依赖传统生物质能，尤其剥夺了弱势群体的生存权和发展权，而且在很大程度上扭曲了国际社会公认的价值理念（王卓宇，2015）。

国际能源署编著的《世界能源展望》报告，从 2002 年起，便专门开辟"能源贫困"一章，其原因就是认为能源与贫困之间存在紧密的联系，缓解能源贫困迫在眉睫。2002 年之后，每年发布的《世界能源展望》报告中，都有相当篇幅的内容展示了对当前全球各地区能源贫困现状的评估以及对未来能源发展趋势的预测。2004 年《世界能源展望》报告指出，现代化能源服务的普及是经济发展的首要条件，而经济的繁荣发展将进一步刺激更多的、更高质量能源服务的需求。国际能源署指出，能源服务是经济活动的关键投入要素；能源服务通过改善教育、提高公共健康水平推动社会的发展；现代化能源服务正以各种方式改善穷人的生活状况。如电灯为人们提供了更多的阅读和工作时间；现代化炉灶使得妇女和儿童免于油烟的伤害，等等。更重要的是，现代化能源的普及能够通过提高贫穷国家的生产效率，以增加工人劳动收入，从而直接消除贫困。然而，另一方面，过度的能源使用会加重污染，能源资源的管理不善将给生态系统造成永久性破坏。国际能源署主要是从电力的普及度，以及人们对传统生物质能等固体燃料的依赖度衡量全球各地区能源贫困状况。为了更好地解释能源在人类发展中所起的巨大作用，国际能源署于2002 年首次提出能源发展指数，并计算出了 75 个发展中国家的 2002 年能源发展指数结果。在 2012 年发布的《世界能源展望》报告中，国际能源署对能源发展指数的计算方法进行了改善。新的能源发展指数是一个多维度的指标，其主要从家庭和社区两个层面测量国家的能源发展状况。在家庭层面，其主要关注电力和清洁炊事设施的普及两个维度；而在社区层面，则更多的是考虑公共服务和社会生产两方面的能源使用情况。国际能源署研究发现，能源发展指数与人类发展指数之间存在着显著的正相关关系，表明能源与发展之间存在着深层次的紧密联系。

从支付能力上，可以将用于能源服务的支出占家庭月收入比例超过 10％以上的家庭，或在能源上的支出超过在食物上的支出的家庭界定为"能源贫困家庭"。可将能源支出占家庭收入 15％～20％的家庭界定为"严重能源贫困家庭"，将能源支出占家庭收入 20％以上的家庭界定为"极端能源贫困家庭"。欧盟将能源贫困者界定为，由于资源（物质、文化与社会）受到限制而被排除出其所在国家的可接受的最低生活标准的人（Moore，2012）。简言之，当一个家庭无力支付充足的家庭能源服务时，就是能源贫困家庭。按支付能力标准，即使在发达国家，也有大量的家庭处于能源贫困状态。例如，在英国，在收入最低的 10% 的家庭中，有 68% 处于能源贫困中；在新西兰，有四分之一的家庭处于能源贫困状态（因为住房质量差，保暖效率低，收入不平等以及居民用电价格大涨）（Howden-Chapman et al，2012）；在澳大利亚，依然有大量家庭生活条件贫困，负担重（缺钱、住宅能效低、服务老化、能源成本高或长期疾病）（Brunner，2012）；在匈牙利，能源贫困问题更为严重：当人们无力支付供暖费用时，会搬到更廉价的住房以偿还能源债务（Tirado et al，2012）。

提高收入可使家庭脱离贫困，但却不一定会脱离能源贫困。因为，能源贫困不仅取决于收入，还取决于能源价格以及住宅的能源效率等因素。可见，能源贫困不完全等同于贫困。一些人贫困，但却支付得起充足的供暖费用——因为他们的住房面积小或保暖效果好，所需能源较少。另一些人的收入超过贫困线但却付不起供暖费用——因为他们的住房条件差或取暖成本高。有些人的供暖需要以食物或其他物资的短缺为代价。另一些人尽管有钱支付充足的供暖，但却生活在寒冷条件中——因为无助或害怕能源账单（Bradshaw et al，1983）。可见，低收入家庭只要合理地投资于住宅能效，也可能不会陷入能源贫困，而更高收入但住宅能效更低的家庭则可能陷入能源贫困。

联合国能源和气候变化咨询小组 2009 年 11 月提出的建议指出，在应对气候变化和消除能源贫困方面做出的努力并不相互排斥。相反，扩大穷人获得现代能源服务的机会及提高能源效率是促进千年发展目标的同时应对气候变化挑战最为有效的途径之一。

人们普遍认为能源获取是尚未实现的千年发展目标。虽然多数发展中国家的贫困状况与其无法获得现代能源服务息息相关，但与国际社会尚未对增加贫困社区获得能源的机会给予充分重视也有关系。世界上有超过一半的农村和城乡结合地区的人们仍无法获得现代能源。根据 2009 年 6 月在维也纳举行的国际能源会议的建议，解决能源获取问题和应对世界发展需要的关键是从量和质上为实现能源获取设定目标，并寻找机会，更密切地利用明智的政策、生产能力和公私伙伴关系，应对提供能源获取机会的挑战。在确保能源公平、促进包容性增长以及在全球层面实现能源发展目标方面，也需要解决能源的获取问题。

世界各国通过最不发达国家基金、气候变化专项基金及气候变化基金来向发展中国家转移能源技术，其资金管理机制是全球环境基金（中国所占援助比例为 70%）。全球清洁发展机制和碳市场也可以帮助广大发展中国家通过大量国际碳融资来促进其走向新能源和低碳经济的发展道路。

4.1.2　能源贫困的后果

能源贫困对不同的社会与人群的影响也是不平等的。历史上，一些群体（往往是低收入群体或者被确定为少数民族的群体）承受了各项发电技术的绝大部分环境和健康危害。现在情况依然如此。燃煤电站的经营者们自己独得利润,却将大部分环境成本转嫁给所有人(塔巴克,2011c)。虽然每项大型发电技术都会影响到很多人的生活,但与电力生产相关的代价从来都不是平均分配的。例如,美国支持煤技术的政策长期以来主要冲击着阿巴拉契亚(Appalachia)的居民。采矿工程夺去了很多矿业工人的生命以及更多矿业工人的健康;中西部的燃煤发电过程对东北部地区的森林和野生淡水动植物的影响非常大,因为中西部电站的污染物沉降到了纽约和新英格兰的森林中;世界上的石油运输历来因为一个又一个的环境灾难而不时出现中断;炼油厂损害着一些炼油工人的健康。一般说来,那些最有能力购买这些技术所产生电力的人们,所受到的由相关技术应用所带来的负面影响往往最小。

能源贫困是会"杀人"的。穷人的薪柴采伐过程充满了危险,很容易造成身体伤害;许多家庭由于无法获得现代能源而直接在室内燃烧木材、动物粪便、木炭等生物燃料进行烹饪或取暖,使他们生活在巨大的烟雾之中,从而引发严重的身体健康问题。全球约四分之三的农村人口或者说全球近一半的人口依赖于木材和固体燃料做饭。世界卫生组织指出,"在开放式火炉或传统室内炉子中的低效固体燃料燃烧会造成数百种污染的危险——主要是一氧化碳和微粒、有氧化氮、苯、丁二烯、甲醛、多环芳烃以及许多其他危害健康的化学品(WHO,2006)。"这些室内污染还有空间和时间维度。在空间上,污染集中于小房间和厨房而不是户外,这意味着许多贫困家庭都暴露在有害的污染中,其污染程度是北美和欧洲城市中心可接受程度的 60 倍(WHO,2006)。在时间上,来自炉子的污染会在人们做饭、吃饭或睡觉时一直释放,尤其是妇女每天要在厨房里待 3~7 个小时。即使这些家庭有烟囱和较为清洁的燃烧炉(但大多数家庭没有),这种燃烧也会造成呼吸道感染、肺结核、慢性呼吸道疾病、肝癌、心血管疾病、哮喘、低出生体重、眼病、不良妊娠等疾病。城市密集贫民区的室外污染也会造成难以呼吸的空气和无法饮用的水源(Jin,2006)。

室内空气污染在全球疾病负担中名列第 3,占到 4%,仅次于营养不良(16%)和不合格的饮用水与卫生环境(7%)。室内空气污染每年造成全球约 350 万人死亡(美国《国家地理》,2013),死亡率排在缺乏锻炼、肥胖、吸毒、吸烟、饮酒和不安全性行为等之前(Holdren et al,2000)。这对健康医疗系统的成本(不以能源价格反映),高达 2120 亿至 1.1 万亿美元。这些死亡几乎都发生在发展中国家,且超过一半是儿童。室内空气污染造成的死亡人数远高于疟疾和肺结核。更令人担忧的是,预计到 2030 年,室内空气污染造成的死亡人数将超过疟疾、肺结核和艾滋病的总和。

一些国家的室内空气污染统计数据十分惊人。在冈比亚,妇女在做饭时通常带着自己的孩子,这使得 5 岁以下儿童患肝癌的比率是其母亲不暴露于做饭的室内空气污染情况下的 6 倍。2005—2030 年,撒哈拉以南非洲预计约有 100 万妇女和儿童死于做饭的炉子造成的烟雾污染。一项对中国 4 个省的调查发现,室内空气污染影响了农村家庭的每一个人,且低效的燃料燃烧并非唯一的问题,食物的干燥与储存同样也是问题。

不幸的是,室内空气污染并非能源贫困的唯一健康后果。妇女与儿童在繁重且费时的收集燃料过程中也存在身体伤害的风险。常见的伤害包括背部和足部损伤、刀伤、性侵犯,以及暴露于极端天气的风险。妇女需要用大量的日常时间收集和使用固体燃料,因此只能带上年幼的孩子,从而使两者都受到同样的伤害风险。在埃塞俄比亚首都亚的斯亚贝巴,1 万名左右的木材采集者提供了该市三分之一的木材供应量,但却经常遭受跌倒、骨折、眼疾、头痛、贫血、身体内部紊乱等疾病,并且要经常扛着比他们自己的体重还要重的木材。燃料收集过程还常使妇女到达可能受到身体与心理暴力的地方。在索马里,有数百起妇女在收集燃料时被强奸的案例,以及妇女在收集生物燃料时遇到狙击射击的惨剧。在印度,妇女每月通常要花 40 个小时用于收集燃料,有 15 次独自外出,有许多人要步行 6 公里往返。累计起来,印度全国妇女每年要花费 300 亿小时(每天 8200 万小时)用于收集薪材,其每年的经济负担(包括投入的时间与疾病)高达 67 亿美元(Reddy et al,2009b)。

无法获得现代能源的国家,其医疗系统通常也很破旧。与发达国家相比,能源贫困国家的婴儿死亡率要高出 5 倍,5 岁以下儿童的死亡率要高出 8 倍,产妇死亡率要高出 14 倍,非专业人员接生率高达 37 倍。例如,在巴布亚新几内亚,许多农村地区的医生由于缺乏电灯,只能一手拿着火把,另一只手接生,常常使孕妇被严重灼伤。在斯里兰卡,接生婆和其他协助人员在接生时经常要敲敲煤油灯,从而每年造成数千起严重的烧伤事故。并且,当传统燃料变得稀缺或涨价时,能源贫困还会产生间接的健康影响。为了节省能源,大豆或肉类等富蛋白质食物可能没有被做熟,或迫使家庭转向蛋白质含量低的食物,如谷物和绿叶蔬菜等可快速做熟的食物。另外,在能源短缺时,家庭可能会不再把饮用水烧开(Murphy,2001)。未烧开和不清洁的水每天可能导致全球 4500 人因霍乱、斑疹伤寒和其他疾病而死亡(Schaefer,2008)。

即使是在较为富裕的国家,能源贫困的影响也很严重:不仅会拖欠能源账单,还会造成家庭供暖不足、导致老年人的死亡率增高、成年人循环系统疾病和呼吸系统疾病在更大范围流行、幸福感降低等。能源贫困会造成"冬季的额外死亡"。一项对南北半球 11 个国家的流行病学研究发现了冬季月份与高死亡率之间的明确联系:平均冬季额外死亡多达 278409 人,远远超过 WHO 指出的气候变化造成的全球死亡人数(约 16600人)——由于能源贫困家庭在冬季的供暖不足,增加了突发性心脑血管疾病的发病率,并阻滞了免疫系统。这使能源贫困成为与气候变化一样紧迫的健康问题。据统计,有 40% 的冬季额外死亡与住房条件有关。住宅能效更高的国家,冬季的额外死亡率较低,而居住在寒冷家庭的孩子患各种呼吸系统疾病的概率是生活在温暖家庭孩子的 2 倍,且寒冷家庭环境增加了患感冒和流感等疾病的概率,并会加重关节炎和风湿病。寒冷的家庭环境还会影响人的灵活性,增加家庭意外发生的概率。不充分的能源供应也意味着其他基本家庭需要的欠缺,如食物储存和烹饪——以维系个人和家庭卫生,以及照明。这些都可能成为对健康的威胁,如食物中毒、传染病传播、滑跌伤害、火灾(蜡烛或油灯),以及一氧化碳中毒(因缺少无烟燃料)。研究显示,热舒适"与健康密不可分"(Ormandy et al,2012)。虽然能源贫困不会让人直接致死和致病,但会迫使家庭以各种方式"应对"能源的不充分问题。通过对能源贫困家庭的调查发现，人们会穿更多衣服，在家穿户外衣服，与宠物睡在一起或一个房间，喝热饮，或与亲属待在一起——这些也会对精神健康产生不利影响(Anderson et al,2012)。

能源贫困还会造成生态灾难。由于缺乏购买化石能源、电力或新能源的支付能力，较为贫困地区的农民长期依靠砍伐薪炭林甚至是用材林、挖草根解决生活用能源。在一部分贫困地区，由于长期大量对生物质资源进行低效率的掠夺性利用，造成山体植被破坏殆尽，水土严重流失，沙漠化和石漠化泛滥，正在向着可怕的生态危机转变(齐添等，2013)。

4.1.3　作为正义问题的能源贫困

能源贫困既是一个分配正义问题，又是一个程序正义问题和承认正义问题。之所以是分配正义问题，是因为能源贫困反映了能源资源与服务分配上的不平等，表现为收入的不平等、能源价格上的不平等、家庭能效上的不平等等；之所以是程序正义问题，是因为能源贫困家庭无法获得关于解决能源价格问题的相关信息、无法参与能源与气候问题的决策、也没有机会学习如何提高家庭能效等；之所以是承认正义问题，是因为能源贫困状态表明某些群体的需求没有得到承认，他们的福利没有得到平等尊重。

能源正义要求每个人都能够拥有一个温暖、舒适、光线良好的住所。如果缺乏充足的温度和电力，现代家庭就会遭受没有供暖的严冬，造成每年冬天数十万人的额外死亡，或使人们减少食物、医疗等其他支出以支付能源账单。能源贫困会引发一系列问题。由于用不起电力等现代能源，不少贫困农户不愁锅上愁锅下，为铲挖柴草、拾取畜粪耗费相当数量的劳力，家庭主要劳动力尤其是女性，因此减少了从事非农业劳动增加家庭收入的机会。贫困家庭为了省钱平常尽量少开灯、少用电，家用电器主要当摆设，严重制约其生活水平的提高。在农村偏远地区，由于电压不太稳定，贫困户家中的电灯功率较低、灯光昏暗，对在学学生的视力影响较大。由于电压不足，农户的农业机械无法正常运转，也严重影响了农业生产和农民脱贫致富。而传统生物质能燃烧释放的烟雾，不仅容易诱发呼吸类疾病，还导致了空气污染问题。

从电力的获得性上看，全球约有 12 亿人仍然用不上电(相当于印度人口的总和)，有28 亿人完全依赖木柴、秸秆、木炭和粪便取暖和做饭(王林,2013)。从环境维度看，如果不解决这些能源贫困问题，实现清洁电力就是空谈。虽然各国都在努力解决能源贫困问题，但随着全球人口数量的不断增长，多国长期"无电"的状况实际上没有改变。1990—2010 年间，约有 16 亿人口获得了清洁的燃料和电力，但因为这段时期，全球人口数量增加了 17 亿，而且大多数生活在落后的国家和地区，所以"功过相抵"，"供不应求"的问题依然在扩大。电力发展速度至少要翻一番，才有可能赶上 2030 年人口增加的步伐。1960 年以来，全球人口增速远高于可用能源的总增量，所以人均可用能源持续减少，并且这种状态将一直持续下去。近 10 年来，中国和印度是亚洲发展速度最快的两大发展中国家经济体，然而这种飞速发展带来的问题更多。两国均面临着能源贫困的挑战：目前，中国有 6.128 亿人口缺乏取暖和做饭的清洁燃料,这个数字相当于美国人口总数的两倍;而印度约有 3.062 亿人口无电可用,约 7.05 亿人口依赖木材和生物质生活。非洲最大的石油生产国尼日利亚,约 8240 万人无电可用,人数仅次于印度。此外,尽管尼日利亚拥有非洲大陆最丰富的已探明天然气储量,但该国仍有约 1178 万人需要依靠木材和生物质生活,这是因为缺乏生产和输送天然气的完善基础设施,大量天然气白白被燃烧浪费掉。另一个同样面临贫困的国家是印度尼西亚,虽然该国拥有全球最大的煤炭出口量,2011 年更是成为第八大天然气出口国,但印度尼西亚至今仍有 1312 万人以木材和生物质等材料维持生活。

对于处于能源金字塔底层的人来说,能源贫困意味着四种相互联系的后果:贫困、死亡、性别不平等以及环境退化。能源贫困之所以是一个正义问题,一个最有说服力的理由是它与平等有关——穷人必须把更多的收入花在能源上是不公平的。一项调查发现,在家庭收入处于最低层的五分之一家庭中,有约 33% 处于能源贫困状态,而在家庭收入处于最高层的五分之一家庭中,能源贫困家庭只占不到 1%(Marmot Review Team,2011)。另一项对拉美和加勒比海地区能源利用的研究发现,最高收入的五分之一最高家庭,即所谓"最富裕者",比最低收入的五分之一家庭(所谓的"最贫困者")的能源消耗多 21 倍(United Nations Development Program,2009)。这意味着是否能够平等地获得能源,也可以反映出一个社会的平等或不平等程度。例如,该研究发现,穷人不仅消费的能源少,而且能源支出占收入的比例很高。穷人的单位能源成本往往比富人更高,因为他们难以获得能量密度更高的电网或液体燃料。农村家庭常比城市家庭更贫困且消耗更少的能源,且农村地区的薪柴——最常见能源来源——收集方式通常是不可持续的,会对森林健康和使用它的人的健康造成严重影响。贫困家庭要拿出家庭收入的更大比例用于能源服务(例如,美国最贫困的五分之一家庭的能源支出占家庭收入的 12%),这阻碍了他们把钱用于其他能使他们脱贫的生产活动上。一项对亚洲 4 个国家从 2002—2005 年间能源价格上涨之影响的研究表明,贫困家庭的能源支出与中产和上层阶级家庭相比,在以下项目上分别多出:做饭 171%,交通 120%,电力 67%,肥料 33%(Sovacool et al,2010)。

据世界银行 2011 年的统计数据,欧盟和经济合作与发展组织(OECD)的年人均能源消耗量是撒哈拉以南非洲和最不发达国家的 4~11 倍。印度的人均能源消耗量仅为美国水平的 4%。发达国家的发展是建立在大量使用能源基础之上的。2011 年,主要由发达国家构成的经济合作与发展组织的人口虽然只占世界的 18%,但却消耗了全球的 45% 的能源;欧盟人口只占世界的 7%,但却消耗了世界 14% 的能源。以石油为例,2015 年 OPEC 石油产量达到全球的 41.4%,而石油消费量仅接近 13%;经济合作与发展组织成员国石油产量占全球的 24.9%,却消费了 47.5% 的石油。

城乡之间的能源不平等问题尤其突出。早在 2011 年,我国城市能源消耗就占全国总能源消耗量的 75%,远高于农村,且能耗增长速度高于世界城市的平均水平。目前,全球仍有 13 亿人尚未使用电力,其中有 87% 在农村地区。在印度农村地区,薪柴仍是主要燃料,而城市地区则已经广泛使用了天然气和电力。但能源不平等问题不仅仅局限于农村地区和贫困国家。一项对玻利维亚、博茨瓦纳、海地、印度、泰国、印度尼西亚、菲律宾等 34 个国家城市的调查发现:发展中国家城市地区的穷人在满足其基本能源需求上也面临着特殊的问题。调查还发现,大多数城市贫民是外来移民,他们继续依赖从城市边缘收集传统燃料为生,而且由于所使用的炉子和照明灯具十分低效,从而支付了更高的能源价格(Barnes et al,2004)。一项对 14 个国家收入消费模式的综合分析发现了财富与能源消费之间的极不对称性。在印度,中等收入之上的家庭只占人口总数的 1/8,但却占到全国购买力的 2/5 和私人支出的 85%,这些富裕家庭的人均能源消耗是其他印度人口的 15 倍(Myers et al,2003)。

在较为富裕的国家,能源富裕与能源穷困之间的差异可以通过基尼系数或洛伦兹曲线来反映——用以描述收入集中于能源消耗的程度(0 表示完全平等,而 1 表示最大不平等)。能源不平等问题不是发展中国家所特有的,发达国家的能源不平等问题也同发展中国家一样严重。一项对萨尔瓦多、肯尼亚、挪威、泰国和美国的能源使用公平问题进行的评估表明,即使是在最为公平的国家——挪威,能源消费也极不公平:38% 的家庭使用了一半的住宅用电。此外,在美国,25% 的家庭使用了一半的住宅用电;在萨尔瓦多,15% 的家庭使用了一半的住宅用电;在泰国,13% 的家庭使用了一半的住宅用电;在肯尼亚,6% 的家庭使用了一半的住宅用电(Jacobson et al,2005)。对希腊、墨西哥、英国和印度的研究也发现了相同的趋势。一项对英国 1968 年至 2000 年间化石燃料消费的研究发现,虽然人民人均收入提高了,但在燃料、电灯、汽车、娱乐以及国际旅行等方面的能源消费上更不平等了。收入与汽车的拥有量之间存在着明显的联系,最富裕的十分之一的人比最贫困的十分之一的人拥有私人汽车的可能性高 11 倍,最贫困的十分之一人群中只有不到十分之一的人拥有汽车(Tindale et al,1999)。在澳大利亚,中等和上等收入家庭的燃料、电灯、电力和交通服务消费是低收入家庭的 4 倍。因此,能源贫困是分配不正义问题,与"对不平等、贫困和最弱势群体利益的广泛关切(Walker et al,2012)"有关。

贫困都与能源剥夺存在紧密的联系。在发展中国家,能源开支占家庭收入的很大比例。通常,能源支出仅占中上阶层家庭收入的 3%~4%。然而,贫困家庭的直接燃料支出却占家庭收入的 20%~30%,另有 20%~40% 的支出与收集和使用能源间接相关,如医疗支出、伤害或时间成本。换言之,穷人在同样单位的能源上所承担的成本平均是其他收入群体的 8 倍以上。在极端情况下,最贫困家庭直接花费家庭收入的 80% 用于获取做饭的燃料(Masud et al,2007)。一些极端贫困家庭的最值钱家当或许就是灯泡了。

能源政策也会造成社会分配上的不平等后果,即使是发达国家的所谓"积极"能源政策也会导致"无意识的"不平等后果。以欧洲为例,为了兑现在应对气候变化方面的承诺,未来 30 年内欧洲需要大量减少甚至停止使用煤炭等传统能源。对此,欧洲需要实施积极的能源政策,鼓励人们使用更为清洁的能源和新技术,但这些政策不仅会对经济产生影响,也会对社会财富再分配产生影响。许多较为贫困的欧洲家庭通常没有属于自己的房产,因而难以积极投资建设可以享受公共补贴的太阳能发电设施或者电动汽车所需的充电站。即使这些贫困家庭拥有属于自己的房屋,也难以获得资金对这些方面进行投资。因此,他们需要把自己本来就很低的收入中的相当一部分用于支付污染处罚。反观欧洲富裕家庭,能源支出在他们的收入中占比原本就很低,他们也有能力购买使用新技术的产品或进行房屋改造来减少化石燃料的使用,以避免缴纳碳排放税。

此外,许多欧洲企业仍然可以获得免费的排放配额和能源退税,以保证它们在国际市场上的竞争力。这些企业通常会将自己的全部碳排放成本转移给最终消费者。与此同时,转向低碳经济所需的大规模投资意味着对资本的巨大需求。较高的资本需求会转化为较高的资本成本,这也意味着资本所有者可以获得更高的回报,也就是说,欧洲富裕家庭的收入会进一步提高。因此,如果不对欧洲的气候政策与能源政策在社会财富再分配方面的影响加以关注,就有可能造成富者愈富而贫者愈贫的结果,而不断扩大的不平等不利于发展和保持社会稳定。无视气候变化或者不推动贫困家庭减少碳排放是不可行的,这些贫困家庭受气候变化的影响较大,他们适应不断变化的气候条件和防范气候风险的能力较弱。加强对碳排放税收入的再分配可以改善气候政策的分配效应。例如,将碳排放税收入中的较大份额用于帮助贫困家庭减少碳排放,也可以考虑对不同种类的碳排放来源征收不同标准的排放税(姚晓丹,2018)。

减少能源贫困、普及现代化能源服务还可以有效地促进性别平等,为改善教育创造有利条件。首先,现代化清洁燃料、炉灶的供应能将妇女和儿童从繁重的燃料采集和炊事劳务中解脱出来——妇女将有更多的机会参加教育培训,或是进行其他收入性的生产活动;儿童将有更多的学习和娱乐时间。同时,清洁燃料的广泛利用将有效地改善室内空气质量,显著降低妇女长期遭受的室内空气污染引发的健康风险。其次,电力的全面普及使得学习和工作时间延长至傍晚或天黑时分,并有效提高学习工作效率、保护视力。一项关于不丹农村电力普及对社会经济影响的研究表明,在有电的地区,21%儿童晚上的学习时间超过 2 小时,而无电地区该比率为 7%。此外,在尼加拉瓜,有电地区儿童的入学率为 72%,而无电地区该比率为 50%(廖华等,2015)。最后,现代化能源服务的普及将显著改善学校的医疗卫生状况,提高教师的教学质量,为学生提供一个有利的学习和生活环境。

4.2　能源扶贫

对能源贫困国家与人群进行能源扶贫以减缓或消除能源贫困是实现能源正义的最直接途径。相比集中式的传统能源,分散式的新能源更具公平性。除光伏扶贫外,风能、生物能等可再生能源都可用于能源扶贫。小规模的可再生能源技术,包括家庭太阳能系统、住宅风电、沼气池、小水坝以及改进的烹饪炉等,可使家庭和社区有能力应对极端贫困,并提高生活水平。孟加拉国的家庭太阳能系统项目、英国的温暖前线计划,以及中国金寨县的光伏扶贫项目都是能源扶贫的典型案例。

能源扶贫项目具有两个特征。①能源的多样化。能源来源的多样化能使人们避免自然灾害,还能促进创新与实验,对抗不确定性与疏忽,减少技术的锁定效应,适应不同的价值与利益。②能源的去中心化(分布式发电)。通常,能源供应的去中心化能促进可获得性与可靠性。去中心化包括依赖小规模的能源供应来源。较小的能源项目要求较小的利益和更快的建设速度。产生更接近终端用户的能源,最小化变电损耗,并使集中供暖或热电联产以提升效率,更好地进行污染控制——因为排放或污染较少。去中心化的能源供应更能激励当地社群坚持设备的清洁运转,或为邻近社区提供利益。

4.2.1 孟加拉国的能源扶贫

孟加拉国是世界上人口密度最大和最贫困的国家之一。全国约五分之四的人口(2016 年统计的全国人口为 1.63 亿)居住在农村地区,约五分之二的人口生活在贫困线以下,约五分之一的人口处于世界银行所界定的"极端贫困"状态。该国的许多低海拔地区不断发生洪水侵蚀和咸水侵蚀供水系统事件。人均 GDP 极低,2016 年仅为 772 美元。在 2010 年时,其 15 岁至 24 岁之间的年轻人有四分之一未受过任何教育。

孟加拉国也是全球能源生产与使用最少的国家,其人均一次性能源供应每年仅约150 升石油——低于整个非洲大陆的平均数。如今,该国已经独立四十多年,但天然气短缺现象仍十分常见,天然气占其商业能源供应的份额为 70%。据该国农村电力化委员会(Rural Electrification Board)的数据估计,有 71% 的家庭无法接入电网,甚至在一些自然灾害较为严重的年份,如 2008—2009 年,电力化率竟然为负数。而且,在过去 20 年间,由于没有一个政党连续当选两届,使其缺乏一个持续性的能源规划。

传统木材、树枝、农业残余物和其他生物质形式的能源占到该国能源需求量的 65%。据联合国开发计划署计算,煤油、天然气和电力加起来所占比例还不到该国农村地区家庭能源需求量的 1%。孟加拉国的能源消耗量不到全球平均水平的 1/10,有 9600 万人生活在没有电网的条件之下。孟加拉国政府计划到 2020 年前投资 100 亿美元用以维持电网,但以当前的电力化率,孟加拉国的农村地区还要再等上 40 年才有可能实现电网覆盖(也与其河流与河道的复杂性使传输和配电异常困难有关)。而且,由于孟加拉国的电力部门越来越依赖天然气,其天然气资源将会很快耗尽,并且由于该国对自然灾害十分敏感,难以建设大型发电设施,也因水流平缓而无法大规模开发水电,电力进口也因政治问题而阻碍重重,因此,该国急需寻找新的电力来源。

严重的社会、经济、气候与政治脆弱性使孟加拉国迫切需要解决能源贫困问题。孟加拉国政府于 1997 年成立的国有基础设施开发有限公司(Infrastructure Development Limited Company,IDCOL)负责家庭太阳能系统(Solar Home Systems,SHS)计划的开发与实施。该公司于 2015 年前向农村用户资助了 400 万套家庭太阳能系统。早在 2008年,孟加拉国所安装的家庭太阳能系统就是美国的约 9 倍,并成为继德国、日本和西班牙之后全球第四大光伏电板安装市场。家庭太阳能系统计划用了不到 10 年的时间,提前实现了系统的迅速商业化,且成本低于预计。前美国总统候选人及参议院外交委员会主席约翰·凯瑞(John Kerry)评价道:孟加拉国的家庭太阳能系统计划是一项"改变生活的计划"(Rahman,2012)。

孟加拉国基础设施开发有限公司于 2003 年开启家庭太阳能系统计划,当时的目标是于 2008 年前安装 50000 套家庭太阳能系统。该计划获得了世界银行、亚洲开发银行、伊斯兰发展银行、德国国际合作机构(GIZ)、德国复兴信贷银行、全球环境基金(Global Environment Facility)、产出导向型援助全球合作机制(GPOBA)以及荷兰发展组织等多边发展机构的资助。与之前"赠予式"的路径不同,此次计划的目标是促进消费者的"可持续模式":鼓励消费者安装该系统不再是出于任何补贴,而是为了满足消费者的需求。孟加拉国基础设施开发有限公司的最主要业务为能源与电力,而可再生能源(家庭太阳能系统、沼气和生物质能源)投资占有到其能源投资总额的 64%。该公司是孟加拉国全国最大的促进可再生能源开发的金融机构,很适合于在那些没有电网的地区提供能源开发服务。与传统的商业银行不同,该机构提供低息贷款和延期还款服务,以资助基础设施项目的开发。

一套家庭太阳能系统通常包括一块太阳能光伏电板、一个电池箱、一个控制面板以及家用灯泡、电视、收音机等。这套系统相比孟加拉国的其他能源来源的主要优势在于:安装与运营简便,消费者可以免费用电,使用寿命周期长(通常超过 20 年)(Ahammed et al,2008)。这套系统在孟加拉国全国运行良好的部分原因在于孟加拉国有丰富的太阳辐射资源(每平方米约 4~6 千瓦时)。并且家庭太阳能系统易于安装与维护,仅需要少量的培训,运营成本远低于其他可再生能源选项,也不会产生难闻的气味(如沼气发电就会有气味),更不会造成空气污染。目前,家庭太阳能系统已经占到孟加拉国可再生能源开发总量的 90%。

孟加拉国成立了三个委员会来监管家庭太阳能系统计划。一个是参与组织者委员会,代表来自包括相关政府部门的不同组织,任务是选择有能力的参与组织来实施该计划。该计划最初只有 5 个参与组织,现在已增加到了 30 个以上。二是由当地大学和政府工程部门的技术专家组成的技术标准委员会,任务是确定标准,评估产品和设备。三是由所有参与组织的领导以及基础设施开发有限公司的监管代表组成的运营委员会,负责该计划的所有运营事务。

孟加拉国政府还创新了金融模式,以最大程度地降低家庭太阳能系统的购买成本。如一套功率为 50 Wp(Wp 为太阳能电池峰值功率的缩写)的系统成本为 380 美元,但家庭只须预付 51.24 美元,剩余的钱由银行提供低息贷款,每月只须还 10 美元左右给银行。之所以以这样一种方式而不是像之前的做法那样"免费赠送",是希望该项目能够普遍推广,促进项目的商业化,同时培养百姓的责任与参与意识。孟加拉国还将监管与金融支持相结合,如果发现某家参与组织所建设和维护的光伏设备的发电效率低于 50%,政府将暂停资助,直至恢复效率为止。

孟加拉国的家庭太阳能系统计划取得了巨大的成功。一开始设定的计划是到 2008 年 6 月资助 5 万套家庭太阳能系统,而这一目标在 2005 年 9 月就完成了——提前 3 年完成计划,并且比预算节省了 200 万美元(归功于技术进步与安装费用的下降)。在 2009 年,孟加拉国安装了 42 万套家庭太阳能系统,在 2010 年达到了 80 万套,到 2015 年底已经惠及 400 万个家庭。截至 2012 年 3 月,所资助的 120 万套家庭太阳能系统,提供了 1.04 亿美元的资助,但没有一位消费者拖延贷款。基于孟加拉国的成功,世界银行、亚洲开发银行、伊斯兰开发银行等开始在埃塞俄比亚、加纳、印度、尼日利亚、坦桑尼亚等国家推广该项目。

孟加拉国的家庭太阳能系统计划带来了 5 个方面的收益。

(1)就业

家庭太阳能系统计划大幅增加了孟加拉国的就业岗位。这些岗位包括参与组织所提供的岗位、家庭太阳能系统生产商所提供的岗位,以及当地的安装与维持所需要的岗位。仅 2011 年,就有 12000 人在与该计划直接的部门从事全职工作。这对农村地区有巨大的"收益",因为妇女也开始接受家庭太阳能系统的安装与维护方面的培训。

(2)可靠的离网电力化

孟加拉国的并网电力主要集中在吉大港和达卡的城市地区。由于政府运营的发电厂效率低下且设备老化,使得即便城市的电力系统也很不稳定,农村地区要用上可靠的电力更是遥遥无期。政府建设发电厂的速度十分缓慢:经常要花 2 年时间论证,再花 5 年时间建设。大多数银行和企业对能源贫困问题漠不关心,也不关注发展与基础设施建设问题。家庭太阳能系统成为向贫困的农村人口提供电力服务的唯一选项。对于农村居民来说,他们所剩的选项就是:要么没有能源服务,要么接受家庭太阳能系统。

(3)可承受的能源服务

虽然家庭太阳能系统也需要贫困家庭的资金投入,但他们在 5 年内就能收回成本。如果没有家庭太阳能系统,大多数农村家庭仍然使用煤油来满足能源需求,那么每月的能源花费也要超过 25 美元——如果照这样计算,家庭太阳能系统在 2~4 年内就能产生净收益。在孟加拉国,富人与穷人之间在能源使用上极不公平,穷人每月人均消耗 2 公斤石油当量,而富人则比此高出 3 倍。为了保障最贫困人群的能源服务,基础设施开发有限公司推出了更小型的 10Wp 家庭太阳能系统。其市场细分是:10Wp 和 20Wp 的系统主要卖给最贫困的家庭;40Wp 和 50Wp 的系统卖给有黑白电视机、4 个电灯、1 个手机充电器和 1 台小电扇的普通农村家庭;130Wp 的系统卖给中低收入阶层。为防止富裕家庭从中渔利,孟加拉国限制每个家庭只能获得一套系统的补贴,并且最高补贴电容为 130Wp。

(4)收入增加

由于许多家庭并未因光伏发电而增置家用电器,从而可以将剩余的电量用于增收。例如,如果一个家庭安装了一套 50Wp 的系统但却只使用 1 只电灯,他就可以租借另外 3 只灯泡的电量给邻居,从而每月能赚 8 美元。还有人租借他们的家庭太阳能系统用于给手机充电,每充一次电可以赚 0.14 美元。有了电灯,商店可以扩大业务范围和延长营业时间。每个家庭都可以延长工作、学习与生产时间,从而带来收入的增加。另外,因光伏发电减少了煤油的使用,从而减少了室内空气污染,也减少了健康开支。

（5）技术进步

最后一项收益是促进了孟加拉国的技术进步与制造业升级。在 2003 年该计划启动时，孟加拉国的所有技术都是从中国、日本和印度进口的，本国几乎没有光伏电板的生产商。如今，本国的电池、控制器与变流器生产商如雨后春笋般出现，管板电池与扁平型电池已经实现完全国产。

尽管有这些收益，但孟加拉国的家庭太阳能系统计划仍面临着 5 个方面的挑战。

（1）信任裂缝问题

首先是终端用户与政客之间在家庭太阳能系统上的持续信任裂缝。大多数孟加拉国家庭不相信技术，许多客户要现场考察示范设备 2～3 次以后才相信家庭太阳能系统是有效的。只有不断地向他们演示，他们才会相信。另外，人们总认为较为廉价的孟加拉国本国和中国生产的元件和光伏电板不如西方国家和日本生产的质量好。虽然确实在某些情况下存在一定的区别，但本国产品和中国产品也并不像人们认为的那么糟糕。

（2）最贫困消费者的可承受性问题

虽然家庭太阳能系统的目标是满足最有需要的家庭，但实际上却是在满足农村中上阶层和大家庭的需要，因为他们人多，付得起账单，而最贫困的人群却还是支付不起。孟加拉国的贫困人口数量比撒哈拉以南的所有非洲地区人口总和还要多，有些人甚至连一只灯泡都买不起，又怎能指望他们买得起家庭太阳能系统呢？有研究指出，这种"费钱"的技术远远超出了贫困的孟加拉国家庭的支付能力，只有贫困地区中最富的人才买得起（Kaneko et al，2011）。确实，基础设施开发有限公司最关注的还是安装数量与投资回报，而不是帮助最贫困的人群。

（3）累计装机能力问题

虽然家庭太阳能系统的安装数量很多，但在全国电力供应中所占的比例却很小，不足总电力需求的 0.5%，也无法取代电网。于是，有人批评孟加拉国对太阳能系统的关注是"挑选了错误的技术"，认为应该把钱花在可再生能源的联网发电上。德国发展研究中心与孟加拉国伊斯兰技术大学的一项研究也支持这一论点，认为大型太阳能并网发电有助于减少能源与电能损失（Mondal et al，2011）。

（4）技术障碍问题

长寿命的大容量电池技术瓶颈问题、进口太阳能电板的质保问题、电板的有效回收与处置问题、雨季的运行问题等都是孟加拉国家庭太阳能系统亟待突破的技术障碍。

（5）自然灾害问题

洪水、泥石流、海啸等都在近些年直接摧毁过家庭太阳能系统。2007 年的热带气旋"锡德（Sidr）"在数小时内摧毁了沿海的几百个家庭太阳能系统，淹没了数千亩耕地。自然灾害的不确定性与频繁性会严重打击人们投资家庭太阳能系统的积极性。

孟加拉国的家庭太阳能系统计划带来了几个方面的启示。

（1）光伏扶贫"挺靠谱"

或许孟加拉国家庭太阳能系统计划的最简要启示是：投资可再生能源系统，或扩展接入现代能源可大幅促进发展,并实现更高的生活水平,降低燃料消耗或燃料价格,提升能源技术、更好的公共健康与减少温室气体排放。尽管存在一些减缓效应——持续的信任裂缝、可承受性问题、无法取代大型电厂以及自然灾害困扰等,但孟加拉国的家庭太阳能系统计划向 500 多万人提供了 142 万套设备服务,创造了数千个地方工作岗位,改善了能源分配的公平性与一些能源服务的可靠性——如照明与娱乐,取代了对更昂贵的煤油灯的使用,提高了数千社区的收入,支持建立了本国太阳能电板与家庭太阳能系统制造中心。

(2)"恰当技术"很重要

孟加拉国的家庭太阳能系统计划表明,发展中国家需要找到适合自己国情的"恰当技术"。在经济学家舒马赫(E. F. Schumacher)1973 年出版的著作《小的是美好的》(Small is Beautiful:Economics as if People Mattered)中指出,昂贵的技术项目之所以会持续失败(或带来无意识或不想要的后果),是因为它们的应用规模错了。舒马赫提出了"恰当技术"(appropriate technology,国内常译为"中间技术")一词以表明,技术必须:①在既定的社会中支持地方经济增长;②创造远离外部知识与资本的独立性;③使用最简单的生产方法;④使用本地物资以使对社会和自然环境的伤害最小化(Schumacher,1973)。孟加拉国的家庭太阳能系统就满足这些标准,因为它们在质量与规模上都能满足家庭的照明与增收需要,便于操作和维修,并对外部专家与知识产权的依赖最小化。

(3)推广价值特别大

孟加拉国的家庭太阳能系统计划的实施经验对其他能源获得计划提供了一套设计原则。只有通过严格审查技术标准、积极提升高质量,才能赢得消费者的信任与接受。选择高质量的参与组织,建设以本国社区为基础的网络提供商业化的支持,确保项目平稳运行。要对极端贫困家庭和增收活动提供特殊的目标服务,如夜间抽水、卖东西和针线活,以及使用移动电话、电视,使在扶贫的同时提高人民生活水平。创新金融项目的成功取决于阶段性减少补助,采取低息贷款、家庭分期付款,确保成本分担以及多重利益相关者的参与。总之,家庭太阳能系统计划的经验表明,如果遵循所有这些经验,结果会是更有教育的、富裕的和弹性的社会。如果家庭太阳能系统计划能够实现在孟加拉国的迅速扩张——该国自 1971 年以来有一次战争以及多次饥荒、流行病、热带风暴、大洪水、军事政变、政治暗杀与极高的贫困率,那么还有哪里不能推广呢?

4.2.2 英国的能源扶贫

英国政府实施的"温暖前线(Warm Front)"家庭能效计划成功地使英国的能源贫困家庭从 2001 年到 2011 年下降了数百万。温暖前线计划是"政府消除英国能源贫困,并使最贫困的家庭也能保持健康的室内温度战略"(Critchley et al,2007)。该计划最初由环境、食物和农村事务部主管,目的是为符合条件的家庭提供保暖和供热改善服务。该计划降低了低收入家庭温室气体排放,增加了收入,节省了数十亿英镑的能源,并获得了极高的消费者支持率。

温暖前线计划开始于 2000 年 6 月，旨在识别和解决英国的能源贫困问题。英国 2001 年的应对能源贫困战略指出：能源贫困家庭是指无力承担使住宅保持充分温暖的家庭。最广泛接受的能源贫困家庭是要花费超过收入 10％的收入用于能源使用上——使家庭加热到充分温暖的标准；通常界定为卧室温度为 21℃，其他房间温度为 18℃（Liddel et al，2012）。

温暖前线计划根据房主的需要和建筑的情况，提供隔热和保暖措施。该计划于 2001 年给那些愿意安装阁楼或空心墙、防风、燃气壁挂炉、双重泡沫保温箱、隔热维修和替换的每个家庭拨款 1500 英镑。首次拨款提供给有儿童、孕妇和残疾的低收入家庭。温暖前线计划升级版（WF Plus）计划拨款 2500 英镑给有 60 岁以上老人的家庭，为其提供供暖系统升级。2010 年英国政府对政府开支进行了评估，之后，温暖前线计划做出了改变。导致温暖前线计划的预算大幅减少，且改变了资格标准，目的是为了更好地服务于生活于能源低效家庭的弱势目标群体。在修改的版本中，符合条件的家庭可以获得 3500 英镑的补贴，如果使用石油中央供暖或其他推荐技术，则可获得 6000 英镑的补贴。

温暖前线计划可由房东或租客自行申请。如果申请满足条件，会有调查员上门进行能源审查。如通过审查，则会被分配一位安装工，向他们提出能效措施、价格与安装日期等方面的建议。最后是进行实际安装，并在 3 个月内安装完成隔热设施，在 5 个月内安装完成供暖系统。安装完后温暖前线计划小组会随机抽取 5％的新供暖系统家庭和 10％的隔热材料家庭进行检查。

温暖前线计划策略的设计不同于早期的家庭能效计划。它不是依赖于单一行为者或一个政府机构来实施。能效设备的实际安装通过竞争性议价进行分配。该计划提供至少一年的售后服务。过去的老计划几乎排除了公共住房，且最多只提供 315 英镑的补贴，而温暖前线计划既适用于私人租赁房，也适用于房主所有房，并将最低补贴额度提高了 5 倍。老计划只提供隔热材料，而温暖前线计划则扩大到提供隔热措施以及供暖系统、锅炉替换、能源审计、节能灯、空间与热水的时间控制，以及热水保温套等。温暖前线计划也使用"能源贫困指标"预测不同类型家庭的能源贫困状况。温暖前线计划还设定了更清晰合理的目标。它要求在 2004 年前帮助 80 万个能源贫困家庭，减少参与家庭 60％的能源使用，在 2010 年减少与寒冷相关的死亡与疾病。伴随温暖前线计划的温暖家庭与能源储存行动，要求在 2010 年前完全消除全国弱势家庭（残疾、长期生病、老人或儿童家庭）的能源贫困，到 2016 年前消除所有家庭的能源贫困。温暖前线计划最初每年的预算约为 1.5 亿英镑，但在 2008—2009 年扩大到峰值的 3.97 亿英镑。

温暖前线计划虽然没有实现所有目标，但也带来了多重利益。

（1）成功地投资了家庭能效。最明显的收益是对家庭能效的投资，如无该计划则低收入能源贫困家庭则不可能发生这种投资。在计划实施后的第一年——2002 年，温暖前线计划就资助了 30.3 万个家庭，平均获得 445 英镑的能效改进，以及每个家庭平均每年减少 150 英镑的能源账单。截至 2004 年，该计划惠及了 70 万个家庭，平均每个家庭获得了 1.1 项能效改进措施。并且温暖前线计划的这些投资比其他私人部门的行为者更迅速且更廉价。安装供暖系统平均需要 64 个工作日,而安装隔热材料只需 27 个工作日,这意味着即使是家庭的重大改造也仅需数周而非数月时间。而且代价也比私人安装者低,同时也比其他电力资源廉价。假定如政府报告所显示的那样,在未来 20 年每个家庭每年可节约 11.2 吉焦的能源,那么温暖前线计划的能源节省成本约为 2.4 便士/千瓦时,相当于 3.85 美分/千瓦时。由于温暖前线计划和能源价格的下降,英国的能源贫困家庭数量从 1996 年的 510 万个大幅下降到 2003 年的 120 万个。截至 2011 年,温暖前线计划惠及了 230 万个家庭。其显著成就包括有 100 万户家庭安装了通风顶和空心墙、720985 户安装了阁楼保暖、454828 户替换了锅炉、73154 户安装了新型电力中央供暖系统。

(2)提高了温度舒适度与消费者满意度。温暖前线计划改善了室内居住温度,获得了很高的消费者满意度。温暖前线计划增加的日间平均室温为 0.58～2.83℃,同时减少了 5%～10% 的能源消耗,且改善了室内空气质量,减少了灰尘和发霉。温暖前线计划还将家庭温度舒适率从 36.4% 提高到了 78.7%。温暖前线计划的能源效率改进使客厅和卧室温度都大幅提升,使温度舒适和福利都取得实质性改进。较高的消费者满意度也值得关注。英国全国审计办公室在 2009 年的另一项独立评估发现,有 86% 的受助家庭对设备的质量表示满意,只有 5% 的家庭表示不满。而且,这 5% 中最常见的抱怨是拖延,这意味着问题不是出在能效设备上,而是没有快速获得上。

(3)促进了公共健康。温暖前线计划改善了英国能源贫困家庭的身体健康与精神健康。英国的贫困家庭更易于在冬天因寒冷而死亡,或引发呼吸系统与循环系统突发疾病——家里最寒冷的 1/4 家庭的发病率是家里最温暖的 1/4 家庭的 3 倍。英国的能源贫困还与医院的高入院率有关。能源贫困会导致成人和儿童卡路里摄入下降和“营养能源”需求的增加,因为家庭会削减必要的能源账单。约 2/3 的能源贫困家庭会为了省钱而“关掉供暖”或“调低温度”(Anderson et al,2012)。温暖前线计划减少了与能源贫困相关的发病率和死亡率,还减少了患慢性病的风险,如心脑血管疾病、糖尿病、呼吸系统疾病、肾病、帕金森疾病、老年痴呆和癫痫(Ormandy et al,2012)。温暖前线研究小组发现了之前没有预料到的“巨大健康收益”,认为温暖前线计划“减轻了能源贫困,减少了与更大财务安全有关的压力”,且“比预想的更为成功”(Gilbertson et al,2012)。许多家庭都报告:“身体健康明显改善,感觉更舒适,精神与心理更愉悦,并且许多家庭减轻了慢性疾病的症状(Gilbertson et al,2006)。”

(4)获得了积极的正成本曲线(意味着节约大于成本)。最重要的是,温暖前线计划产生了积极的成本曲线,收益远远大于支出。最简单的计算是来自能效提升的直接收益。假设政府数据可信,那么 2001—2011 年,温暖前线计划的成本约为 24 亿英镑,但平均每个家庭每年增加的收益为 1894.79 英镑,总计为 872 亿英镑。安装与升级供暖系统的成本平均为 1410 英镑。

尽管有这么多收益,但还面临一些严峻挑战。

(1)能源贫困率上升。最明显的挑战是温暖前线计划没有满足温暖家庭与能源保护行动的目标——确保在 2010 年前实现无弱势家庭处于能源贫困中。相反,全国的能源贫困率却上升了,从 2003 年的 120 万户弱势家庭增加到了 2007 年的 280 万户和 2009 年的 400 万户,18％的英国家庭被界定为能源贫困户。更糟的是,弱势家庭仍是受能源贫困打击最严重的,占英国能源贫困家庭的 80％。虽然老年人家庭是能源贫困群体中比例最大的,但三分之一的此类家庭都有儿童或是单亲家庭。且北爱尔兰和苏格兰的能源贫困率几乎是英格兰的 2 倍——或许是由于在农村地区消除能源贫困较为困难,原因是低效的家庭住房以及较高的能源价格。能源贫困的再次兴起与英国家庭的能源密度和能源价格的快速上涨有关。2004—2012 年,英国的电价涨了 75％;气价涨了 122％以上,仅2011—2012 年就涨了 15％。能源价格每上涨 1％就会造成约 4 万户家庭陷入能源贫困。低家庭收入、高能源价格和高欠账处罚都使得控制能源贫困变得异常困难,更不用说消除了。同时,政府没有增加温暖前线计划的预算,反而削减了预算。在 2010 年的英国政府开支报告中,英国政府承诺实行一个“更小、更有针对性”的温暖前线计划,2011—2013年削减了 2.1 亿英磅总额的三分之二,并限制在更少符合条件的家庭。

(2)成本收益问题。温暖前线计划补助金无法覆盖全部成本,家庭还需要支付一定比例的成本,这是一个主要障碍。例如,2007—2008 年,家庭的平均支出为 581 英镑,约占升级成本的四分之一。超过 6000 个家庭退出了该计划,还有 16000 个家庭没有完成设备安装,或超过 1 年不使用。这降低了其成本收益率。而且这也不是最经济的减少温室气体排放的途径。假设每个家庭每年减少 1.5 吨二氧化碳排放,那么温暖前线计划减少二氧化碳的成本是每吨 50 英镑。

(3)目标识别问题。温暖前线计划很难准确识别能源贫困家庭,可能分配了大量的资金援助那些并非能源贫困的家庭。2002 年只有 42％的能源贫困家庭受到了温暖前线计划的援助,75％的参与家庭实际上并非能源贫困家庭(Sefton,2002)。温暖前线计划补助金只是倾向于低收入家庭,而不一定是能源贫困家庭。估计有三分之一的能源贫困家庭可能不符合条件,而三分之二符合条件的家庭可能并非能源贫困家庭。另外,该计划的隔热与保暖措施可能不足以使家庭脱离能源贫困——至少在 20％的情况中是这样的,只有 14％的温暖前线计划补助金到达了最有效的家庭。这一目标缺陷的最可能解释是,能源贫困家庭与温暖前线计划资格之间的不匹配。温暖前线计划靠自行选择的参与,这意味着许多家庭并不知晓该项目,或不认为他们是能源贫困家庭。例如,调查表明,只有5％的家庭会报告他们无力支付足够的供暖费用,而实际上有 12％的家庭无力支付。这说明人们不愿意报告自己是能源贫困家庭,或实际上认为自己并不是能源贫困家庭。另外,人们也不希望“陌生人”进入他们的私人住宅,包括最初的能源审计与评估人员,以及后来的能效设备安装人员。而且,老年人对温度不敏感,可能在对健康不利的温度中却感觉舒适。另一些低收入家庭愿意在能源上花费更少,并忍受寒冷。在当前的能源贫困界定中,这些家庭不被列为能源贫困,因为他们没有支出 10％以上的收入用于能源服务。还有一些低收入家庭已经是高能效了,这意味着他们实际上已经不需要援助了。还有,他们拒绝参与的原因是担心受到打扰,或避免办理成本和修理的不便。

(4)能源消费问题。大量的温暖前线计划家庭虽然节省了居住的钱,但并没有减少能源消费。换言之,温暖前线计划者所模拟和预期的能源节省与参与家庭的实际能源消费之间存在巨大的鸿沟。研究发现,温暖前线计划家庭并未都减少能源消费。温暖前线计划措施实施之后,许多家庭的平均能源消费反而上升了。干预之后能源消费更多的一个原因是"收回"或舒适因素。在安装新供暖系统后,家庭因增加的温暖和舒适"收回"了改善能效的利益。能源消费上升的另一个原因可能是承包商试图保持低成本并草草地快速实施,以满足客户需求。另外,尽管未经确认,承包商利用了老人和弱势消费者无法区分高质量与低质量的弱点。对 85 户家庭的研究发现,有 13%的阁楼安装有问题区域,有五分之一的保温墙存在问题。另外,通风率比预计的要高,造成热流失。更温暖家庭的所有者更可能开窗放进"新鲜"空气,从而减少了能源节省。最后,一些人没有使用新供暖系统的经验,可能会使用他们的旧设备,造成更少的能源消费节省。

虽然存在这些挑战并且温暖前线计划在 2013 年后停止,但温暖前线计划的能源贫困解决路径对其他国家和地区有一定的启示意义。

首先,投资能效会产生巨大的经济利益。其次,解决能源贫困问题是政府义不容辞的责任。第三,要彻底根除能源贫困是很困难的。由于能源贫困家庭对能源价格十分敏感,政府的减缓气候变化目标(需要花钱和提高能源价格)会加重许多家庭的能源贫困(需要价格下降而不是上升)——如果这些家庭无力实施能效措施以抵消价格上涨。最后,人们社会态度、道德行为与对政府的信任对于能源扶贫至关重要。温暖前线计划基于自我选择,需要住房所有者自己申请援助。42%～57%的弱势能源贫困家庭没有利用温暖前线计划。他们拒绝参与的理由很简单:人们不认为自己是能源贫困家庭,或者不想承认——认为这是一种侮辱。还有的家庭不相信政府主导的项目会真正帮助他们,或拒绝陌生的审计和承建商进入其私人住宅。未来的应对能源贫困措施必须是有群体针对性的,要取得有困惑、愤怒、恐惧的家庭的信任,要让他们相信这些措施能够节省能源并且不损害他们的社会身份、面子或隐私。

4.2.3 中国金寨县的能源扶贫

广大中国农村地区曾经由于能源贫困问题,不得不高度依赖传统生物质燃料,如秸秆、薪柴、动物粪便等烧水做饭。目前,这一现象在广大偏远山区仍然存在。因此,推行"新能源扶贫"是一件亟待进行的工作,即通过推广光伏发电、太阳能设备、秸秆发电等新能源,让贫困家庭用得起、用得上现代能源服务,解决他们的生活和生产用电问题。

安徽省六安市金寨县位于大别山革命老区,皖西边陲,全县总面积 3814 平方公里,下辖 23 个乡镇 225 个行政村、1 个现代产业园区,总人口 68 万,是安徽省国土辖区最大、山库区人口最多的县。金寨于 1986 年被确定为国家级首批重点贫困县,2011 年被确定为大别山片区扶贫攻坚重点县,当时贫困人口 19.3 万,贫困发生率 33.3%。到 2016 年底,全县贫困人口降至 6.6 万,贫困发生率 11.2%,仍然是全国、全省脱贫攻坚的主战场。

金寨县是红色奉献的土地。战争年代,在此爆发了立夏节起义和六霍起义,组建了 11 支主力红军队伍,是红四方面军主要发源地、鄂豫皖革命根据地核心区、安徽省抗战指挥中心和刘邓大军挺进大别山前线指挥部。全县 10 万人参军参战,走出了洪学智、皮定均等 59 位开国将军,被誉为"红军摇篮、将军故乡"。建设时期,修建了治淮骨干工程——梅山、响洪甸两大水库,总蓄水量 50 亿立方米,淹没 10 万亩良田,14 万亩经济林和 3 大经济重镇,移民 10 万人。金寨县是广泛关注的土地。党和国家领导人也十分关怀、关注老区。1990 年,李克强同志到金寨考察并选址建设全国第一所希望小学。2003 年以来,习近平等多名中央领导同志先后来县视察,中央各部委和各省市都对金寨发展给予大力支持。

金寨县地域面积大,日照资源充足,具备发展光伏项目的独特优势。全年有效日照时数超过 1000 小时,日照百分率约 43.3%,年平均太阳辐射量接近 5000 兆焦/米^2,属于太阳能资源比较充裕的地区。2016 年 4 月,习近平总书记到金寨考察时强调,"全面建成小康社会,一个不能少,特别是不能忘了老区。老区要脱贫也要致富,产业扶贫至关重要,产业要适应发展需要,因地制宜、创新完善。"近年来,金寨县政府把"光伏扶贫"作为脱贫致富的重要举措,并被列为 2015 年"全国光伏扶贫试点县"之一。

金寨县的光伏扶贫项目得到了国务院扶贫办、国家发改委能源局等各部门的关注:国务院发展研究中心于 2014 年到金寨县调研,所提交的报告《分布式光伏发电是扶贫的有效举措》得到了李克强总理的批示,强调分布式光伏扶贫是精准扶贫的一项重要举措。2014 年 10 月 17 日是中国首个扶贫日,当天的《人民日报》头版头条文章《人类减贫史上的伟大实践:党中央关心扶贫开发纪实》中,金寨县是唯一被提及的县级单位。2015 年 2 月,李克强总理再次批示相关部门支持金寨县发展光伏电站及相关产业。2015 年 5 月,国家能源局局长专程到金寨县调研光伏电站的建设情况。

金寨县光伏扶贫模式分为三种:第一种是分布式光伏电站。建设分布式光伏电站的目的是为了帮助"失能""弱能"的贫困户脱贫。具体运行模式如下。①精准识别扶持对象。在建档立卡的基础上,优先扶持最需要扶持的贫困户。②分布式光伏电站费用由贫困户自筹 0.8 万元,政府和信义光能共同出资 1.6 万元,一座分布式光伏电站合计总费用 2.4 万元。每户安装一台 3 千瓦的分布式光伏电站。分布式光伏电站产权归贫困户所有。对无力自筹资金贫困户,通过互助资金、小额贷款、社会帮扶等途径解决,所借贷款从光伏发电收益中逐年偿还,县财政给予贴息支持。对于非贫困户安装分布式光伏电站的,由农户自筹资金 50%,政府通过贷款、财政贴息帮助其解决剩余的 50% 资金。③光伏电站产生的电量由国家电网及国家财政补贴按照每度 1 元的标准收购,预计每户每年可增收 3000 元左右,连续 4 年,第 4 年返还贫困户 8000 元本金。

第二种是村级集体光伏电站。建设村级集体光伏电站,是为了解决贫困村集体经济基础薄弱问题,试图以光伏产业带动村级集体经济的发展。具体运行模式如下。①每村集资 48 万元,县财政对项目融资实行全额贴息,由村级创福公司进行担保。每村建设规模为 60 千瓦,集中在村落中的空地进行搭建,集中发电,产权归村集体所有。②村级集体光伏电站接入 380 伏电网,光伏电站产生的电量由国家电网收购。③村贷款由县财政全额贴息。④村级集体光伏电站发电经营收入除用于偿还贷款部分外,主要用于村级公益事业和扶持贫困户。

第三种是集成式光伏扶贫电站。在金寨县 23 个乡镇选择 23 处相对集中安装地点安装。在各乡镇建设容纳 5000 户、规模 15 兆瓦,进行集成式建设,产权归集体所有,发电收入精准、动态、可调整地分配给全县贫困户,全县除五包户外的贫困户均可享受光伏扶贫收益。具体运行模式如下。①精准识别对象。精准识别贫困户,为贫困户建档立卡。②金寨县政府与山路集团按照 6∶4 的比例出资,县政府通过县扶贫开发投融资公司向金寨县农业银行贷款 0.5 亿元筹集建设资金,山路集团捐资剩余的 40%。③贫困户采取自愿入股,每人缴纳 5000 元本金。④贫困户每年享受 3000 元分红,连续 4 年,第 4年将本金返还给贫困户。

金寨县在全省率先实施分布式光伏发电精准扶贫计划,将 3 千瓦的小光伏工程安装到户。2014 年,金寨县分两批对所筛选出的 2008 户贫困家庭试点实施分布式光伏电站扶贫项目。2015 年开始在贫困家庭中全面推广光伏扶贫项目,建成 5795 户光伏扶贫电站以及 876 户非贫困家庭光伏电站。金寨县自实施光伏扶贫政策以来,贫困家庭收入大幅增加,光伏扶贫效益显著。以 2014 年实施的 2008 户家庭为例,仅 2015 年 2—6 月间(在有 50 多天阴雨天的情况下)就户均发电 253 度,测算户年均发电量为 3036 度,收入3036 元。贫困户自筹的 8000 元建设成本仅需 2 年多时间就可以收回。经调查,约 75%的农户对光伏扶贫项目很满意,认为光伏扶贫项目的收益达到了他们的预期;约 20% 的农户对光伏扶贫项目比较满意,认为虽然当前的发电收益低于他们的预期,但前景看好;只有 5% 左右的农户对光伏扶贫项目不满意,认为发电收益与政府的承诺有一定差距——这与农户家庭光伏的选址、采光、农户素质与日常管理水平,以及线路老化、用户离并网点距离较远等因素有一定关系。甚至有扶贫户感慨道:“养儿不如建电站”(王俊,2016)。如今,有越来越多的村民主动加入这一项目。

金寨县依托 218 个村创光伏公司,每村通过融资方式筹集 48 万元,每村建设一个 60千瓦的村级集体经济光伏电站,县财政对项目融资实行全额贴息。目前,全县 218 个村集体光伏电站已全部建成和并网发电,每年每村预计收入约 6.5 万元。2016 年以来,金寨县将重点建设辐射 5000 户、规模 1.5 万千瓦的集成式光伏扶贫电站,产权归集体所有,虚拟到户,增加了贫困户收入。按照企业捐资与政府筹资相结合的办法,将“光伏扶贫”电站集成式建设,发电收入精准、动态、可调整地分配给全县贫困户,力争“十三五”期间,使 3 万户贫困户享受到光伏扶贫的收益。

光伏扶贫产生综合效益,主要体现在为当地带来经济、社会和生态环境等方面的影响。尽管对贫困人口来说,经济利益对于他们来说是最为重要的,但光伏扶贫所产生的非经济利益也极为重要。从效益上来说,光伏扶贫帮助金寨地区贫困户、贫困户增收,带来可观的经济效应,同时也产生了重要的非经济效应。光伏扶贫有助于贫困户、贫困村

"脱帽",解决其经济薄弱问题,从而缩小贫富差距,维持社会稳定。同时,将光伏发电纳入金寨地区电网,有助于减少二氧化碳的排放,满足家庭日常用电,一定程度上可以缓解东部地区用电紧张问题,保护生态环境,符合可持续发展理念。

从金寨县光伏发电扶贫项目的实施效果看,光伏产业确实能够有效缓解大别山区的贫困问题,是一种不破坏环境的绿色、可持续的发展方式。目前,光伏扶贫已成为大别山片区精准扶贫的品牌项目。金寨县作为全国光伏扶贫试点,扶贫成效领先于其他地区,在管理、运营、维护等方面形成了较为完备的经验,这些经验对其他地区的光伏扶贫项目具有一定的借鉴意义。

(1)精准扶贫、有效脱贫

能源扶贫项目要与贫困人口精准对应。精准扶贫就是"雪中送炭"。要扶贫就需要首先"精准"地选择贫困户,使光伏电站项目能真正落实到贫困家庭。由于光伏扶贫需要一定的政府财政与金融政策优惠,于是会有众多非贫困户试图通过"寻租"获得帮扶名额,从而可能使真正需要帮助的人群落选。对此,金寨县对各村上报的贫困户名单采取了信息核查(通过县公安局、县财政局、县民政局等信息),逐村现场抽查(抽查比例不低于 30%)等方式确保帮扶的一定是贫困户。为确保光伏扶贫项目的公平公正性,金寨县确定了统一规范的纳入光伏扶贫范围的资格条件和遴选程序,坚持"阳光操作"(调查过程与结果透明化,对遴选出的贫困户进行组、村、乡、县"四级公示"等做法),建立了光伏扶贫收益分配和监督管理机制,确保收益分配公开透明和公平公正。

还要根据贫困人口数量和布局确定项目建设规模和布局,保障贫困户获得长期稳定收益。为了确保贫困收益,金寨县将发电的上网模式由最初的自发自用、余电上网,调整为发电全部上网,农户每发一度电就可以获得 1 元钱的收益。农户如果安装 3 千瓦的小光伏电站,每年收益在 3000 元左右,需要农户个人投入 8000 元,只需不到 3 年时间就能收回成本还本付息,并在之后的 20 年获得 6 万元左右的稳定收入。

金寨县的扶贫工作过程中始终贯穿着"精准"二字,做到了三个精准(逐户回查,使脱贫攻坚对象更加精准;整合资金,使脱贫攻坚项目更加精准;传递压力,使脱贫攻坚责任更加精准)。金寨县在贫困户识别工作中,综合考虑贫困户家庭人均纯收入(2010 年2300 元不变价)、住房、教育、健康等情况,通过农户申请、民主评议、"两公示一公告"和逐级审核等程序,以户为单位识别。具体做法如下。

前期准备。扶贫开发工作领导小组具体负责本行政区域内的扶贫开发建档立卡工作,设立相应机构,抽调一批专业水平高、责任心强的人员从事此项工作,并提供必要的工作条件。按照国家和省的实施方案要求,制定行政区域内的贫困户建档立卡实施方案,明确相关责任和要求。召开会议动员,把建档立卡工作的目的和意义、识别标准、识别程序、结对帮扶等相关政策宣传到每个农户和每个行政村,做到家喻户晓,确保群众的知情权和参与权。

农户申请。在广泛宣传贫困户识别条件和建档立卡工作程序后,由农户自愿提出申请。各行政村依据农户申请情况,组织专门人员入户调查,了解农户家庭基本生产生活情况。村民代表大会民主评议,各行政村按照分解到村的贫困户建档规模,召开村民代表大会进行民主评议,形成初选名单。村委会或驻村工作队按照初选名单,入户核实。

贫困户审核。行政村将全村贫困户名单在村内进行第一次公示。如公示有异议,可以进行多次公示,直至无异议。各乡镇人民政府对各村上报的初选名单进行审核,确定全乡镇贫困户名单,由乡镇人民政府组织村委会、驻村工作队和帮扶单位对已确定的贫困户进行入户采集,填写《贫困户登记表》。

(2)因地制宜、整体推进

能源扶贫作为脱贫攻坚手段之一,各地应根据贫困人口分布及建设条件,选择适宜的能源扶贫模式。尽管从光照资源角度来说,金寨地区无法与西藏、新疆、青海等日照强烈的地方相比,但是相对于安徽其他18个贫困县,以及六安市其他4个贫困县,金寨县光照资源仍具有一定的优势。此外,由于金寨山多地少的自然条件,相比其他扶贫方式,光伏扶贫的可操作性更强。

金寨县属于山区,每家农户的光伏安装与发电条件都不尽相同。在光伏设施的具体安装过程中,相关单位充分考虑了周边山林和建筑物的遮光情况以及农户房屋的承重能力,灵活确定安装地点,对于安装条件差或电网消纳能力弱的地方,实行集中安装或移址安装。确保选择的建筑物满足电站建设条件,并尽力确保每户的发电量不低于正常水平。通常情况下,一个3千瓦的光伏发电站需要20平方米的占地面积。考虑到金寨县的山区地形和农户的分散式居住情况,引导农户在住宅附近的空地、屋顶等相对空旷的地方安装。对少数安装条件较差的农户,采取由乡村协调选择适宜地点,采取联户集中安装方式建设,发电收益由各户共享。这种方式既解决了贫困户的安装难题,也有利于农村环境整治和集体脱贫。

能源扶贫需要以县为单元统筹规划,分阶段以整村推进方式实施,以实现全村、全县的整体脱贫。金寨县的光伏扶贫项目一开始是"分布式"的,现在已经发展到建设村集体光伏发电项目,以最大程度地盘活农村集体空间,提升集体经济实力。

(3)政府主导、社会支持

金寨县的光伏扶贫项目与党和政府的重视密不可分。习近平总书记、李克强总理都十分关心金寨县的光伏扶贫项目,国家发改委能源局、国务院扶贫办以及安徽省委、省政府都高度重视,金寨县委、县政府更是每月召开一次光伏扶贫工作会议,还将光伏扶贫工作纳入相关县直机关以及各乡镇的考评机制中,实行一票否决。对于光伏扶贫中出现的各类新问题,全县各部门也是通力合作解决。可以说,金寨县是举全县之力,大力推进光伏扶贫事业的发展。

能源扶贫离不开各种社会力量的广泛支持。国家和地方政府可以通过整合能源扶贫资金、预算内投资、政府贴息等政策性资金对能源扶贫项目给予支持。同时,鼓励有社会责任的企业通过捐赠或投资投劳等方式支持能源扶贫工程建设。在金寨县的首批光伏扶贫项目上所采取的是县政府、光能企业和贫困户各出资8000元的融资模式。然而,对于一些特殊贫困户来说,8000 元也是个不小的负担。在第二批实施的 1000 户光伏扶贫项目中,政府向那些无力自筹的贫困户提供了无息贷款,并从发电收益中逐年扣取这笔贷款。

金寨县建立了政府与企业紧密合作的机制(图 4-1)。从项目的规划编制、标准制定、安装场地调查、统筹备案、运营维护等方面,政府都与企业及时沟通,跟踪协调问题。在投资和融资模式上也大胆创新,充分利用民间资本,鼓励农户加入光伏发电项目。通过广泛设立公共资金池、风险补偿基金与公共担保基金等,将民间资本转化为金融投资产品,解决了分布式光伏扶贫项目的融资难问题。同时,建立了协作保险机制,政府与农户按同比例承担保险金的方式,光伏户每年 10 元、村级集体光伏电站每年 200 元,政府同比例配套标准筹集保险金,整体购买光伏财产保险,为光伏电站的运营和农户的脱贫致富保驾护航,解决光伏电站的后顾之忧。

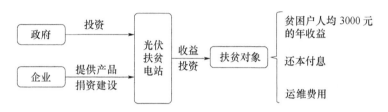

图 4-1　金寨县光伏扶贫项目模式

(4)技术可靠、长期有效

能源扶贫工程关键设备应达到先进技术指标且质量可靠,建设和运行维护单位应具备规定的资质条件和丰富的工程实践经验,应确保长期可靠稳定运行。必须建立健全管护、运维机制,使项目风险最小化。金寨县政府采购中心对发电设备的供货与安装进行了统一招标,由中标企业负责供货、安装调试和日常运行管护与培训。县政府组建了运维中心,安排了专门的维修人员与维修车辆;设立了短信服务平台,对光伏户进行培训,并及时发送发电收入信息,做到小故障不出村,大故障 24 小时之内解决,切实保障光伏电站的正常运营。

由于一些农村电网尚未改造,线路质量差、电压过低,导致一些地方无法承受光伏电站产生的负荷波动,或电网电压不能满足逆变器要求,经常出现停机事故,导致损坏发电设施、损害农户利益的情况发生。对于此种情况,金寨县加大了对农村电网的改造力度(2016 年,安徽省电力公司对金寨县投入农电整改资金 2.7 亿元),严格对光伏电站质量的监管,确保农户利益得到最大程度的保护。

另外,由于农村贫困人口文化素质普遍不高,对光伏产品的知识有限,且许多贫困户中只有留守老人,给光伏发电设备的日常运营与维护带来了不小的挑战。在使用方面,这些农户对智能电表的读取及收益的计算存在困难;在运营维护上,一些小故障和小问题不能得到及时解决和处理,影响了发电的效果。因此,一方面要加大对农户的培训,另一方面要提高光伏设备的质量与智能化程度,减少故障率,并使电表信息能够自动获取。

4.3　公平原则

公平原则要求在能源分配中一视同仁,在正义的天平中,任何过多获取能源的行为都可能是非正义的。公平原则旨在平衡能源分配冲突,对能源供需市场进行调控,使其能够满足不同区域、行业和不同群体间的能源需求。公平原则要求社会成员能够平等地分配与能源有关的权利与义务,以及由社会合作所产生的利益和负担。按照罗尔斯的正义原则,还应当对最少受惠者给予利益补偿。

4.3.1　我国的能源公平问题

尽管经过改革开放 30 多年的经济高速增长,特别是各级政府加大能源基础设施建设,生活在平原地区和大城市周边地区的农村居民基本解决了能源消费问题,但在广大山区和高原地区仍然有大量的农村人口因无法接近或者购买改进的能源而主要依靠传统的生物质能源。能源贫困进一步加剧了区域经济贫困的状况,两者在空间上具有耦合性,尤其在中国东北和西部省区表现尤为突出(李慷等,2011)。根据可持续生计理论,能源是农户赖以生存和发展的基本生计资产,改进的能源不仅便利农户的生产和生活,而且在相当程度上能减轻日常劳作重负,尤其是减轻主要从事收集和使用传统能源的妇女和儿童的劳累,从而使妇女从家庭劳动中解放出来,有更多的时间从事创造收入的经济活动,进一步降低家庭贫困的发生率。因此,消除能源贫困不仅有助于改善农户的生计资产状况,而且有助于促进欠发达地区发展(孙威等,2014)。

我国的能源不公平主要表现在区域能源利益的分配不公平,以及城乡能源利益分配不公平两个方面。

首先是国内区域能源利益分配不公平。我国的能源工业产业主要分布在东部地区,这些地区通过政府宏观调控,在过去几十年的经济建设中得到了国家较多的能源分配。长期以来,我国工业的能源消费总量远远高于农业的能源消费总量。持续增长的经济和消耗巨大的能源使这些东部城市发展迅速,但我国西部边远地区却由于没有工业产业带动这些地方的经济增长,人们仍然依靠传统落后的农业维持生计。长期以来的高能耗发展模式将能源利用所带来的经济利益更多地留在了东部地区,而将能源开发带来的生态负担留给了西部地区,使西部欠发达地区难以公平分享到社会改革带来的一系列成果(周虎城,2009)。以"水电之都"宜昌为例。从发电量看,宜昌应当是中国最不缺电的城市,因为宜昌拥有三峡大坝水电站、葛洲坝水电站以及清江系列水电站等大型水电站。但是宜昌甚至整个湖北省却电力供应不足,其主要原因在于三峡、葛洲坝所发的电力主要对外供给了中国的经济发达地区。为了满足宜昌本地的用电需求,宜昌市建设了许多火电厂,从而使这个生态旅游城市的雾霾污染变得较为严重。再以西气东输为例,其目的是促进我国能源结构和产业结构调整,带动东、西部地区经济共同发展。但在能源开发利用的过程中,能源产地往往会出现"富财政而穷百姓"的问题,而问题的背后是中央与地方、收益与分配、开发与保护之间的艰难博弈。在处理地方政府、企业和当地人民的关系时,需要做好能源开发利益的分配制度(苏南,2010)。

其次是城乡能源利益分配不公平。由于资源分布、能源运输、社会经济的发展等诸多因素的不平衡,目前中国农村人口为7.2亿,约占总人口的56%,农村生活用能中,薪柴秸秆和煤炭分别占52%和34%,各类清洁能源比例仅有10%左右,农村能源供给能力不足、消费结构不合理等问题十分突出。同时,我国农村能源的消费水平相对城市而言很低,人均用能仅为城市的1/3左右。在近8亿农村人口的消费群中,煤炭、成品油和电力等商品能源约占全国一次能源消费总量的23.2%(毛海峰等,2011)。且农村能源发展还面临煤炭和液化石油气等常规能源供应网点和服务站点分布不足的问题。此外,农村还缺乏户用沼气、太阳能等新能源和可再生能源的配套技术服务体系。农村能源贫困问题背后的实质就是我国能源商品利益的分配不公平。

城乡二元结构的积弊使农民与市民没有得到平等的能源福利社会保障。农村的经济发展、能源管理、能源建设、能源服务都滞后于城市。以农村电网为例,首先,农村电网装备水平落后,科技含量较低,从而导致农村电网电压不稳定,线损率高,安全用电成为问题。其次,农村电工人员职业技能欠缺,服务水平不高,农村电网已成为当前各级电网中最易发生事故的区域。农村电网随着国务院确立的农电"两改一同价"的改造,虽然改变了农村和城市两种电价的境况,并取得了一定的成绩,但仍然有诸多问题需要我们去正视。

我国的经济发展战略决定了我国的能源发展战略。工业用能在第一、二、三产业和生活用能中所占能源消费比例居高不下、明显偏高。这是由于我们国家一直以来的能源建设和能源服务都是围绕工业发展和经济建设展开的。为了保证国民经济持续快速的增长,我国的能源利益分配在"农业支持工业建设,当工业发展到一定程度时,工业再反哺农业"政策方针的影响下也存在着明显的倾斜。为了"保增长",在计划经济时代我们国家大量能源利益都调配给了工业。这种能源利益分配模式可以说是受政策影响的产物,成为过往能源发展战略的主流趋势。在我国20世纪50年代行政权力直接倾斜性介入的能源利益分配模式确实推动了国民经济的建设和发展,使国民经济得到快速的增长,但同时也存在着许多积弊。改革前的行政性能源分配,推动了我国城市和农村两种截然不同的二元社会结构的形成,农村的能源供给让位于城市能源供给,农村的能源基础设施落后于城市的能源基础设施,使得农村能源贫困和经济落后。改革开放后,市场机制对能源利益分配的影响也并不乐观,城乡二元结构的长期发展,使农民和市民形成了两种不同的阶层,市民在工业化发展和经济建设中享受了更多的利益,他们拥有较好的能源基础设施,得到更多的能源供给保障,获得更多的机会创造经济财富,而在市场竞争中处于弱势的农民,其能源利益基于其经济上的弱势地位更难得到公平合理的保障了。倾斜的战略布局在加剧区域经济发展不平衡程度的同时,也造成了能源利益分配在区域间的不公平。

4.3.2 能源公平之伦理解析

在思考能源时我们容易忽视公平的概念，而以公平为代价增加能耗的行为会给社会埋下巨大隐患。能源会带来收益，也会产生负担，并且收益与负担会在不同行业、不同人群之间不平等地分配，这种分配与伦理息息相关。早在 19 世纪 20 年代的英国伦敦，煤气厂和煤炭公司所在街区烟雾弥漫、气味难闻。那些有能力从煤气厂附近搬走的人都离开了，最后这些地方就几乎全被穷人和属于工人阶级的人们占据，他们几乎不拥有政治、经济或法律力量来进行挑战污染者的活动（索尔谢姆，2015）。

在气候变化和能源危机的双重背景下，新能源作为一种取代传统能源的前途光明的廉价、低碳、可持续动力来源，成为实现低碳发展的关键技术之一。虽然新能源在技术层面使用了更为清洁、更可持续的能源，但是新能源与传统能源在工具理性、科技理性和经济理性层面并没有实质性的区别，它还延续了传统能源的市场逻辑与消费逻辑。如果新能源要真正有助于解决气候变化和能源危机，就不仅需要在能源、生态与经济上实现可持续，也需要促进社会的公平。只有能全方位促进社会和谐与人类可持续发展的新技术手段，才可能成为人类的未来选项。虽然新能源本身可能是气候变化与能源危机的一种"解决之道"，但是如果没有考虑伦理的国际、国内制度与政策的配合，新能源不仅不能解决传统能源所造成的问题，反而可能引发新的公平问题。

无论是可持续发展还是低碳发展、绿色发展，都不能仅仅停留在技术与生态层面，还必须有强烈的伦理指向，否则都有可能沦为异化发展。虽然新能源的初衷是节能与环保，但新能源之"新"不能仅仅体现在能源来源上的"新"，即可再生，以及生态环境上的"新"，即低排放，还必须体现出社会层面的"新"，即有助于减缓贫困，实现社会正义等。在能源来源和生态环境上，新能源已经展现了巨大的优势，但是，如果这些优势无助于实现社会层面的伦理价值，甚或加重了社会不平等，那么，新能源究竟是不是"好"东西，就会受到质疑。需要以对人类和环境负责的方式发展新能源。新能源的发展不能破坏整个生态环境，同时要为那些特别困难的发展中国家和人群以及未来世代提供真正的机会。可见，新能源的发展不能停留在技术与产业层面，而必须提升到伦理层面，以对其进行价值定位。如果没有伦理理念的方向性指导，新能源非常可能成为仅仅助推资本主义异化发展模式和消费模式的引擎。符合伦理的新能源应当既能促进生态保护，又能促进社会公平，而不是相反。

随着经济社会的发展，不平衡、不充分的能源资源供给与分配和人民日益增长的美好生活需要之间的矛盾凸显，引发了一些公平性的问题。例如，在社会生产分配过程中，能源及能源产品所产生的利益更多的是由工业、城市、居民所享有，而农业、农村和农民等弱势群体所获得的能源利益却是很少的一部分。能源供需矛盾和能源利益分配问题的处置不当会使社会贫富差距问题进一步加剧。能源供需矛盾、能源贫困、气候变化、环境污染等问题的背后映射出的实质问题是能源利益的分配不公平。

代内公平是能源正义的首要考量。代内公平原则认为，人们有权公平地获得能源资源与能源服务。然而不幸的是,当前的全球能源体系并未公平地分配能源资源与能源服务,仅在 2009 年就有约 14 亿人生活在没有电力的环境之中,27 亿人依赖于木材、木炭和粪便满足家庭能源需求,还有 10 亿人所依赖的电网是不可靠或超过他们支付能力的。能源以及利用能源的力量"不均匀地分布在世界各地,强化了全球富裕与贫困之间的差别:现如今,消费型社会约占世界人口的 20%,消耗着全部能源产出的大约三分之二,其中几乎全部都来自化石燃料(马立博,2017)。"

空间正义命题作为西方马克思主义的新发展,其伴随着西方国家,尤其是美国都市重构的过程中出现的社会—经济不平等和空间不公平的浪潮而勃兴。其中,资源(包括能源)的空间分配不公平,是引发空间不正义的重要原因。事实上,除去部分可再生能源与清洁能源,能源的开发利用与相应的环境污染治理是相生相伴而行的,能源的利用,也必须在特定空间下展开,才具备真正的社会意义。故而,空间正义命题与环境正义命题有着天然的兼容性。秉持后现代取向来进行都市研究的洛杉矶学派认为:空间不正义是人为造成的,因此这种性质的不正义也可以通过政策去改变。同时,空间权利已经成为当代权利斗争、政治斗争的焦点,不能以空间形式实现的权利,不具有真实性。事实上,比较历史发展进程,我国目前正处于城市化中期,大致与洛杉矶学派在美国城市发展进程中崛起的发展阶段类似,几十年前由大卫·哈维等学者首倡的空间正义理论对我国目前的能源分配与利用格局也有着一定的解释力。我国的"西电东送""南水北调""北煤南运"等能源与资源调配工程在取得重大社会效益的同时,也关系到相关地区人民群众的日常生活,尤其是日常的煤、电、气的使用与保障。南水北调西线工程与三峡工程等在防洪、发电、航运、抗旱等方面发挥了综合效益,同时引发社会对生态环境影响的担忧,都昭示了在国土空间上进行的资源能源规划、调配已经面临着如何在中国语境下实现空间正义的命题。

关心社会公平的人士还提出了"环境公平"的概念,即决策人应该避免炮制出严重损害弱势群体健康和环境的政策。尽管每个人都会认为环境不公是很不幸的,但未必人人都同意解决这一不公。倡导环境公平的人士声称,当某项技术所带来的好处为很多人共享时,那么应该制定出相应的公共政策,以便使那些技术应用的相关危害由受益者来平均分摊。但经验表明,公平分摊能源生产及其传输的相关代价是一种难以实现的空想。环境公平政策缺失的现象在风电开发上也很明显,因为风电场不能总建在贫穷而弱势的人群所在地。风电场必须建在有风的地方,而一些最适合风电开发的地点恰好是已经建起了一批豪宅的、拥有山脊,或者海湾与海峡中拥有开阔且相对宁静的海洋远景的地点。因为风电场需要安装很多大型风轮机,而它们不可能完全隐藏在居住于当地的人们的视野之外,所以,尽管风力发电是所有能源技术中最环保的一种,但风电场的建设有时却被发现是极具争议的,而其中的原因既不是科学方面的,也不是经济方面的。反对风电场的理由往往是那些受益于电力的人们不喜欢风轮机的景观。

已故哈佛大学政治哲学教授约翰·罗尔斯(John Rawls)的分配正义理论、诺贝尔经济学奖得主阿马蒂亚·森(Amartya Kumar Sen)和芝加哥大学著名法学与伦理学教授玛莎·努斯鲍姆(Martha C. Nussbaum)的能力理论都有助于我们分析代内能源正义问题。

罗尔斯是支持"契约主义"正义理论的最著名学者,他的社会契约概念是对托马斯·霍布斯这一著名观念的回应:没有社会秩序,社会就会变为"孤独、贫困、恶意、野蛮和短命的"混乱状态。罗尔斯的理念是,人们为了换得和平、安全与互利,会相互达成契约并同意放弃对暴力的私人使用,以及其他具有社会弊病的行为,如偷窃与谋杀;在这个社会中,人们都把一些权力交给法律和正当程序。社会契约理论认为,只有在社会合作中达成自由与理性的协议,才能产生道德规范。这一观念表明,如果我们剥夺人们的虚假利益——财富、地位、社会阶层、教育、音乐能力、运动能力等,他们也会同意某种类型的契约(Nussbaum,2006)。或如罗尔斯自己所写的,我们应当设置一个起点:"合理的正义原则是所有人都在一个公平的起点上会接受和同意的原则"(Rawls,1999)。当把这一理论应用于能源正义领域时,这意味着要思考如何设计一个全球能源体系——如果我们不知道我们会在哪儿出生,如果我们不能确保自己是否会在美国开着 SUV 汽车,或是在撒哈拉以南的非洲捡拾薪柴。罗尔斯会指出,在这样一种社会契约中,我们希望一个对所有人公平与开放的能源体系,使所有人都有机会获得他们所需的能源资源与能源服务。

阿马蒂亚·森用他的确保实质性人类自由的"能力"概念扩展了罗尔斯的一些理念。森关注的焦点是人们能在他们的现实生活中实现什么:一些被他称之为"功能性活动"(functionings)或"一个人值得做的各种事情",如吃得好、获得充分的医疗、被爱与安全,几乎类似于各种精神状态,"行为"(doings)或"存在"(beings)。因此,功能不仅是收入与经济商品,而且还包括人们用这些商品与服务实现什么。他的"能力"概念指的是实质上自由的人们应当享受他们所能实现的各种功能的组合。而能源贫困、恶劣的环境条件或身体残疾都会阻碍人们实现能力或自由地实现与他们相同水平的功能,从而造成不正义(Sen,1993)。森认为,正义就是要消除各种类型的无自由(un-freedoms)——使人们没有选择或机会实践他们的理性能力(Corbridge,2002)。

努斯鲍姆在她自己对正义的研究中扩张和建构了阿马蒂亚·森的概念。她的起点是这样一种事实:大多数计算生活质量的方式都倾向于扭曲人们对发展中世界的"贫困"经历,因为他们假定生活标准总是会随着 GDP 提高。这一"野蛮路径"鼓励许多计划者为经济发展而努力,而不关注更为贫困的公民的实际生活条件。她提出了她所说的"人类发展"或"能力"路径,关注于这样的问题:"人们实际上有能力做什么和成为什么?"以及"提供给他们的真实机会是什么?"她用"能力"一词"强调人们生活质量中最重要的要素是多元的,并且在数量上不同:健康、身体完整、教育以及个人生活的其他方面都不能简化为单一的标准而不被扭曲"(Nussbaum,2011)。她的正义理论之核心是更为具体地阐释那些人们用以实现其功能的重要能力。这些功能包括:生命、身体健康、身体完整、意识、想象与思想、情绪、实践理性、关系、与其他物种的关系、游玩、对个人环境的政治与物质控制——包括政治参与、言论自由和在与其他人平等的基础上控制财产的能力,等等。

努斯鲍姆认为,"正义"并不提供任何具体的保证——如使所有人保持健康或对成年时期的大多数生活满意,而只保证所有人有能力实现他们所认为重要的功能——只要他们行为恰当。而且,据努斯鲍姆认为,一个人只要缺乏以上能力中的任何一种,他就无法过上完整与有尊严的生活。同样,缺乏任何一种能力也不会补偿或促进其他的能力(Page,2007)。如她指出,"能力路径是很广泛的:这些能力对每个国家的每个人都很重要,每个人都应作为目的被对待"(Nussbaum,2006)。能源正义恰恰涉及创造一种家庭生活,提供温暖、照明与食物烹饪,以使人们的潜能最大化。

然而,不公平的全球能源系统却阻碍了数十亿人实现其基本能力的路径。如今,仍有数百万人的生活与几百年前一样——生活中都没有现代能源网,这意味着他们要吃不易消化的生食物。一些人消耗了惊人数量的液体燃料与电力,制造了大量的碳足迹,而对另一些人却没有使用过它们,也没有什么碳足迹。对一些人来说,能源意味着舒适、清洁、便利和奢侈;而对另一些人来说,能源却意味着不安全、不健康和出苦力。

环境污染问题更多地发生在能源生产地和能源利用率较低的发展中国家,这些国家仍然把经济发展视为首要任务,对环境保护热度不高;发达能源消费国虽逐渐重视可持续发展、提高能源效率、能源消费比例逐渐合理,但怠于履行"共同但有区别的责任"中"向发展中国家提供资金、技术等支持"的义务,同时发展中国家也不愿接受发达国家制定的共同责任规则。双方一直处于博弈状态,没有很好地实际处理全球环境问题。2016年 G20 峰会第二次协调人会议就气候变化问题达成以下共识:气候变化是当前世界面临的最严峻的挑战之一,认为《巴黎协定》反映了公平但有区别责任和考虑不同国情、根据各自能力在内的各项原则,各国将推动落实协定,包括于 4 月 22 日或其后尽快签署,并根据各自国内程序加入协定,以推动协定尽快生效。真正去落实结构转型、能源科技、低碳经济、环境保护行动的还是各个国家,国际能源治理体系的作用是促进、协调世界各国认同能源治理目标、采取一致行动、加强技术合作,最终达到能源安全、平等互利、环境改善与可持续发展等目标。

国际能源治理体系中"公平性"缺失的原因很多,就当前来看,中国可致力于全球能源可及性,维护全球能源公平、合理普及。"能源可及性"就是在全球范围内普及能源使用,使得每一位地球村民都能够得到能源带来的福祉,主要指能源产生的电能所带来的生活质量、经济水平的提高。目前全球范围内有超过 12 亿人口缺乏电力供应,还有另外1 亿人口缺乏可靠的电力供应。在世界上最贫穷的、被统称为"经济金字塔基础"的 40 亿人中,能源贫困问题较为常见,在经济和社会发展较差的地方尤为普遍。2016 年 G20 峰会的能源部长会议重点围绕能源可及性需求进行广泛讨论,并通过《加强亚太地区能源可及性:关键挑战和 G20 自愿合作行动计划》,重申各国采取联合行动,确保从撒哈拉沙漠以南非洲地区到亚太地区,人人能够享有负担得起、可靠、可持续的现代能源服务,中国也表示将全力支持能源可及性建设。中国可以通过国际援助、金融合作、区域建设等方面推动能源可及性工作,通过"一带一路"倡议,积极帮助广大发展中国家摆脱能源贫困。很多"一带一路"国家大都电力匮乏,提供综合性的能源解决方案是这些国家最为迫切的需求。同时这些地区又是联合国应对气候变化的重要地区,许多国家仍旧使用柴油。我们要做的是充分利用这些国家的自然资源,而不是依赖煤炭、石油这些外来的高污染传统能源,这需要一个综合性的生态解决方案。

4.3.3 能源扶贫的政策落实与保障

正是由于能源问题中隐含着公平和正义的缺失,才需要政治力量的介入并从公共政策的角度加以调节。公共政策也恰好具备这样的功能。因为公共政策的本质诉求就是社会正义。公共政策是实现社会正义的方式和手段,是社会正义的具体化(顾丽梅,2006)。能源政策是公共政策的重要组成部分,其目标就是实现能源正义。

如何让穷人过上更好的生活? 环保主义者认为,其中一个方法是通过减少化石燃料的使用来减缓气候变化。他们警告称,不发达国家可能率先受到海平面上升、干旱和风暴的影响。碳税和其他可能会提高化石燃料价格的政策,将通过降低煤炭和石油的需求,推动绿色能源投资起作用。而持怀疑态度的环保主义者比约恩·隆伯格则有不同的想法。其撰文称,应致力于降低化石燃料的价格,而非提高价格。未来几十年,在世界许多地方化石燃料仍是至关重要的,因为这是使人们脱离能源贫困的唯一手段。

隆伯格观点的缺陷显而易见。世界上许多不发达国家已通过提供大量补贴使化石燃料保持低价,如印度尼西亚、巴基斯坦、埃及、也门、委内瑞拉等国家。各国对能源补贴的不同定义还常常导致激烈的争论。发达国家要求发展中国家承担更多的国际责任,加大削减能源消费补贴的力度;而发展中国家则强调发达国家的"历史责任",认为对消费能源补贴的不合理削减是对它们发展机会的剥夺,主张应逐步削减消费补贴。国际货币基金组织最近的报告认为,补贴是灾难,而非福音。燃料补贴的问题是,大部分利益流向非贫困家庭。国际货币基金组织数据显示,收入分配金字塔中 1/5 的顶端家庭平均获得汽油补贴利益的 61%,而穷人只获得 3%。只有煤油的燃料补贴情况有所不同,但即便是这样,位于金字塔底端 1/5 的贫困家庭也仅获得 19% 的利益。此外,国际货币基金组织指出,燃料补贴在许多不发达国家对原已紧张的预算来说无疑是沉重的负担。这些补贴占印度尼西亚政府收入的 14%,也门政府收入的 19%,埃及政府收入的 30%,如果这些补贴能花费在教育、医疗、公共卫生和其他领域,将为人们带来更直接的利益。

长期来看,致力于能源形式的多样化,发展多种替代能源是必然的。那么,这是否说明了只发展替代能源就足够了呢? 非也。煤炭以其储量之丰富、使用之广泛、性能之可靠以及成本之低廉,在未来经济发展中的地位是无法撼动的。世界上有数万亿吨的煤炭储量,占到了全球能源总量的 60%。替代能源要想和煤炭相提并论,必须要满足这些条件:达到现有太阳能装机容量的 1800 倍且储电力强、250 万台风机且风力不间断、1150 座核电站、年产 750 万亿立方英尺[①]的天然气、2250 座大型水电站。因此,不管是过去、现在还是将来,煤炭—电力—经济增长的锁链关系不会改变。从 1970 年到 2010 年,全球 GDP 增长了 250%,这背后,煤炭功不可没。因此,有人指出,煤炭仍将是全球主要电力

---

① 1 立方英尺≈$2.83×10^{-2}$立方米。

来源,要消除能源"贫困",推动全球经济发展,必须要保证至少一半的新增装机容量来自火电;同时,考虑到全球气候变化危机,要采用先进煤炭技术,如超临界、超超临界火电站以及 CCS 等对传统电站进行升级改造,且大力开展煤转化产业以及下一代清洁煤技术的商业化推广。

要充分发挥不同地区比较优势,促进生产要素合理流动,深化区域合作,推进区域良性互动发展,逐步缩小区域发展差距。并且要充分发挥资源优势,实施以市场为导向的优势资源转化战略,在资源富集地区布局一批资源开发及深加工项目,建设国家重要能源、战略资源接续地和产业集聚区。依据法律的规定,我国能源资源属于全民所有,由能源产生的利益亦应由全民公平享有。能源输出地与能源输入地的合作发展机制将使两地在具体的区域合作规划中通过多种形式(如能源市场融资方式、两地通过私营和公共部门在能源开发、输送、利用过程中建立伙伴或合作关系等)实现能源商品利益的公平分享,从而使能源输出地得到相对从前更多的利益(该利益包括货币性利益和非货币性利益,例如,在合作过程中协议制定或加强能源输出地的能源资源保护及可持续利用方面的科技教育和培训计划,开发并加强能源资源保护的可持续利用设施,合作提高能源输出地的综合能力等),同时使两地产业得到互补式发展,以此解决我国能源利益在区域之间的分配不公状态,促进弱势地域社会经济的快速发展,加快缩小区域差距的步伐。

我国农村贫困落后的根源之一在于能源建设的发展滞后以及能源利益的政策性割让。城乡利益的公平分享需要从农村能源基础设施建设开始。我国国民经济和社会发展第十二个五年规划纲要中指出要加强农村能源建设,继续加强水电新农村电气化县和小水电代燃料工程建设,实施新一轮农村电网升级改造工程,大力发展沼气、作物秸秆及林业废弃物利用等生物质能和风能、太阳能,加强省柴节煤炉灶炕改造。因此,地方政府应当根据当地的能源资源禀赋,建设与之相适应的能源基础设施,这是我国用能弱势群体和用能弱势地方获得能源产品和能源公用事业服务逐步改善的第一步。农村能源基础设施建设可以通过政府扶持或补贴来进行,还可以通过市场融资或招投标方式并用加以补充。但政府对能源基础设施的建设负有监管职责,以此保障能源基础设施建设项目在能源获益弱势地区成功展开。因此,健全完善的能源基础设施建设是能源持续供应保障的前提,同时也是弱势群体能源利益得到公平分享的保障条件之一。

有效的能源供应保障将协调城乡之间的能源利益,使弱势群体的能源利益分享趋于公平。构建弱势群体能源供应保障机制将以弱势群体的能源利益保障为价值本位,为弱势群体提供公平、无歧视的能源输送服务,以及价格合理的能源商品。应鼓励建立多元的能源供应渠道,完善能源运输体系建设,加强地方政府有关部门能源供应的组织协调能力,保障农村能源供应的持续性、稳定性、安全性。在我国推行"三农"建设的方略下农村能源基础设施数据在农业部的统计数据中持增长,但对农村能源基础设施建成后的使用效果关心还十分欠缺,造成能源基础设施建好后闲置或者因为缺乏配套技术维修服务、设施损坏无人维修而停止使用等问题,必须克服地方政府片面追求政绩而只注重农村能源基础设施"面子工程"的弊端。能源供应保障机制不但能解决基础设施闲置浪费等问题,而且使弱势群体的能源供应状况真正得到改善。

贫困地区的农户通常会陷入能源贫困的"恶性循环"。因为能源贫困,农户没有改进的能源或能源用具,由此导致较低的劳动生产率,只能提供粗劣而有限的产出,较低的生产率导致较少的劳动剩余和现金收入,进而没有现金购买改进的能源及能源用具。显然,农户仅靠自身力量难以走出能源贫困的"恶性循环",需要政府在以下方面进行政策干预,从而打破能源贫困的"恶性循环"。

(1)准确识别确定能源扶贫对象

各级地方扶贫管理部门根据国务院扶贫办确定的能源扶贫范围,以县为单元调查摸清扶贫对象及贫困人口具体情况,包括贫困人口数量、分布、贫困程度等,确定纳入能源扶贫范围的贫困村、贫困户的数量并建立名册。省级扶贫管理部门以县为单元建立能源扶贫人口信息管理系统,以此作为实施能源扶贫工程、明确能源扶贫对象、分配扶贫收益的重要依据。

分布式光伏扶贫政策的目的在于通过发电补贴为贫困户提供一定的收入保障,改善生活质量。但实际调研中了解到的扶贫情况与政策有所出入,扶贫对象实际并不都是真正意义上的贫困户,部分家庭光伏发电的收入不及其年收入的5%,界定贫困户的标准尤为重要。

(2)因地制宜确定能源扶贫模式

根据扶贫对象数量、分布及发电建设条件,在保障扶贫对象每年获得稳定收益的前提下,因地制宜选择能源扶贫建设模式和建设场址,采用资产收益扶贫的制度安排,保障贫困户获得稳定收益。中东部土地资源缺乏地区,可以村级光伏电站为主(含户用);西部和中部土地资源丰富的地区,可建设适度规模集中式光伏电站。采取村级光伏电站(含户用)方式,每位扶贫对象的对应项目规模标准为5千瓦左右;采取集中式光伏电站方式,每位扶贫对象的对应项目规模标准为25千瓦左右。

需要注意的是,光伏扶贫项目不能占用过多的农户耕地。对许多农民而言,耕地是其家庭收入和日常粮食、蔬菜的主要来源,所创造的经济价值和社会价值高于光伏发电的收益。因此,光伏电板的安装需要充分利用农村的山坡、农民的屋顶、闲置的空地等。同时,光伏电板尽量架高,使农户可以充分利用光伏电板下的土地种植一些喜阴性作物(如一些中草药),或放置农业用具等。还可在渔塘、牧场等上方安装光伏电板,在发电的同时,满足遮荫需要。对于大规模的光伏发电项目,政策也规定,光伏发电不得占用基本农田。通常,企业会向农户租用荒地或一般农业用地(指坡度大于25°且未列入生态退耕范围的耕地、泄洪区域内的耕地和其他劣质耕地),并提供一定的经济补偿(如可按土地上单位面积的农作物产量时价计算补偿标准)。

虽然近几年我国在农村户用沼气领域投入了巨额资金,修建了大量户用沼气池,使生物质能源沼气化利用取得了一定成绩,但由于农村居民家庭的人口结构和生活方式的变化,户用沼气的效果并不理想。50%以上的户用沼气没有充分发挥作用。应该尽快转变解决农村能源问题的思路,推广更先进适用的生物质能源开发与利用技术体系。针对农村居民居住分散、缺乏公共基础设施、收入水平不高、家庭小型化，以及农村养殖业规模化集中导致家庭养殖业萎缩等特点，应大力研究开发、推广利用适合农村生活和生产方式的生物质能源高效利用实用新技术，充分利用生物质能源资源，全面提高可再生能源利用效率，降低农民家庭能源消费成本。

电力用于照明、电脑、电视、冰箱等用电是毫无疑问的，但是用电力烧饭、取暖的能源利用效率极低，除非当地化石能源和其他可再生能源极其缺乏，而如果当地水能资源极其丰富，有可能用电替代传统生物质能烧饭、取暖是合理的，但对于中国大多数地区来讲是不适宜的。国际能源署认为："电力简单取代生物质能是一种常见的误解。事实上，大多数家庭都会随着收入的增加而同时使用多种燃料，例如，同时使用生物质能和煤油（或LPG）做饭，或同时用生物质能和燃料油来取暖。但在这一燃料过渡过程中，传统生物质能和电力确实处在相互对立的两端，所以需要对这个问题进行分析。"中国要解决能源贫困问题，不能走发达国家的老路；中国开发可再生能源也不能照走发达国家的路子。中国可再生能源开发利用一方面要解决替代传统生物质能，另一方面要为替代和节约化石能源作贡献。中国可再生能源利用首先应当做好替代传统生物质能的工作，要发扬中国可再生能源发展沼气、太阳能热水器、生物质成型燃料等优势，走国家补贴少、农户用得起的道路。

（3）统筹落实项目建设资金

地方政府可整合产业扶贫和其他相关涉农资金，统筹解决能源扶贫工程建设资金问题，政府筹措资金可折股量化给贫困村和贫困户。对村级光伏电站，贷款部分可由各级政府扶贫资金给予贴息，贴息年限和额度按扶贫贷款有关规定由各地统筹安排。集中式电站由地方政府指定的投融资主体与商业化投资企业共同筹措资本金，其余资金由国家开发银行、中国农业发展银行为主提供优惠贷款。鼓励国有企业、民营企业积极参与光伏扶贫工程投资、建设和管理。

近年光伏行业迅猛增长，而中国分布式光伏在 2014 年才发展起来，并与扶贫结合。目前国家大力推进分布式光伏扶贫项目，很多光伏企业紧跟政府政策得到发展，但光伏产能过剩问题仍未解决。国家采用分布式光伏扶贫政策将光伏产能用于扶贫，看似一举两得，实际还存在许多问题。目前国家的光伏补贴并不完善，补贴政策不断调整，政府干预过多不利于光伏行业发展。产能过剩问题如何解决，如何合理调整政府补贴是分布式光伏发展需要考虑的重要问题。

光伏产业是对政策高度依赖的产业，近年由于政策大力扶持，越来越多的居民安装分布式光伏电站。但光伏发电设备成本较高而且收益不理想，随着时间推移，政府补贴金额或将调整，因此，企业应该依靠科技进步取得长足发展，减轻对政策的依赖。

（4）建立长期可靠的项目运营管理体系

地方政府应依法确定能源扶贫电站的运维及技术服务企业（简称"运维企业"）。鼓励通过特许经营等政府和社会资本合作方式，依法依规、竞争择优选择具有较强资金实力以及技术和管理能力的企业，承担光伏电站的运营管理或技术服务。对村级光伏电站

(含户用),可由县级政府统一选择承担运营管理或技术服务的企业,鼓励通过招标或其他竞争性比选方式公开选择。县级政府可委托运维企业对全县范围内村级光伏电站(含户用)的工程设计、施工进行统一管理。运维企业对村级光伏电站(含户用)的管理和技术服务费用,应依据法律、行政法规规定和特许经营协议约定,从所管理或提供技术服务的村级光伏电站项目收益中提取。集中式光伏扶贫电站的运行管理由与地方政府指定的投融资主体合作的商业化投资企业承担,鼓励商业化投资企业承担所在县级区域内村级光伏电站(含户用)的技术服务工作。

在一些线路改造未实施到位的地区,光照较强时,光伏发电输送时因阻抗过大造成逆变器输出侧电压过高,逆变器保护关机导致发电无法上网,又不能及时储存,造成浪费。而集中式电站实现高压转变后可有效解决这一问题,但由于集中式电站通常距离较远,日常运维不便,许多用户不愿采用。

(5)加强配套电网建设和运行服务

电网企业要加大贫困地区农村电网改造工作力度,为光伏扶贫项目接网和并网运行提供技术保障,将村级光伏扶贫项目的接网工程优先纳入农村电网改造升级计划。对集中式光伏电站扶贫项目,电网企业应将其接网工程纳入绿色通道办理,确保配套电网工程与项目同时投入运行。电网企业要积极配合光伏扶贫工程的规划和设计工作,按照工程需要提供基础资料,负责设计光伏扶贫的接网方案。不论是村级光伏电站(含户用),还是集中式光伏扶贫电站,均由电网企业承担接网及配套电网的投资和建设工作。电网企业要制定合理的光伏扶贫项目并网运行和电量消纳方案,确保项目优先上网和全额收购。

目前,对农户进行光伏设备维护方面的相关培训甚少,雷雨天气时农户没有关闭发电设备的意识,须靠村干部提醒。且雷雨天气即使有避雷针也有损坏逆变器甚至引起火灾的危险,造成安全隐患和较大经济损失。

调研发现,很多集中式电站缺乏管理,一些设备故障发现不及时,更谈不上维修。在一些偏远的山区,培训作为维修人员的村民不能处理稍严重的故障,需要等待专业人员前来维修,拖延时间较长。

(6)建立扶贫收益分配管理制度

各贫困县所在的市(县)政府应建立光伏扶贫收入分配管理办法,对扶贫对象精准识别,并进行动态管理,原则上应保障每位扶贫对象获得年收入3000元以上。各级政府资金支持建设的村级光伏电站的资产归村集体所有,由村集体确定项目收益分配方式,大部分收益应直接分配给符合条件的扶贫对象,少部分可作为村集体公益性扶贫资金使用;在贫困户屋顶及院落安装的户用光伏系统的产权归贫困户所有,收益全部归贫困户。地方政府指定的投融资主体与商业化投资企业合资建设的光伏扶贫电站,项目资产归投融资主体和投资企业共有,收益按股比分成,投融资主体要将所占股份折股量化给扶贫对象,代表扶贫对象参与项目投资经营,按月(或季度)向扶贫对象分配资产收益。参与扶贫的商业化投资企业应积极配合,为扶贫对象能获得稳定收益创造条件。

（7）加强技术和质量监督管理

通过加强能源技术合作提高能源利用效率也是实现国家之间能源公平的有效手段。2009年G20兹堡峰会公报明确提出要"刺激在清洁能源、可再生能源方面的投资，提升能源利用效率，为发展中国家此类相关研究计划提供技术和资金支持"。需要建立光伏扶贫工程技术规范和关键设备技术规范。光伏扶贫项目应采购技术先进、经过国家检测认证机构认证的产品，鼓励采购达到领跑者技术指标的产品。系统集成商应具有足够的技术能力和工程经验，设计和施工单位及人员应具备相应资质和经验。光伏扶贫工程发电技术指标及安全防护措施应满足接入电网有关技术要求，并接受电网运行远程监测和调度。县级政府负责建立包括资质管理、质量监督、竣工验收、运行维护、信息管理等内容的投资管理体系，建立光伏扶贫工程建设和运行信息管理。国家可再生能源信息管理中心建立全国光伏扶贫信息管理平台，对全部光伏扶贫项目的建设和运行进行监测管理。

（8）编制光伏扶贫实施方案

省级及以下地方能源主管部门会同扶贫部门，以县为单元编制光伏扶贫实施方案。实施方案应包括光伏扶贫项目的目标任务、扶持的贫困人口数、项目类型、建设规模、建设条件、接网方案、资金筹措方案、运营管理主体、投资效益分析、管理体制、收益分配办法、地方配套政策、组织保障措施。实施方案要做到项目与扶贫对象精准对接，运营管理主体明确，土地等项目建设条件落实，接网和并网运行条件经当地电网公司认可。各有关省（区、市）能源主管部门汇总有关地区的光伏扶贫实施方案，初审后报送国家能源局。国家能源局会同国务院扶贫办对各省（区、市）上报的光伏扶贫实施方案进行审核并予以批复。各地区按批复的实施方案组织项目建设，国家能源局会同国务院扶贫办按批复的方案进行监督检查。

（9）优先安排光伏扶贫电站建设规模

国家能源局会同国务院扶贫办对各地区上报的以县为单元的光伏扶贫实施方案进行审核。对以扶贫为目的的村级光伏电站和集中式光伏电站，以及地方政府统筹其他建设资金建设的光伏扶贫项目，以县为单元分年度专项下达光伏发电建设规模。

能源消耗导致的环境问题日益严峻，大力推广分布式光伏发电已刻不容缓。一直以来，政府在分布式光伏的宣传上起主要作用，在未来光伏企业也应积极响应政府号召加大宣传力度，以提高居民对分布式光伏组件的认知度。

（10）加强金融政策支持力度

国家开发银行、中国农业发展银行为光伏扶贫工程提供优惠贷款，根据资金来源成本情况在央行同期贷款基准利率基础上适度下浮。鼓励其他银行以及社保、保险、基金等资金在获得合理回报的前提下为光伏扶贫项目提供低成本融资。鼓励众筹等创新金融融资方式支持光伏扶贫项目建设，鼓励企业提供包括直接投资和技术服务在内的多种支持。

融资的市场化，须从多方面进行探索。要加大对光伏扶贫的金融支持力度，为参与项目建设的贫困户给予扶贫小额信用贷款,财政扶贫资金予以贴息;为参与光伏扶贫的企业提供中长期利率优惠的项目贷款。也有专家表示,可以让体量巨大的社保基金参与到光伏扶贫中来,分享项目的贷款利息,"一方面,光伏电站建设需要大量资金,另一方面,社保的巨额资金没有投资方向,两者可以在一种安全的模式下结合"(王俊,2015)。

(11)切实保障光伏扶贫项目的补贴资金发放

电网企业应按国家有关部门关于可再生能源发电补贴资金发放管理制度,优先将光伏扶贫项目的补贴需求列入年度计划,电网企业优先确保光伏扶贫项目按月足额结算电费和领取国家补贴资金。

目前政府为扶持光伏行业发展采取补贴政策。虽然政府干预在一定程度上可以解决光伏产业产能过剩的问题,然而要想光伏产业健康发展,要发挥市场机制的作用。因此,在未来政府调整对光伏企业和光伏扶贫户的补贴比例更有利于光伏产业发展和较好扶贫效果的实现。

(12)鼓励企业履行社会责任

鼓励电力能源央企和有实力的民企参与光伏扶贫工程投资和建设。鼓励各类所有制企业履行社会责任,通过各种方式支持光伏扶贫工程实施,鼓励企业组建光伏扶贫联盟。通过表彰积极参与企业,树立企业社会形象,出台适当优惠政策,优先支持参与光伏扶贫的企业开展规模化光伏电站建设,保障参与企业的经济利益。

(13)建立光伏扶贫协调工作机制

建立省(区、市)负总责,市(地)县抓落实的工作机制,做到分工明确、责任清晰、任务到人、责任到位,合力推动光伏扶贫工作。各级政府要成立光伏扶贫协调领导小组,地方政府主要领导任组长,成员包括发改、能源、扶贫、国土、林业等部门,以及电网企业和金融机构等,主要职责是协调光伏扶贫工程实施过程中的重大政策和问题。

明确各部门职责分工。国家能源局负责组织协调光伏扶贫工程实施中的重大问题,负责组织编制光伏扶贫规划和年度实施计划、完善光伏扶贫工程技术标准规范、建立光伏扶贫工程信息系统、加强光伏扶贫工程质量监督及并网运行监督等。国务院扶贫办牵头负责确定光伏扶贫对象范围,建立光伏扶贫人口信息管理系统,建立光伏扶贫工程收入分配管理制度。地方国土部门和林业部门负责光伏扶贫工程土地使用的政策协调和土地补偿收费方面的优惠政策落实。

各有关部门和地方政府高度重视光伏扶贫工作,加强光伏扶贫工程组织协调力度,为实施光伏扶贫试点工程提供组织保障。加大光伏扶贫宣传和培训力度,提高全社会支持参与光伏扶贫力度。加强对光伏扶贫工程的管理和监督,确实把这件惠民生、办实事的阳光工程抓紧、抓实、抓好。

第5章　能源消费的节俭原则

现代能源消费模式建立在"科技万能论"基础之上,认为技术进步最终将解决能源资源的短缺问题以及能源消费造成的污染问题。能源开发与利用技术的每一次进步都伴随着能源消费的几何指数增长,并且消费的增长远远超过技术进步的速度。技术与消费之间的关系变成了"道高一尺,魔高一丈"的关系。在无限膨胀的消费欲望面前,技术显得力不从心。况且,对于大量的不可再生能源资源,一旦耗尽,再先进的技术也"无力回天"。换言之,即使技术进步的空间是无限的,但能源资源的储量是有限的。要想从根本上实现人类可持续发展与对能源资源的永续利用,就必须从伦理上遏制消费主义的蔓延,在能源消费上提倡节俭原则。节俭不仅有利于能源资源的保护与永续利用,有利于减少能源支出,也有利于人们减少物欲,返璞归真。

5.1　能源、技术与消费

能源的开发和利用与技术进步密切相关,技术进步推动着能源的利用,同时,任何一种能源的开发和使用方式也都会产生新技术、新的社会和经济关系、政治利益,它们把社会框定在其特有的体制之内(马立博,2017)。在气候变化和能源危机的双重背景下,新能源技术开启了"无限""可再生"的新能源的可能性。新能源被作为一种取代传统能源的前途光明的廉价、低碳、可持续动力来源,成为实现社会永续增长的希望之所在。然而,新能源技术及其带来的新能源真的能够使人类避免能源资源枯竭与环境危机的境地吗?虽然新能源在技术层面使用了更为清洁、更可持续的能源,但是新能源与传统能源在工具理性、科技理性和经济理性层面并没有实质性的区别,它还延续了传统能源的征服逻辑、市场逻辑与消费逻辑。自然科学技术以极快的速度改变着世界,但也产生了"从毁灭能力、环境危害",以及"从内心世界的危害出发的灾难性威胁"(艾伯林,2003)。如果新能源要真正有助于解决气候危机、能源危机和社会问题,就不仅需要在能源、生态与经济上实现可持续,也需要促进社会的公平。只有能全方位促进社会和谐与人类可持续发展的新技术手段,才可能成为人类的未来选项。虽然新能源本身可能是气候变化与能源危机的一种"解决之道",但是如果没有考虑伦理的国际、国内制度与政策的配合,新能源不仅不能解决传统能源所造成的问题,反而可能引发新的公平问题。

5.1.1　能源的技术批判

"盲目乐观派"认为,技术将最终能够解决能源和气候危机,例如,认为"新能源将是能够满足人类未来能源需求的潜在替代物","假如给一位工程师足够的时间和资金,那么他一定会找出解决办法来(拉卡耶,帕瑞拉,2017)";"现有新能源能够替代煤炭发电";"新能源可以高效满足能源需要,而不会带来任何问题";"能源作物能够提供足够的生物质燃料";"使用当前技术,利用全新能源,可以实现电力的持续供应";"未来50年,太阳能能够替代工厂燃料和核燃料,并由此创造出一个完全可持续的能源系统";等等。但是,这些论断是无法令人信服的。

"盲目乐观派"也是"科技万能论者",他们认为,尽管人类面临的资源问题和生态问题非常严重,然而这些问题是可以通过大力推进再循环技术以及加大科技研发得到有效解决的。典型的"盲目乐观派"著作有朱利安·西蒙(Julian Simon)的《没有极限的增长》(1981)、《资源丰富的地球》(1984)等。技术确实拓展了可获得的能源。例如,能源勘探和生产领域里的技术,已经将我们曾经认为可能达到的种种极限,其中既包括产量极限,也包括价格极限,不断地推向前进。例如,过去一度被人们认为是"科幻小说"的一些方面,像把5000英尺或者更深处的石油开采出来,或者是从页岩里采出石油来,如今都已经变成了现实。然而,由于当前资源过度消耗非常严重,仅通过技术手段是难以解决的。要想解决这一问题,首先就需要发达国家将其人均资源消耗降低90%。当前,全球数十亿人正在追求着曾为西方所独享的生活方式。历史上,西方的生活方式是能源密集型的——现在仍然如此,其中大部分能源来自于化石燃料。价格合理而可靠的电力、舒适的家居、有效的医疗、良好的教育、畅通的交通基础设施、快捷可靠的通信等,这些都是大量廉价能源所带来的好处。发展中国家不再愿意让发达国家以保护环境的名义将它们排除在外,它们也希望能享受到能源所带来的利益。因此,当前的挑战是找到适当的方法以满足不断增长的人口的这些迫切需要。能否在对化石燃料严重依赖的情况下应对这一挑战,仍然是一个悬而未决的问题。

越来越多的证据表明,新技术与新能源并不能解决它所寄希望解决的问题,反而可能使能源与环境问题恶化。现代环境保护主义思想本就源于蕾切尔·卡逊在1962年出版的《寂静的春天》中,对大量使用DDT等杀虫剂所造成的"失乐园"之殇,对滥用现代科技的恶果所提出的严重警告。"很多人不再认为自然是肮脏的、文明是洁净之源,而是开始认为自然原本是纯净的,只是随着技术进步才变得不健康了(索尔谢姆,2015)。"科学技术不能够提供我们所需要的一切。除了环境的可持续性外,社会的可持续性同样重要。在有限的能源资源利用方面,每位地球公民都应当享有同样的权利。当从一种能源转变到另一种能源时,所改变的不仅是能源来源,还有整个社会经济体系及其运行。例如,新能源会对粮食安全产生影响;现代工业社会的能源需求量如此巨大,以至于燃料作物所提供的能源非常有限。一些支持生物燃料的学者也指出,即使将美国所有的玉米和大豆产量都变成生物燃料也只能满足美国12%的汽油需求和6%的柴油需求。实际上,更为广泛的社会问题而非技术才是妨碍新能源发展的障碍。当前的新能源发展也遵循着资本主义的市场逻辑:把活生生的自然化约为没有生命的商品,其背后的主宰动力是市场逻辑,也就是追逐利润而非节约能源和保护环境。

新的技术与新的能源会引发一些新的问题。①"不完全替代"问题。新技术通常比常规技术更容易出现过早失效,因此具有更高的资金风险。不完全替代还可能引起消费者的逆反心理。一旦发觉新的节能设备价格高而性能并不理想,他们会变得对所推销的任何新的高能效设备产生抵触情绪。②效率悖论或"反弹效应"。从历史上看,更高的能源效率总是伴随着能源消费量的增长。早在 1865 年经济边际主义学派创始人之一威廉姆·杰文斯(William Jevons)就指出,效率越来越高的蒸汽机车的使用将导致煤炭消费的大量增长。换言之,由于更高的能源效率而导致的单位能源价格的降低,会促使人们更多地去消费能源。因此,任何能源计划都应考虑到,能源增效中所得的收益总有一部分会因为这一悖论而失去。③"溢出效应"。更高能效的设备或技术的发明会导致新设备更广泛的推广。在这一意义上,溢出效应部分地是效率悖论的另一面,例如,效能更高的制冷空调的发明不只是使它成为一种奢侈品,而且在许多新住房中成为一种流行时尚。④"对延时的回报不感兴趣"。许多效能更高的设备初始的价格较高,以后会便宜许多,但是消费者往往只看到直接发生的费用,而对未来节省的许多许诺抱有怀疑或不感兴趣。人们往往看重初始的投资而忽视长远分散的节省。由于这一原因,许多有希望的新发明在几年甚至几十年内只能是一些奢侈人(或富人)的专用品,无法占有更广的市场。⑤"政策缺口"。一是政治家们常常缺乏能源知识,这使得他们在能源政策上往往听信简单化、错误和空洞的口号。二是需要有适当的能源使用方面的监管政策,使得能够鼓励提高效率和减少现有能源设备定价和税收上存在的阻碍和消极因素。⑥过于便宜的能源。当消费者几乎可以不花钱地使用能源时,就会使他们很难养成负责任的消费习惯,并使他们很难拥抱那些提高能源效率的措施。

科学技术不只是单纯地推动社会进步,科学技术与社会之间也会产生各种负面问题。新技术以前所未有的速度发展,并重塑着社会。在人均功率消耗未达到一定界限之前,机器运转的确推动着社会进步,一旦超出这一界限,技术就将超越我们的掌控。最终我们将成为技术的傀儡,技术流程也将凌驾于社会关系之上。过度能耗之于社会就像毒品之于人体,不仅伤害机体,还会形成精神依赖。汽车、电脑、电话等已经变成了我们日常生活所不可或缺的部分。但人们常常忽略了技术对人类社会的影响。由于已经习惯被技术所控制,我们感觉不到它们的存在,但生活中一旦没有了它们就会使我们感到无所适从。人类借助技术实现了人口增长,也对全球环境系统造成了越来越严重的影响。技术也是运用可持续性的一个重要领域,因为设计与使用新过程、材料和产品会以比从前更为深刻的方式影响地球上的生命。例如,气候变化主要是交通与发电技术的副产品——将化石燃料转换为其他形式的能量,并向空气中排放了大量的二氧化碳。用可持续性标准指导我们的选择(即平衡潜在的利益与风险和危险)是一件伦理与实践任务。

另外,现代以利益为导向的科学技术研究体系也使人们对科学技术的可信度产生了疑问。20 世纪 60—70 年代利益冲突的观念被扩展至每个雇员之中。商业、工业或政府发展机构雇佣的科学家不值得信赖，因为对问题的科学判断中，科学家很难不表达自己雇主的利益。事实上，对于科学技术研究作为能源政策的基础，人们普遍关注的是它能否为政治决策提供证据。于是在公共政策出台的过程中，代表不同利益的科学家就科学的标准问题产生了不同的争论。他们把有利于自己主张的科学称之为"好科学"，不利于自己主张的科学称之为"坏科学"，极端的情况下称之为"垃圾科学"。可见，虽然在能源问题上，技术发挥着重要作用，但技术的创新和使用并非纯粹的技术问题。由于技术的使用涉及成本和利益问题，因此也就存在大量的对技术革新的抵制者以及技术问题政治化的趋势。环境支持者希望发展清洁能源技术，而基于新技术的可行性或成本过高的问题，抵制者经常把技术的革新者诽谤为"反技术"。商业团体作为环境的反对者，专门发明了技术革新策略。许多公司为了证明自己所使用的技术的合理性，还建立了私人实验室。

环境主义对技术的批判是从对机械世界观的批判开始的。作为整个西方文明基础的 17 世纪的机械论哲学认为宇宙是机器，知识就是力量，自然是我们剥削和掠夺的对象。近代的机械论世界观是伴随着近代的科学革命而形成的。从哥白尼、开普勒、伽利略到近代数学、牛顿力学等近代自然科学的成熟，在为近代文明的诞生和发展做出巨大贡献的同时，也为机械论世界观的形成奠定了基础。这种世界观在方法论上一般被称作"笛卡尔主义"。所谓"笛卡尔主义"，是指作为认识主体的人从外部冷酷地贯彻自然对象，通过试验和分析得出有关自然的规律性认识的方法。这种"笛卡尔主义"对近代人的自然认识产生了极大的影响。

一般来说，近代以前，自然往往被看作是一个有机的整体。但是，到了近代，自然被量化和原子化，成了由众多独立的原子所组成的机器。本来自然是以生命原理为基础的，但是到了笛卡尔那里，自然的生命原理遭到了排斥，自然被还原为缺少一切生命和意识的几何学上的物体"广延"性。自然本身不再具有能动性和目的性，而成了一架"死的机器"。结果，在哲学上，自然将必然作为人（主体）可以毫无顾忌地利用的素材被彻底客体化、外部化。用亚里士多德的话说，就是将形式从自然那里剥离出来，将自然仅仅还原为质料，也就是说，将自然看作是一个机械的、被动的东西。

既然是机械的、被动的，要想使这架机器运转起来，就只能借助于外部的原因和动力，而这只能是具有目的意识的人。这样一来，在人与自然的关系中，人就站到了主体的立场上，成了推动自然、支配自然、解剖自然、拷问自然的主体；相反，自然则被抛到客体的立场上，成为人的劳动对象和劳动手段，甚至成了任人"支配""解剖""拷问"的对象。这种人和自然的地位两极分化的结果，就是出现了肉体和心灵、自然和人、物质和精神的二元对立，出现了心灵对肉体、人对自然、精神对物质的支配，这种人对自然的支配在环境思想中被称作近代的"人类中心主义"。在这个意义上，机械世界观直接导致了"人类中心主义"，或者说两者本来就是同一个事物的表里关系。

与机械世界观最相适应的是资本主义产业文明。美国环境史学家凯瑟琳·麦茜特

(Merchant,1992)曾说:"即使在今天,机械论哲学也是使产业资本主义合法化的意识形态,也是支配自然的、产业资本主义固有伦理。"资本主义产业文明不仅极度开发了人类认识自然和改造自然的能力,而且还最大限度地助长了人类支配自然、征服自然的愿望,而机械世界观给资本主义证明自己的能力和满足自己膨胀了的欲望提供了最好的自然。不仅如此,这种机械世界观还会带来"技术乐观主义"。人作为拥有自我意识的主体,开始以近代自然科学为武器,克服了一个又一个自然的限制,在无数次的成功面前,他们开始相信依靠技术的进步完全可以认识自然的奥秘,将自然彻底地纳入人的控制之下。这种"技术乐观主义"与近代资本主义结合起来,成为了近代资本主义的精神。其结果,自然丧失了它的神秘性和生命性,单纯地沦落为资本主义这架机器的"死的素材"。

凯瑟琳·麦茜特(Merchant,1992)曾对近代的机械论世界观做过这样的概括:"在 17 世纪科学革命中所诞生的机械世界观将世界描绘成一架可以在外部进行操作的、可以互相交换的原子所组成的巨大机器。这架机器与在工厂中所生产的机器零件一样,可以被操作者换掉和修理。这一机械世界观与早期资本主义同时产生,并支撑了早期资本主义的发展。而且它还取代了那一将自然视为养育万物的大地有机体的文艺复兴时代的世界观。此外,机械世界观还以视自然为管理和支配的对象的伦理取代了有机世界中人与自然相互平等的伦理。机械论的机器支配的伦理使将自然作为商品来利用的产业中心的资本主义的核心教义合法化。"麦茜特的这一概括可谓是当代环境主义者对机械世界观的最典型的批判。为了能够对抗这一机械世界观,今天的环境思想中出现了两种理论倾向,一种是环境伦理对人类中心主义哲学观的批判;另一种是社会派环境主义或者说社会生态学对资本主义产业文明的批判。

可见,技术只能解决供给端的问题,却不能解决需求端(消费者)的问题。新技术可以提供越来越节能的产品,却也鼓励了人们越来越多地依赖技术,从而使用了越来越多的能源。

5.1.2 能源消费的反弹效应

现代社会造就了这样一种理念,认为科技几乎可以为任何问题提供解决方案(蒙哥马利,2017)。但无论我们如何热切地相信科技能够改善我们的生活,科技也无法应对资源消耗速度大于资源再生速度的困境——这种情况下资源终将在某一天被耗尽。经济学家们长期以来一直认为,更高效的能源生产和消费可以推动能源需求和能源服务需求的反弹,从而可能导致能源消费增加,而非减少。随着时间的推移,能源生产力的提高降低了隐含价格,增加了能源服务的供应,以此推动了经济增长,并推动企业和消费者找到能源消费的新途径(如能源替代)。能源经济学文献称为能源需求"反弹",或者当反弹大于初始能源原节约量时,称之为"反作用"(斯威尼,2017)。

我们可以从汽车燃油效率的变化趋势中看到反弹效应。对于轿车和轻型卡车来说,单位油耗行驶里程的增加(如 10%)将降低每单位里程的驾驶成本,因而人们会增加开车次数。如果人们开车次数增加 2%以上,那么汽车油耗的总体减少量会达到 8%左右,即由单位油耗行驶里程增加带来的能源消费量减少 10％和由开车次数增加带来的能源消费量增加 2％对冲之后的结果。这些反弹效应会部分抵消因节能技术的发展而减少的能源消费量。

然而，总体能源影响通常要复杂得多。如果人们开车次数增加 2％以上，他们可能会减少乘坐飞机的次数，从而减少航空燃油消费量。这意味着交通运输领域的能源消费降低总量将不止是 8％的汽车燃料消费减少量，而且航空燃油消费量的减少甚至可能抵消由于人们开车次数增加带来的 2％燃料消耗增加量，在这种情况下，调整量之和不能抵消由于节能技术发展而减少的能源消费量。

实际情况甚至会更加复杂。如果消费者的汽油成本节省了 8％，那么他们可能把节省汽油成本中的大部分用于其他商品的消费。如果这些商品在国内生产，那么相应的制造业产量就会增加，并需求更多能源，这在国内劳动者未充分就业的情况下有利于经济发展。但如果就业已经充足，这部分商品生产的增加就需要占用其他商品生产的资源，使得生产不同种类商品的总能耗降低。如果这些其他商品在另一个国家生产，那么那个国家的生产产量将会增加，能源消费也会增加，这些货物的全球运输也会引起能源消耗的增加。

值得注意的是，无论反弹效应对能源消费的影响如何，该效应终将让人们在改变消费行为中获利。在上述示例中，当司机发现增加开车次数所得到的收益大于额外增加的驾驶成本时，其开车次数增加 2％的情况的确有可能发生反弹效应，其实就是他们做出更优选择后的结果，如果他们认为有其他的商品更值得购买，他们就会去购买这些商品。这就会造成这些商品产量增加，因为对于公司来说增加这些商品的产量是有利的。对改变消费行为的个人来说，反弹效应其实提高了个人福利。

但对整个社会而言，反弹效应可能是有益的或者是有害的。若不考虑不可估量的外部影响，反弹效应对社会总体来说有利。但就能源而言，至少在发达国家，环境影响和国家安全影响等不可估量的外部影响可能要超过个人利益。以汽车为例，更多公路的拥挤所造成的社会成本增加有可能超过个人利益增加，因此这些福利效应也很复杂。

政策所面临的问题是我们预期的反弹效应有多大以及形成反弹效应的历史规模。对于某些家用和商用的能源消费来说，如制冷，能源消费有固定的周期，所以消费者不太可能因为冰箱变得更有效率而改变这个周期。根据反弹效应，人们也许可以推测出由于能源成本降低，消费者会购买更多的冰箱。但事实是，大部分家庭都只有一个冰箱，不到 25％的家庭有两个或更多的冰箱。但由于现在冰箱的功率不到 1973 年的四分之一，因此，即使存在冰箱保有量增加这一反弹效应，增加的保有量也并未抵消能效大幅提升的影响。

对于其他家庭或商业用途来说，人们能够主动控制能源使用量。他们决定在什么温度下设置恒温器用于加热和制冷，以及他们打开和关闭电灯、电脑、电视和火炉。对于这些用途，虽然反弹效应可能更大，但通常仍然有限。毕竟家庭和企业一般不会因为采暖系统节能而将温度设置得过高，以至于超出舒适范围；企业也不会因为安装了 LED 灯或者运动感应/感光开关等节能装置而将办公室的亮度设置得过高。以目前的经验显示，在设备效率范围内 10％～30％的变化除了导致轻微反弹外，并没有其他后果，对于汽车运输,反弹效果同样也很小。轻型车辆的燃油效率自 1973 年以来大概翻了一番,2002 年的实际汽油价格与 1970 年石油危机前的价格大致相同。但是,车辆行驶里程的增速略有放缓,并没有加快。没有证据显示存在实质性的反弹,更不用说"反作用"了。

对于航空运输来说,反弹效应的规模不太确定,但可以肯定的是,不会很大。每客英里的能源消费量减少大约四倍;航空旅行实际上有所增长,但其中大部分增长可能源自收入增加。在工业领域,能源消费是非常不均匀的,很难描绘反弹效应的特征。但是,即使总产量持续增长,1973 年以来工业领域的能源消费量并没有增长。

通过考察美国能源的使用情况,我们发现总体上不会有大的反弹效应。美国经济整体的能源强度在 1973—2014 年下降了 57%,并且能效提升把能源消费量从每年 180 千万亿 BTUs* 降低至每年 100 千万亿 BTUs。相较于有限能效基准,能效提升使得每个消费领域的能耗都降低了。这些数据与上述论调相互矛盾,即能效提升有可能增加能源消费甚至反弹效应会明显地限制能源消费的降低。即便不把"反作用"看作一种常见现象,这些总体数据也不能很好地量化总体反弹效应。反弹效应的幅度无法直接推导,因为总能源效益的增长源自许多方面同时作用,如能源价格、技术进步、监管政策和个人期望。但这些数据与反弹效应的说法具有很大的矛盾,与美国整体经济出现"反作用"的说法更为矛盾。

尽管在发达经济体中大范围的反弹效应甚至"反作用"的可能性不大,但能效净贡献的某些问题确实需要更多的研究,特别是在发展中国家。当劳动力和其他资源充足时,能效可以导致能耗的减少和经济活动的增加,促进经济增长。在美国等发达国家,能效提升最大的影响可能是能源消费量减少;而(虽然没有实际证据)在劳动力充足的发展中国家如果出现反弹效应,也有助于经济福利的提高和社会发展。也就是说,能效提升通过反弹效应使工业和商业活动增加;在发展中国家虽然没有减少能源的使用量或降低碳排放量,但也增加了福利;而对欠发达国家则有待开展更多的反弹效应实例研究。

5.1.3　人工智能与能源消耗

1956 年"人工智能"概念正式诞生。在其 60 余年的发展过程中高潮低谷、几经波折。2015 年,谷歌的 Alpha Go 战胜围棋高手李世石,再次拉开了高潮的序幕,这距离上次高潮已经过去近 30 年。从技术层面上讲,此次高潮是在 20 世纪 80 年代第二次浪潮基础上形成的。因为第二次浪潮是以人工神经网络为主流,而这一次高潮的技术基础是深度学习,恰恰是人工神经网络的一个具体方法。确切地说,是基于人工神经网络(基于人工神经网络的机器学习方法)的深化,它比以往任何机器学习方法更高效地解决更复杂的任务。当然,计算能力的提升以及大数据技术的发展也是深度学习的性能得以展现的主要原因。应用层面上,从语音识别、机器翻译到医疗诊断、自动驾驶,基于深度学习的应用在不断加深、不断成熟,甚至在很多方面已经开始超越人类。由于一些成熟的技术带来

---

　　* BTUs 为英国热量单位。

的巨大的利益诱惑,国内外主流的互联网公司,如谷歌、亚马逊、Facebook、百度、腾讯等,纷纷布局人工智能,创业和投资的热潮也从前几年的无人机、虚拟现实全面延伸到人工智能领域。短短两年,全球已经有几千家人工智能公司,市场规模增长空间巨大,预计未来十年内将创造万亿美元的价值。

人类似乎已经进入了一个人工智能的美好时代,与此同时,在对未来的美好憧憬中,也不乏对人工智能带来的负面影响的担忧。这些担忧提醒人们在乐观期待未来的同时,也应关注人工智能可能带来的风险,这就产生了人工智能伦理问题。人工智能是人类技术进步的一部分,其引发的伦理挑战也是技术进步对人类伦理的再次挑战。无论人工智能伦理还是机器人伦理,都属于科技伦理的一部分。20 世纪 40 年代以来,建立在现代科学原理上的一系列高新技术,包括信息技术、生物技术、新材料技术、新能源技术、海洋技术、空间技术以及人工智能技术等,都对人类生存发展带来影响和挑战。随着人类利用高技术控制自然的能力的提高,人类似乎日益成为自身或机器的奴隶。

从能源伦理的视角,我们可以对人工智能提出两个问题:人工智能是否有助于减少能源消耗? 以及人工智能是否有助于提升能源公平?

从能源消耗层面看,由于智能渗透到生产生活的方方面面,取代了许多人工活动,如机械人护理,必定大幅增加能源消耗总量,问题是能源从何而来? 有人认为人工智能甚至可以解决垃圾分类问题。人们只需将垃圾随意地扔进垃圾桶,垃圾就会被自动智能分拆、分类。且不论这种技术是否对所有垃圾适用,即使从技术角度可行,我们仍要面对这样的能耗问题:全世界所有的垃圾桶都变成 24 小时带电的"待命"垃圾桶需要消耗多少能源? 智能化程度越高,通常意味着能源消耗也越高。现在有越来越多的智能家居、智能家电、智能建筑、智能汽车等,都需要 24 小时不断网、不断电,从而浪费了大量的能源。

从能源公平的角度看,人工智能也无益。人工智能也是"昂贵"技术,只有富人才有可能更多地使用。智能家电、恒温建筑等都与穷人无缘。为了引导技术力量,就需要注重源头开发、设计"友善的人工智能",最大限度避免人工智能的"恶之花",这就是人工智能伦理的应有之意(莫宏伟,2018)。

5.1.4 现代交通的伦理反思

现代交通是技术进步与能源相结合的典型代表。对当前交通运输模式的伦理批判有助于做出更为合理的未来交通运输选择和能源政策。对于交通拥堵问题,过去半个世纪的传统做法是简单地增加现有交通系统的容量,例如,拓宽现有车道。然而,其结果却是道路修建的速度远远赶不上汽车生产与消费的速度,路修得越多越宽,交通拥堵也越严重。如何解决这一悖论? 技术是否能解决交通拥堵与环境问题? 技术乐观派认为,可以通过智能交通系统,利用信息技术与计算机的力量解决交通拥堵问题。然而,技术方案不可能从根本上解决交通拥堵与环境污染问题,并且技术很可能会制造出它们自己的新问题。

所谓的现代交通方式,以增长和人类进步的名义,企图把道路修筑到地球上的任何角落,并使人们以越来越快的速度到达任何他想去的地方。然而,随着交通系统的快速扩张,我们却发现了许多具有讽刺意味的结果:道路越修越宽,越修越长,但堵车也越来越严重,设计通行时速最高的高速公路却常常是堵车最严重的地方,且经常堵在上面哪儿也去不了(如中国节假日的高速公路大堵车);随着越来越多的道路通往郊区,城市不断扩张,人们越住越远,人们的生命越来越多地浪费在上班与公务的路上(许多大城市居民平均上班往返时间达到 3 个小时);汽车与道路增加了人们的机动性,但也增加了许多不必要的活动,造成"过度活动";现代交通也因道路建造、汽车生产与汽车燃料消耗而使用了大量的能源,使环境污染日益严重。

同时,社会似乎并没有因为交通的发展而变得更加公平,人们也没有因为能够以更快的速度到达更多的地方而感到更幸福,相反,缺乏伦理考量的交通发展反而可能会降低人们的幸福感,扩大社会不公平,并加速生态环境的破坏。奥尔多·利奥波德(2015)曾指出,促进可持续发展"不是把道路修建到可爱的乡村,而是要在仍不可爱的人类意识中构建可接受性"(利奥波德,2015)。因此,有必须反思交通与能源消费的伦理问题了。

可以说,现代交通方式是以征服时间和空间为目的的,因为现代交通(以及通信)缩短了人们的时间与空间距离,提高了人们的机动性和可及性。从哲学上看,时间与空间既是秩序之源,也是意义之源。更高的机动性和可及性能够充实时间与空间,或节省人们的时间,让人们在既定的时间内占有更多的空间。而人们认为,更高效地使用时间和占有更多的空间就意味着"社会进步"。于是,现代社会在持续建造了一个庞大的交通运输系统,希望以促进经济和社会进步的名义,把压缩时间与空间,或赋予时间与空间以更多的社会意义。现代社会也将最大程度地提高人们的机动性(移动速度),并不断推动建立更庞大的交通运输网络(移动载体)作为一个理所当然的目的。由于道路的公共物品属性,很少会有人质疑政府与企业修建道路的行为。然而,任何事物都必须接受伦理的考量,交通也不例外。一个最为根本性的交通伦理问题是:机动性与人类进步之间是否存在必然的联系? 换言之,交通的发展是否会促进人类的真正进步,是否会带来人类的真实福利,是否会促进人类的自由与健康、社会公平以及环境保护?

通过反思,我们发现现代交通的发展已经危及人们的幸福、社会的公平与生态的可持续性。

(1)交通与幸福。日益严重的交通拥堵浪费了人们宝贵的时间与生命,而这些时间本可以用于更有价值的事情或以更愉快的方式度过。时间的浪费也是一种经济损失,对个人和企业(交通堵塞影响企业货物运输)都是如此。

高速移动的社会也是一个意义不断被削弱的社会。人们在车轮上变得越来越忙碌,却没有时间欣赏路边的风景,也没有时间思考人生。人生需要用有意义的经验来填补时间,而在单调乏味的高速公路上不停地奔波并没有提供有意义的经验。为了使时间变得更有"效率",所有的人文、社会和自然因素都被排除在外,世界面对的是冷漠的纯粹数学公式。交通效率提高了时间的经济价值,却贬损了时间的"生活价值"。我们还有多少"生活时间",或者我们给了自己多少时间去生活?"真正重要的不是时间,而是生活的品质和意义(Khisty et al,2001)。"

交通对空间与距离的征服也切断了自然与社会的关系。在过去一百年间,由汽车及其装备的城市空间的变迁深刻地重构着社会生活。城市塑造了城镇的基本形式,规定了街道与城镇的规模。汽车占据了曾经由人们所共享的,充斥着行人、马车或自行车等的街道。现代交通压缩了空间,使空间变得简单。在以步行为主的古代社会,一步一景,一步一故事,而机动车时代的公共空间不再是一个进行许多有趣活动的场所,而只是一个尽可能快地通过的地方。高速交通撕裂了地方社区,干扰了其他形式的人类活动。如果高速公路可以直达任何地方,那么这世上或许就再也没有"桃花源"了。

(2)交通与公平。汽车与道路的无限制发展剥夺了公共空间。私人汽车占用大量的土地面积,消耗大量的不可再生能源和其他资源。例如,美国洛杉矶有三分之二的城市空间与汽车使用有关(Freund et al,1993)。

人们常将通行自由列为一种基本人权,并衍生为人拥有使用私人汽车的权利。然而,虽然私人汽车扩展了个人自由(而乘坐公共交通工具限制了人的自由),但却影响了他人的自由(环境污染、拥堵、交通事故等负面属性)。如果使用私人汽车是一种基本权利,那么政府对交通进行控制是否干涉了个人自由?对于一个自由社会来说,个人自由的前提是不影响他人自由的实现。因此,社会的和平共处才是最重要的,因此,拥有私人汽车(或私人飞机)的自由服从于社会经济系统的良序运转。另外,由于交通活动发生在公共空间,因此,交通方式的选择并非完全是私人领域的事情,也不能是"自由"决定的,而是需要承担社会义务的行为。如果人们宣称他们有权随时随地开车,就是忽视了自由意味着社会义务这一事实。

对汽车的依赖引发了严重的社会公正问题。一方面,穷人需要承受富人所制造的外部性问题,成为交通事故和环境污染的受害者。另一方面,世界上一半的人口居住在缺乏必要交通基础设施的发展中国家。在这些国家,低速的非机动车交通(步行、畜力和骑自行车)仍在社会中起着重要作用。从全球角度看,最紧迫的问题是如何从正义的角度处理发展中国家人民追赶发达国家发展的要求。是否能拒绝发展中国家对现代交通的需要?

正义并不等于无条件地平等对待,而是对相似的情况平等对待。对发达国家公民来说,超过400米的距离就无法忍受步行,而对发展中国家的公民来说却是2公里;同样,自行车的相应距离分别为1.5公里和9公里。造成这些差异的主要原因是人民的人均收入和时间价值。

(3)交通与生态。交通与汽车的发展增加了燃料消耗,造成了日益严重的环境污染。正是由于道路属于一种公共物品,于是汽车的使用会造成加勒特·哈丁(Garrett Hardin)所说的"公地悲剧"问题(Hardin,1968)。因为每个汽车拥有者使用道路所带来的好处远远超过了汽车使用的成本,换言之,与个人使用汽车与道路所带来的收益相比,交通所需的额外个人费用是很小的。虽然人们都知道汽车使用所带来的负外部性,但也知道这些负外部性是大家共同承担的。我们共同承担着交通系统的许多成本,如交通网络扩大的建造成本、空气质量的恶化、化石燃料的枯竭、由于交通堵塞而造成的损失等。对许多人来说,时间和空间基本上是数学现象。如果增加机动性是一个合法的目标,那么,这种数学解释鼓励提高时间效率并消耗更多的空间,而对空间的污染与自然资源的限制都可以忽视。

通过伦理反思发现,我们需要的是一个更好的交通系统,而不仅仅是更多的高速公路。发展公共交通是提高能源效率、促进交通公平的最佳选择。私人汽车所消耗的"时空"(汽车对土地的占用时间与占用空间)是一辆 30 座公交车的 8 倍(Bruun et al,1995)。在交通方式的选择上,我们不能牺牲所有其他形式的交通工具给私人汽车。但事实上,每种交通方式都有其特殊的用途,良好的交通运输政策必须力求改进和充分利用每一种交通类型。例如,发展共享单车和共享汽车也是低碳交通选项。共享单车解决了最后一公里问题,提高了公共交通工具的使用效率。

共享汽车也是一种有益的尝试。杭州于 2010 开始试行新能源汽车的分时共享模式。这种模式可定义为一种公共交通模式,只租不售,采用分时计费。2010 年,众泰汽车控股集团启动了"以租代售"的商业模式。通过分时共享模式提高汽车租赁效率,增加运营投入,使新能源汽车的租赁项目运营实现可持续化发展。按照分时租赁—多人共享的理念,通过一套分时自助租赁智能管理系统(车联网)与租车网点(专用地面停车场位),为会员提供刷卡自助、定点租还车服务。租赁车辆采用充电式纯电动汽车,租赁方式分为小时租、时段租、按天租和夜间租等多种租用形式,可提高车辆使用率,降低使用成本,规模化后可以成为又一种新型公共交通,起到缓解城市交通压力的作用。该模式全部采用纯电动汽车和可充电式立体车库,租车站分布在城市的机场、车站、商业中心、居民小区等需建站区域,为用户提供一种在运营区域内租车自驾的出行方式。这种模式可以解决制约电动车推广的诸多现实难题,如充电、维护保养和电池回收等。电动汽车的自驾租赁运营系统对城市纯电动汽车及其能源供给实施集中购置、集中管理、集中充电、集中维护和分散租用自驾。租车站是运营网络的基本单元,为用户提供自驾租车及各种服务,承担车辆充电、维护、电池回收再生及网络系统运行管理等。用户租车后可驾车自主行驶,到达目的地可就近到另一租车站进行异地还车,根据需要还可开展电话租车及送、接车服务,方便、经济、快捷。这是一种既有普通出租车的灵活,私家车的自驾、自由行动的乐趣,又有类似城际自驾租车异地还车的方便,很可能会成为一种高品质、高效率、低能耗、低污染、低成本的新型公共交通方式。

5.2　新能源汽车的伦理批判

汽车的诞生极大地改变了人类的生产与生活方式,然而,汽车在全球范围内的日益普及也带来了不可忽视的环境和资源问题。在气候变化和能源危机的双重背景下,新能源汽车被作为一种取代传统能源汽车的前途光明的廉价、低碳、可持续交通工具,成为交通行业实现低碳的关键技术之一。虽然新能源汽车在技术层面使用了更为清洁、更可持续的能源,但是新能源汽车与传统能源汽车在经济理性和科技理性层面并没有实质性的区别,它还延续了传统能源汽车的市场逻辑与消费逻辑。经济理性认为,全球经济扩张中所遭遇的能源等生物物理限制,会通过市场来解决。科技理性认为,能源危机会迫使诱导性科技创新,从而在最低程度地影响经济的同时改善环境。然而,如果没有相应的政治经济制度,以及社会与伦理层面的变革,仅靠新能源汽车这种科技创新并不足以解决由传统能源汽车所引发的气候与能源危机,也不足以解决传统能源汽车所遭遇的环境与社会问题。

在思考新能源汽车时我们容易忽视公平的概念,而"以公平为代价增加能耗的行为会给社会埋下巨大隐患"(艾莫里等,2014)。如果新能源汽车要真正有助于解决气候和能源危机,就不仅需要在能源、生态与经济上实现可持续,也需要促进社会公平。只有能全方位促进社会和谐与人类可持续发展的新科技手段,才可能成为人类的未来选项。虽然新能源汽车本身可能是气候变化与能源危机的一种"解决之道",但是如果没有充分考量伦理维度的政策配合,新能源汽车不仅不能解决传统能源汽车所造成问题,反而可能引发新的公平问题。

5.2.1　国际公平问题

新能源汽车的发展势必影响各国的生态环境和改变国际能源结构,并对各国造成不平等的影响,尤其是会对世界上的极端贫困人口造成较大的代价。新能源汽车发展所造成的国际公平问题是一种新的能源殖民主义:北方发达国家剥削南方国家的农业生态系统和劳动力为其提供廉价的新能源。把粮食生产用地或林地转化为能源生产用地,将伴随着严重的国际公平问题。

我们没有必要去创造与人类生活质量相冲突的燃料(海夫纳三世,2013),但发达国家新能源汽车的发展却会与新能源供应国的农民争地,对当地农民的生存与发展造成不利影响。美国和欧盟(欧盟规划在 2020 年前所有成员国的交通燃料有 10% 来自生物燃料)等发达国家的新能源汽车政策会影响发展中国家的经济发展和经济结构。发达国家为了满足其新能源消费的高增长,需要从发展中国家进口包括生物燃料(如甘蔗、棕榈和大豆)在内的新能源。发达国家的能源公司发现许多非洲国家是很好的生物燃料来源国,认为其国土的 30%~50% 都适合种植燃料作物。

可见,新能源汽车的发展会驱使发展中国家的大量土地由种植粮食作物转变为种植燃料作物,出现"与人争粮、与粮争地"的情况。这种情况已经在印度尼西亚、哥伦比亚、巴西、坦桑尼亚和马来西亚等发展中国家出现,并引发了一些严重的社会正义问题:小农场主和土著居民被迫迁出他们原来的土地;新型农业工人在种植园受到剥削;穷人无法获得廉价的主食等。例如,巴西的大部分甘蔗地都曾是热带雨林和最后的土著瓜拉尼人(Guarani)的居住地,但发达国家对新能源的需求已经使巴西的热带雨林以及土著居民大幅减少。继续将巴西的土地变为甘蔗种植园将威胁亚马逊地区的生物多样性以及土著居民。另外,在甘蔗种植园工作的发展中国家工人还要受到资本家的无情剥削:工人们每天要工作 10 小时以上,但每收获一吨甘蔗才收入不到半欧元(Gomiero et al,2010)。

　　发达国家认为新能源汽车发展会带动发展中国家的能源出口,从而促进发展中国家的减贫和食品安全,创造工作机会,有利于小农,并向发展中国家提供廉价能源,但它们忽视了一个问题:全球 60% 的人口是营养不良的,发展中国家的人口最缺乏的不是新能源,而是粮食。作为燃料乙醇生产大国,美国的燃料乙醇基本都是以玉米为原材料,直接导致了近几年玉米价格一路飙升。根据世界观察研究所莱斯特·布朗的估计,将一辆SUV 汽车油箱装满生物乙醇所需要的玉米刚好是一个人一年的口粮,这是世界上拥有汽车的 8 亿人与每日生活费低于 2 美元的 30 亿人之间的不公平竞争(中国林业生物质能源网,2016)。若技术上没有大的突破,根据目前世界各国的燃料乙醇工业发展趋势,世界粮食价格必将继续走高。到 2015 年全球还约有 7.95 亿人处于饥饿中,其中发展中国家占 98%。粮食价格上涨对不需要考虑温饱问题的富人来说只是成本问题,而对食不果腹的穷人来说却威胁到生存。粮食价格上涨会引发"无声的海啸",不仅直接影响全球近1 亿多人的生计和 10 亿多人的吃饭问题,而且可能导致严重的政治危机,威胁到发展中国家的经济发展和社会稳定。

　　2006 年期间墨西哥玉米面饼价格几乎涨了一倍,其原因是美国的黄玉米被大量用于生产生物燃料,导致价格猛涨,使得墨西哥进口商不得不支付双倍的价钱。他们还开始购买本国白玉米作为动物饲料,使得墨西哥玉米饼生产商与动物饲料生产者开始了购买白玉米的竞争,结果白玉米价格飚升天价。类似地,2006—2007 年,中国出现的小规模生产生物燃料热也提升了猪肉的价格。2007 年 1—6 月间中国的猪肉价格上涨了 40% 多,原因是动物饲料成本的增加,而这些饲料大多是中国人开始大规模生产生物燃料的原料。

　　美国等发达国家人均汽车拥有数量远高于发展中国家,即使换成新能源汽车,也只会延续传统的国际不正义,促进美国人拥有更多、使用更廉价能源的汽车。实际上,大多数发达国家之所以大力发展新能源汽车不过是打着环保的旗号维护自身经济利益,把新能源汽车包装成为一种低碳产业,其目的是保持自身的垄断性技术优势,生产更多的汽车,占据更多的市场,赚取更多的利润,从而实现新一轮的经济增长,至于这些生产出来的汽车所消耗的"新能源"来自哪里则不是它们考虑的问题——因为与传统能源汽车一样,它们只提供汽车,不提供能源。

　　世界最贫穷的 1/4 人口只消耗了不足 3% 的资源。新能源汽车有助于改变这种不公平格局吗? 全球经济是一个由市场主导的市场体系,稀缺的资源总是流向富有的人,因为他们有足够的财富购买。市场机制会不可避免地造成第三世界国家畸形发展,如发展不具有要素禀赋的产业。此外,还会促使他们发展暴利产业,而不是发展那些有助于增强第三世界国家经济实力的产业。结果在第三世界国家中就会出现大量的种植园和工厂,主要为本国富人或者发达国家生产。只要我们让市场机制继续主宰经济发展,使世界财富不断流向富人,那么第三世界国家的贫困问题就永远无法解决。新能源汽车是否只是一种升级版的消费品,资本主义体系仅仅关注对这种消费品的消费速度,而不在意消费者是否了解这种消费的后果。因此,必须改变资本主义不可持续的消费主义生活方式,那种不管资源消耗、不管废物处理、不考虑物品和服务真实效用的"生产—销售—购买—使用—丢弃"的消费终将被淘汰。

另外,新能源汽车的推广会使传统能源成为"落后"能源,发达国家会以环保为由对以传统能源为主的发展中国家的出口商品征收"碳关税",从而削弱发展中国家出口产品的竞争力,阻碍发展中国家的发展。因此,新能源汽车可能会带来"技术霸权":发达国家的新能源汽车技术使得发展中国家新建不久的传统汽车工厂以及其积累起来的传统能源汽车技术很快成为"落后",使发展中国家始终处于落后状态。这是一种新式"帝国主义"霸权与剥削的体现。在不毁灭地球的前提下,人类不可能全部享受到发达国家的能耗水平,而且这种高能耗的消费方式也是不可持续的。如果人类文明要延续,发达国家的消费量必须由无节制的增加转变为有计划的减少。

5.2.2 国内公平问题

在国内层面,作为一种比传统能源汽车更"先进"的交通方式,新能源汽车也应当要有利于促进社会公平,有助于减少贫困和社会不公平。联合国秘书长能源和气候变化咨询小组 2009 年提出的建议指出,在应对气候变化和消除能源贫困方面做出的努力并不相互排斥。相反,扩大穷人获得现代能源服务的机会及提高能源效率是在促进千年发展目标的同时应对气候变化挑战最为有效的途径之一。然而,新能源汽车的盲目发展却有可能扩大当前的社会不平等,并产生新的不平等。

首先,新能源汽车所使用的新能源可能会激化不平等。新能源汽车会激化新能源生产与传统农业生产之间的冲突,改变土地利用,造成粮食价格上涨。其结果是汽车燃料价格下降,粮食价格上涨,这降低了较富裕人群的交通成本,但却增加了较贫困人群的生活成本。马克思发现,在资本主义制度中,机器和工人处于竞争状态。同样,新能源汽车也会与农民和城市贫民产生竞争。

其次,新能源汽车的使用上可能存在不公平的情况。新能源汽车并非人人都有机会使用。目前,由于新能源汽车的技术限制,主要是在城市地区(尤其是较发达的地区)进行推广,而乡村地区和贫困地区由于无法建设充电桩、电力容量不足、道路条件恶劣等原因,实际上是把他们排除在了新能源汽车之外。

再次,新能源汽车的相关倾斜性政策扩大了社会不平等。新能源汽车可能会维系甚至强化资本主义体系,使新能源汽车产业与贫困共同增长和普遍化。人们会因新能源汽车的普及而居住得越来越远,从而消耗越来越多的交通时间与能源。可能会鼓励富人开着"廉价"的新能源汽车回到乡村的豪华别墅中,而穷人只能在城市贫民窟中苟延残喘。2020 年城市人口中将有 45%~50% 属于贫困人口,2030 年居住在城市贫民窟的居民将达到 20 亿。

各国都在加大对新能源汽车生产与消费的补贴。英国交通部早在 2010 年就公布了《充电汽车消费鼓励方案》,对购买电动汽车的消费者提供财政补贴,补贴金额为单车售价的 25%,同时免除了所购车辆 5 年的消费税和商用车税。美国的银行为新能源汽车提供高达 90% 的贷款率,美国联邦政府和州政府对每辆新能源汽车的补贴合计达到7500~

15000 美元,基本占到车款的 10%～20%,相当于 8～9 折买车(唐葆君,2015)。2009 年,日本政府推出了以旧车换新能源汽车的计划,超过 13 年使用年限的车辆将被更换为节能汽车,政府将给予最高 30 万日元的优惠,这项计划的总量资金超过了 3700 亿日元。德国的石油税法也对一些汽车的替代燃料实施了税收优惠政策,2010 年,每年的税收补贴达到 30 亿欧元,到 2020 年将达到 50 亿欧元。著名的特斯拉公司的新能源汽车主打的是豪华车市场,目标人群是富人,如特斯拉公司的 Model S 跑车的用户定位为高收入人士和社会名流,特别是硅谷的青年才俊和好莱坞的明星。这就相当于是在补贴富人。

最后,新能源汽车的发展可能会给穷人造成更大的风险。密尔早就指出:机械方面的各种发明是否减少了人们每天繁重的劳动量,仍然很值得怀疑。这些发明使更多的人过上了同样艰苦和贫困的生活,使更多的制造商和其他人得以发财致富。新能源汽车可能会加重现有的交通混乱,从而对穷人造成更大的风险与伤害。"汽车数量的剧增是被强有力的不平等力量所驱使的。(戴维斯,2009)"大多数城市的交通政策是一个恶性循环:公交质量的下降强化了私家车等交通工具的使用,但许多贫民不能负担私人交通工具。相比之下,自行车更能体现人人平等这一交通伦理理念。如今,规划者给汽车提供了不合理的优先性。自行车出行者要忍受一系列的不便。城市贫困与交通拥堵间冲突的结果是现实存在的。第三世界每年有超过 100 万人(他们中 2/3 是行人、骑自行车的人和乘客)死于交通事故。那些没有私家车的人承受着最大的交通风险。

要发展新能源汽车,就不能让一些人使用新能源汽车,而另一些人却无法使用,或实际上没有机会使用。新能源汽车的发展也应当有利于减少贫困和不平等。新能源汽车发展不能忽视社会整体性,不能与农业等争田地、与非机动车等争城市空间(城市空间正义问题)。新能源新车的推广要有助于减少交通冲突(其实质是富人与穷人的冲突,要有助于保护穷人的交通权利与利益),有利于穷人生活与交通的改善,为他们提供更为安全、便捷、廉价的交通市政服务。可以通过农业用电补贴和税收优惠政策,鼓励新能源汽车在农业领域的优先使用;通过公交补贴,鼓励公交系统的新能源化;通过粮食价格补贴降低穷人的生活成本。将新能源汽车技术优先应用于农业车辆,降低农业成本,增加农民收入,就是一个新能源汽车促进社会公平的办法。2015 年 12 月底,河北省发布《加快新能源汽车产业发展和推广应用若干措施》,根据该政策,城乡公交车(含农村客运车)被纳入公共服务领域范围,省级财政按国家补贴标准 1∶1 的比例对购车用户予以补贴(肖俊涛,2016)。公共交通(特别是电力列车、电车和公共汽车)是提高客运能效的较好办法,通常比小汽车高 5～10 倍(麦凯,2013)。鉴于新能源汽车推广的公平性,在加强私人消费补贴的同时不应减少对公共交通的新能源汽车补贴,应扩大对公共交通新能源汽车补贴的力度和推广范围,使新能源汽车的推广有利于减少贫困和不平等。

5.2.3　代际公平问题

新能源汽车与传统能源汽车相比,是更可持续、更有助于实现代际公平的交通方式,因为它为后代保留了更多的化石燃料,也可能给他们留下一个更为清洁的环境和更为稳定的气候。代际正义要求新能源汽车不仅能保障当代人获得环境友好、廉价充足的能源供应和便捷的交通，也要求当代人保障后代的这些权利，并为了子孙后代的利益而放弃一些权利。然而，新能源汽车的无限制发展也可能仅仅是扩大了当代人的消费选择与个体自由，但却限制了未来世代的相关选择与自由，并对未来世代造成生态与社会不公平问题。如果仅仅将新能源汽车作为一种私人交通工具进行发展，那么它本身就体现了代际不公平，因为私人交通工具不具备代际延续性，后代几乎无法从中受益。相比而言，发展公共交通才能为后代留下更多基础设施上的便利。

新能源汽车对汽车使用成本的降低会加速汽车的推广和普及，使汽车日益成为一种必需品，从而需要修建更多的道路、停车位和充电桩（汽车充电桩占地面积大，规模超过一般加油站，甚至与停车场相当）等。新能源汽车的发展会成为当代人"圈地"和大肆改变地球面貌的借口，这会过多地改变土地使用格局，增加了后代人改变为其他交通方式的成本，也剥夺了后代人以其他方式利用土地的机会。后代人有权利继承一个适宜栖息的星球，但一个布满汽车和道路的星球或许并不是一个宜居的星球。

新能源汽车所使用的"新能源"并非是"无限"能源。无论是何种新能源，都存在"资源的极限"问题。例如，虽然在理论上，太阳能接近于无限，但是生产太阳能发电板的各类材料是有限的，同时放置太阳能发电板的地表面积也是有限的，但人类对能源的需求却是无限的——因为人类的欲望是无限的。新能源汽车同化石燃料汽车一样，都有制造和使用成本。虽然新能源汽车使用成本低，但是电池寿命短，其制造成本不一定低于化石燃料汽车。新能源汽车的生产以及充电桩和道路等的建设仍然需要消耗大量的传统自然资源，因此，在资源的极限方面，新能源汽车并没有突破传统能源汽车的局限，仍然是以占用后代的资源为代价的。一些新能源汽车所使用的能源并不"新"，如我国煤炭资源丰富，政府支持以煤炭为原料制造车用燃料项目。煤直接液化和间接液化制取车用燃料的项目正在积极进行。即使新能源汽车所使用的能源是可持续的，但制造新能源汽车的元素却仍是有限的。铂和铑是制造催化转化器的关键材料，未安装催化转化器的汽车是不能上市销售的。很不幸，现有的铂和铑资源不足以支持全球 8 亿辆汽车全部安装催化转化器，更何况全球汽车密度都达到美国的水平还需要再制造 57 亿辆汽车（Tollefson，2007）。如果任由新能源汽车的无限制发展，不顾自然资源的限制，就会挤占未来世代的生态空间，与未来世代的利益背道而驰。另外，新能源汽车所使用的一些所谓"新"能源也可能加重未来世代的风险。例如，如果新能源汽车的电力来源于核能等，就是当代人享受新能源汽车的好处，却将风险与成本遗留给了子孙后代。

可持续发展理念的出发点就是关注代际公平问题。可持续发展要求当代人福利增加的同时，后代人的福利不减少，要求在当代人的利用和后代人的选择之间做出妥协。对人类而言，可持续发展是永恒的，具有终极目的性。认为新能源汽车会导致能源消费的减少是一个具有误导性的观点。"片面和短视地思考问题是人类的共同倾向（Tainter，2007）。"实际上，新的经济模式反而会导致消费的增加。单位能耗减少了，成本节约了，人们就会开得更多、更远，从而产生更多的能源消费。新能源汽车必定会使旅行增加。

能源效率的提高会带来能源需求和能源消费的增长,因此,以市场的方式不能解决当今能源以及与能源相关的环境问题。"对进步力量和技术力量的信心,为拒绝考虑寻求另外一种替代发展路径的假设提供了正当理由(波利梅尼,2014)"。如果一种经济增长只是数量上的增长,那么从逻辑上讲,一个星球上的有限资源是不可能实现无限的可持续发展,而如果经济增长是生活质量的进步,并不一定要求对所消费的资源在数量上的增加,这种对质量进步超过对数量增加的追求则是可持续的,从而可以成为人类长期追求的目标。新能源汽车的发展也要符合可持续发展理念。新能源汽车的发展需要配合当代人价值观念与消费模式的改变,以使其发展对于我们这个星球和子孙后代是可持续的。

5.2.4　生态公平问题

虽然新能源汽车比化石燃料汽车能效高,但我们的出发点和目标是减少二氧化碳排放、保护生态环境,而新能源汽车所使用的电能大多是由化石燃料产生的或改变土地利用方式而实现的——只是实现了对消费者的经济保护,而并不真正有利于实现低碳和环保目标。如果不从制度与伦理上做出改变,那么,新能源汽车终会像工业革命一样,成为"资本主义的阴谋和一场生态灾难(克罗斯比,2017)"。

新能源汽车的发展必须以保护自然为基础,必须有助于保护世界自然系统的结构、功能和多样性。虽然新能源汽车是潜在的环境友好型低碳交通方式,但任何事物都是两面的,新能源汽车的过度发展也可能会产生"碳负债",增加全球碳排放总量,例如,新能源汽车的发展会加速土地开垦,将森林、草地或用于粮食生产的密集型农业改变为生物燃料种植,加重了已有的环境问题。

人类的生活已经远远超过了自然的限制,并替代了其他生命形式——地球上的其他物种得不到新能源汽车发展的任何好处,人类的这种定居是否正当? 如今,地球表面一半的无冰陆地被改变,实际上,所有土地都受到了人类的直接或间接影响。约 40% 的陆地被用于农业活动(包括改良草地),每年消耗约 85% 的水。新能源汽车的扩张会加速我们对净初级生产力的侵占,并扩大我们在地球上的足迹。

当前较为严重的生态环境问题之一就是动植物物种的灭绝,主要原因是这些动植物的栖息地遭到严重破坏。按照生态足迹分析法进行分析,如果全球 90 亿人口都按照发达国家的生活标准生活,那么人类所需要的农田面积将是现在面积的 10 倍。显而易见,我们现在的高耗能生活方式需要大量的土地和资源做保障,同时这也是大量动植物物种栖息地遭到破坏的直接原因。……要实现可持续发展,就必须将资源消耗量降低 90%,逐步停止进行工业生产、贸易、旅游以及商业交易等,换言之,如果不能从根本上做对社会发展模式进行前所未有的根本性变革,可持续发展是不可能实现的(特瑞纳,2014)。

从生态层面看,新能源汽车所使用的新能源并非完全是"清洁的"。新能源的利用需要较高的技术,高技术就需要有各种各样的高科技设备配合,这些设备也需要日常维护,从而消耗大量的能源,排放出大量的污染物。目前的电能生产方式依旧带来很多环境污染和破坏,而新能源的发展需要火电厂生产的电能,因此仍然存在许多不清洁的因素。

例如,太阳能多晶硅的生产过程中,会带来严重的耗能和环境污染问题;风能会产生噪音问题和伤害野生动物问题;核能存在泄露的安全隐患;潮汐电站需要浸泡在海水中,海水会对金属结构和海工建筑物造成腐蚀和沾污;水能发展中,因大坝以下的水流被严重地消弱,由此引起的流量和水质的变化势必会对水域中的动植物产生影响,对生态环境产生一定的破坏(任皓,2014)。"人类创造了一个人工化的、反自然的世界,一个污浊了每一种生物都赖以维生的空气和水的世界(巴拉达特,2009)"。

当前新能源汽车的发展延续了现代工业文明控制与征服自然的价值观念,人与自然之间仍然是主奴关系,人是自然的主人和统治者,而自然只是人类的工具。威廉·莱斯曾呼吁:"控制自然的观念必须以这样一种方式重新解释,即它的主旨在于伦理的或道德的发展,而不是科学和技术的革新。从这个角度看,控制自然中的进步将同时是解放自然中的进步。……从控制到解放的翻转或转化关系到对人性的逐步自我理解和自我训导(莱斯,1993)"。

地球是非常脆弱的,我们在其中生活却否定和忽视了地球母亲的生命是非常危险的。学会知足是建立可持续社会的必要条件,建立平等则是巩固社会可持续性的基本要求。地球不仅仅是我们的栖身之所,更是一个与我们的命运息息相关的复杂体系。生态伦理和生态经济要求在不对自然造成损害的前提下满足人类的物质利益,并从追求物质价值过渡到追求精神价值。

新能源汽车的生态问题犹如一面镜子,映照出了人类现代文明的病态,这种病态是与社会占主导地位的价值观紧密联系着的。在人类中心主义价值观中,人是自然的统治者、主宰者。它把自然看成是对立的敌人,并以改造自然的名义掠夺能源资源。人类社会发展正在面临着重新思考的转折点,气候变化问题可能已经成为我们最棘手的生态灾难问题,传统的能源发展观正在招致越来越严厉的拷问。在新能源汽车发展中,人类需要更多地感受命运共同体意识,而不是残酷的你争我夺的利益划分或者是索取。

人能伦理关系不和谐,不仅影响人与自然协调发展,而且对人与社会、人与自身关系的和谐造成负面影响。因此,我们应该懂得赖以生存的自然资源特别是能源资源并非是取之不尽、用之不竭的。在新能源汽车发展和新能源的开发利用过程中,要全面认识能源的价值,不仅认识到能源对人类生产、生活的有用性,又要认识到能源在整个生态系统中的作用,做到珍惜和保护能源;不仅要认识到能源的经济价值,而且要认识到能源的生态价值。

无论是可持续发展还是低碳发展、绿色发展,都不能仅仅停留在技术与生态层面,还必须有强烈的伦理指向,否则都有可能沦为异化发展。在能源来源和生态环境上,新能源汽车已经展现了巨大的优势,但是,如果这些优势无助于实现社会层面的伦理价值,甚或加重了社会不平等,那么,新能源汽车究竟是不是"好"东西,就会受到质疑。需要以对人类和环境负责的方式发展新能源汽车。新能源汽车的发展不能破坏整个生态环境,同时要为那些特别困难的发展中国家和人群以及未来世代提供真正的机会。

可见,新能源汽车的发展不能停留在技术与产业层面,而必须提升到伦理层面,以对其进行价值定位。如果没有伦理理念的方向性指导,新能源汽车非常可能仅仅成为助推资本主义异化发展模式和消费模式的引擎。符合伦理的新能源汽车应当既能促进生态保护，又能促进社会公平而不是相反。通过充分考虑国际、国内、代际与生态层面的公平问题，设计更为公平合理的新能源汽车政策，才有可能使新能源汽车的发展不偏离方向，真正成为造福全人类的利器。

5.3　节俭原则

在消费主义占主导的社会，仅仅通过技术手段很难实现能源的永续。能源资源是有限的（即使太阳能也是有限的——放置太阳能电板的土地是有限的），要实现能源的永续利用，还应当通过伦理道德建设，培养人们的节俭意识，促使人们更少地浪费能源资源，从而为人类留出时间来找到更安全、更可持续的未来能源。

5.3.1　消费与浪费

能源环境问题有其社会原因，其社会原因就在于人类创造了一个浪费型、剥削型的消费主义社会。要解决能源与环境危机，消费者而非政府才是主导力量，因为"在不存在一个全球社会实体的情况下，消费者推动着全球经济的改变（蒙哥马利，2017）"。到目前为止，产业文明没有考虑资源、能源和环境的制约，确立了大量生产、大量消费、大量废弃的机制，一味地追求高效益。消费主义已经席卷了所有社会，它们推动着工业化经济的增长，合力创造了一个"人类圈"，其规模和实力足以抗衡、取代和改变生物圈的自然过程。

人们之所以采取支配自然的人类中心主义的态度，是以近代社会的生产关系，换言之，是以人与人之间的不平等的社会关系为前提的。正是从这一前提出发，社会生态学、绿色政治、环境正义理论、生态社会主义、生态马克思主义等把能源与环境问题的根本原因归结为资本主义的产业文明。资本主义的产业文明是为了获得交换价值而生产，而不是为了获得使用价值。我们可以毫无顾忌地进行商品生产，本质上只知道相对的交换价值。在这种生产中，一切都要服从于追求交换价值的目的，大自然已经不再是白云、蓝天、荒野、森林、河川，而仅仅是单纯的土地、矿藏、木材、水产等物质资源和经济活动的空间，成为人们赚钱的手段。

资本主义的产业文明是最大限度地扩展生产规模和消费能力的生产。个别资本为了能够在市场竞争中获胜，必须拼命地扩大生产规模，为此它还必须要拼命地刺激需求和消费。结果造就了近代资本主义社会所特有的"大量生产—大量消费—大量废弃"的生产方式和消费方式。而这种生产方式和消费方式是以消耗大量的化石能源为前提的，而石油等化石能源并不会像青草那样拔掉还会再生长，因此它早晚就会遇到资源枯竭和环境破坏的极限。哈丁所描述的"公地悲剧"就是因为在资本主义条件下，每一个理性的"经济人"都会为了自己的利益而拼命地增加牲畜的头数。结果草地因过度放牧而衰竭,牲畜因食物不足而饿死。"公地"也即地球环境在人们无休止地追求自己最大利益的过程中走向毁灭。总之,这一悲剧源于资本主义条件下的生产。所谓现代这一时代的最大错误,就在于主观认定我们已经解决了生产问题。而所谓生产同时也就是破坏。

中国自古以来就崇尚节俭、反对浪费。在 2000 多年前的《左传》中便有"俭,德之共也;侈,恶之大也"的训诫。可是,进入现代社会,随着我国综合国力的迅速提高,以及人们生活水平的不断改善,勤俭节约这一优良传统已被大多数人所遗忘,奢侈、浪费已成为司空见惯的现象,铺张炫富已成为一些人的个人价值观。据媒体曝光的"舌尖上的浪费""包装浪费""奢侈品浪费"案例层出不穷,其数额之大令人触目惊心。

(1)食物浪费。据专家估计,中国人在餐桌上浪费的粮食合计一年高达 2000 亿元,被倒掉的食物相当于 2 亿多人一年的口粮。我国一年仅餐饮浪费的食物蛋白质就达 800 万吨,相当于 2.6 亿人一年所需;浪费脂肪 300 万吨,相当于 1.3 亿人一年所需。简单进行计算,我国每年损失和浪费的粮食、肉类和水产品总量,折合成标准粮约 8288.5 万吨,比黑龙江和河南两个产粮大省年产量高 600 万吨以上,相当于产粮大省四川的 1.88 倍、湖北省的 2.59 倍以上。据折算,我国每年损失和浪费的粮食,相当于 1.55 亿亩良田生产的粮食总量。

(2)包装浪费。我国每年各类包装物产值约 1 万亿元,其中直接废弃的约占 40%,高达 4000 亿元,资源浪费惊人。豪华包装既成为生产企业牟取暴利的一种手段,又推高了普通消费品的价格,还助长了铺张浪费的不良社会风气,亟待予以遏制。公开数据表明,我国已成为世界上包装浪费问题最严重的国家之一,城市生活垃圾中三分之一属于包装垃圾,占到全部固体废弃物的一半。茶叶、白酒、月饼等日常饮食都被层层包裹,似乎包装越精美,产品质量越高档。

(3)奢侈品浪费。越来越多的人追求奢侈品消费,凸显中国"未富先奢"的苗头。中国人已成为世界最大奢侈品消费群体,2012 年,中国人买走了全球约四分之一的奢侈品,消费总额达 3060 亿元。中国购物者的强大购买力正推动全球奢侈品行业创下自 2008 年全球经济衰退以来连续第三年的强劲增长。与之形成鲜明对比的是,2012 年,我国人均 GDP 仍排在世界近 90 名,人均可支配收入还要靠后许多名。奢侈品消费之所以是一种浪费,是因为奢侈品使用更多的资源生产更少的产品,如用珍稀动物身体的最精致部分生产某种衣服或箱包。

5.3.2 节俭之美德

一些人或许会质疑:我浪费自己用钱买来的东西有什么错? 问题在于,钱虽然是你的,但资源是大家的。有钱人能不能买走所有的粮食,然后烧掉,从而让大量的人饿死? 对于能源消费也是如此。富人不能因为有钱就消耗掉大量的能源,而使许多穷人因能源短缺而死亡。可见,节约能源是所有人的事,它是一种基本的伦理规范,是每个人的道德义务。

古希腊人就很重视节制,要求控制人对物质的欲望,过"中道"或适度的生活。亚里士多德认为节制是一种适度,即"关于某些快乐和痛苦(不指一切苦乐皆如此,特别是痛苦)的适度"(周辅成,1964)。老子也说:"我有三宝,持而宝之。一曰慈,二曰俭,三曰不敢为天下先。慈故能勇;俭故能广;不敢为天下先,故能成器长。"(《道德经》第 67 章)这里所谓的"俭",有两层内涵,一是节俭、吝惜,二是收敛、克制。它与"治人事天,莫若啬"中的"啬"有相同的含义。它要求人们不仅要节约人力、物力,还要聚敛精神、储蓄能量、等待时机。有舍才有得,减少不必要的能源消费与浪费,也防止了人浪费有限的生命在无意义的事情上。

能源伦理要求我们树立"节约光荣、浪费可耻"的能源消费观。各种浪费背后均是资源与能源的巨大浪费。推动能源生产与消费革命,必须转变消费理念,努力营造以节约为美的社会新风尚。大手大脚、片面追求奢华的背后反映出一些消费者的盲目攀比、推崇外表、忽视品质的消费心理和"好面子"的心理特征。刹住奢侈浪费之风,需要全社会转变消费观念,从每个人、每个家庭、每个机构做起,让节约成为"面子"的新内涵,成为社会的主旋律。"节俭不是为节约而舍弃必要的消费,更不是为了节俭的目的去违背人们生活本身的价值追求。"(万俊人,2003)然而,当前许多人的消费都是面子消费:家电、手机用得好好的,却要赶时尚而不断更新;汽车也是越买越大,国内的 SUV 销售异常火爆,而欧美、日韩都以小型节能汽车为主,注重经济性、环保性、实用性。

能源伦理还要求我们践行"低碳节能、绿色环保"的生活方式。国家应加强制度层面的建设,探索建立厉行节约、杜绝浪费的长效机制,引导全社会、全民践行低碳节能的生活方式,如倡导低碳出行、节电节水、从日常生活的点滴做起。各级政府应严格执行中央的"八项规定"和"六项禁令",完善相关法律法规和标准体系,加大监管力度,同时制约公款消费,遏制公款送礼之风。行业组织应制定本行业发展的相关标准,提高全行业形象和产品质量,发挥龙头企业引领和倡导作用,增强社会责任感,注重可持续发展,多策并举解决过度包装和奢侈浪费问题。对于个人和企业的浪费行为,可以进行处罚。

转变消费观念、改变消费模式对能源消费总量的影响是巨大的。仅仅通过随手关灯、重复用水等日常生活中一切习惯的改变,就能节约可观的能源。相关统计资料显示,每节约 1 度电,就可节省 0.4 千克标煤,节省 4 升净水,减少 0.272 千克粉尘,减少 0.03 千克二氧化硫排放,而节约用电、转变电力消费模式,既有利于减少污染,也可节约社会对电源、电网的投资,提高电力资源利用效率。

他山之石,可以攻玉。日本的节能措施相当全面,经济性诱导与强制性法规并重,让产业与民众有足够的意愿参与。日本经济产业省在 2016 年 2 月底发布了"能源革新战略"方案,在家庭用能、产业用能和交通运输用能方面制定了节能规章制度,促进全社会在需求侧减少能源的消耗。在家庭用能方面,日本提倡使用节能电器,通过制定建筑耗能标准和节能建材补助,鼓励居民对现有住宅进行节能改造,并且规定在 2020 年新建住宅过半数要实现零耗能。在产业用能方面,进行产品单耗管理的产业范畴预计在 2018 年达到全产业能源消费的 70%。针对产品单耗进行管理,除了提升能源效率外,还可对淘汰落后产能与调整产业结构起到间接作用。在交通运输用能方面,除了促进汽车降低油耗外,还会在 2016—2020 年间对混合动力汽车、纯电动车和氢燃料电池车等新能源汽车补贴,以降低购买价格,创造初期市场需求。同时在住宅大楼、办公大楼、商场增加充电桩,加速充电站的建设,协助新能源汽车的普及。日本节能政策的施政体系过去多以中央政府为主,但为了推动中小企业节能,各地区都建立了节能咨询区域平台,将地方政府、商会、协会和业界团体等纳入节能施政体系,增强了节能政策的贯彻力度(顾城天等,2017)。

5.3.3　节能之路径

作为世界上最大的能源消费国,中国日益增长的能源消耗与不合理的能源消费方式和消费结构之间的矛盾越来越凸显,如何走出这一困境、找到未来发展出路,关系着国民经济和社会的可持续发展。据国家气候变化专家委员会专家在 2015 北京能源论坛上披露,北京空气中 $PM_{2.5}$ 的 2/3 和温室气体的 3/4 来自化石燃料。一方面,煤炭在目前一次能源消费中所占比例仍高达 66%;而另一方面,在能源对外依赖日趋严重的状况下,能源的有效利用率却十分低下,能源在开采、加工转换和储运及终端利用过程中的损失和浪费惊人;同时,中国东部地区单位面积的煤炭和石油消耗分别已达全球平均水平的 12 倍和 3 倍,单位面积的环境负荷也高出全球平均水平的 5 倍以上;即便是按人均来计算,中国的二氧化碳排放量已然达到 10 吨,超过了欧盟、日本等发达经济体的历史最高水平。

当年英国治理雾霾,用 10 年时间使污染物降低了 80%,并用 20 年时间使石油替代了 20% 的煤炭、用天然气替代了 30% 以上的煤炭,最终使煤炭占能源结构的比例从 90% 下降到了 30%。这组数字显示的只是一种简单的结构变化,但它所包含的却是一场由能源的生产革命、消费革命、技术革命和体制革命共同构成的深刻的变革及其所获得的成果。目前,煤炭在中国一次能源消费中的比例还停留在将近 100 年前世界能源结构的水平上。这种差距的确令人忧心忡忡、惶惶然,但同时这意味着改革、发展与进步的可能性和空间,至少我们可以获得一种启示和信心,即北京的"APEC 蓝"或"阅兵蓝"的常态化是可以通过人为努力而实现的,关键在于决心、措施与坚持。

我国化石能源供给仍然偏紧,能源结构不尽合理;与此同时,单位 GDP 能耗水平偏高,能源消费还过于粗放。因此,我国必须大力推进能源的消费和供给革命,坚持"节约、清洁、安全"的战略方针,加快构建清洁、高效、安全、可持续的现代能源体系,并重点实施节约优先、立足国内、绿色低碳和创新驱动等四大战略。目前,我国的经济发展方式依然较为粗放,能源密集型产业的比重仍旧偏大,钢铁、有色、建材、化工四大高耗能产业用能约占整体用能的一半。虽然我国人均能源消费已达到世界平均水平,但人均 GDP 仅为世界平均水平的一半;单位 GDP 能耗不仅远高于发达国家,也高于巴西、墨西哥等发展中国家。较低的能效水平与我国所处的发展阶段和国际产业分工格局有关,但也反映了我国发展方式粗放、产业结构不合理的状况,这些都迫切需要我国实行能源消费效率和消费总量双控制,形成倒逼机制。

在欧美等发达国家和地区,节能被看作一种重要的能源利用形式,甚至被称为"第五燃料"。在 20 世纪 70 年代两次石油危机的影响下,发达国家普遍采取了一系列降低能源消耗、提高能源效率的有效措施。近年来,各国积极推动智能电网、电动汽车、智能交通等新技术的开发,旨在以先进技术提高能效。我国也必须推动能源消费革命,抑制不合理能源消费;坚决控制能源消费总量,有效落实节能优先方针,把节能贯穿于经济社会发展全过程和各领域。事实上,如果继续任由我国能源利用效率在较低水平徘徊,不仅会对环境造成巨大压力,对生态造成了严重的威胁,而且随着劳动力成本等市场要素价格的上升、政府政策红利的消耗殆尽及周边国家经济的发展,我国产品及企业的国际市场竞争力将进一步下降,中国制造的市场份额及经济影响力不可避免地萎缩。

我们需要推进能源消费和供给革命,建立能源节约型社会。首先,我国需要推行"一挂双控"措施,将能源消费与经济增长挂钩,对高耗能产业和产能过剩行业实行能源消费总量控制强约束,其他产业按先进能效标准实行强约束,现有产能能效要限期达标,新增产能必须符合国内先进能效标准。其次,控制煤炭、石油等主要化石能源消费总量。实施针对煤炭、石油等主要化石能源的消费总量控制,力争到 2020 年煤炭消费总量达到峰值、不突破 42 亿吨原煤;石油消费量到 2020 年力争控制在 5.5 亿吨、2030 年控制在 6.5 亿吨左右。此外,我国要着力实施能效提升计划。坚持节能优先,以工业、建筑和交通领域为重点,创新发展方式,形成节能型生产和消费模式。这要求在大力开发和推广先进节能技术的同时,要通过更严格标准和管理引导人们更科学经济地用能。尤其要大力促进工业、建筑、交通等重点领域的节能工作。继续制定节能约束性目标,进一步提高能源效率,力争实现 2020 年单位 GDP 能耗比 2010 年下降 35%,2030 年单位 GDP 能耗比 2020 年再下降 30%。

节约使用能源可以大大减少能源的消耗。人们可以使用温度自动调节器来保证只在必需的时候才进行取暖和制冷。冬天,当人们不在房间里或者夜间人们已经睡觉时,人们对室内热量的要求较低,这时温控器就被关小。夏季需要制冷时的情况正好相反,当人们不在房间或者夜间,温控器就被开大。当外界温度较低时,可以将温控器的目标温度下调几度;反之,当外界气温较高时,可以将温控器的目标温度上调几度。人们还可以考虑就提高住宅保温性能进行投资的好处。我们可以使用一种红外线摄像的设施,找到冬季从住宅向外散失较多热量的地方,或哪儿需要加设绝热设施以减少夏季的制冷需求。在很多情况下,这种保温隔热装置的投资能在大约一年或更短的时间内就收回成本,有时候当地能源公司或政府部门还会为人们在这方面的投资提供补贴。有些地方要是还没有这种补贴的话,应该加以实施。我们可以让衣服自然风干而不是用消耗大量电能的烘干机。我们可以用洗碗机洗餐具,但是让它们自然干燥。当我们使用洗碗机或洗衣机的时候,要保证它们全负荷工作。当房间没人时,我们要将房间的电源关掉。在房间里安装个电源的中央控制开关会比较方便,就像在某些宾馆的房间一样:你需要插入房间钥匙才能打开房间内的电源;当你离开时必然要取出钥匙,同时房间就自动断电了。这种宾馆的房间设计在亚洲尤为普遍,欧洲有一部分地区也是如此。当然我们还能采取很多其他的方式,在不影响正常需要的同时节约能源。

为了应对 20 世纪 70 年代早期的第一次能源危机,以色列通过了一项法律,规定新建住房必须安装太阳能热水器。这项技术相对来说比较简单,在房顶或向阳的墙面上,安装黑色的太阳能吸热板,吸热板可以用来直接加热循环水,或先加热媒介液体,这种液体再通过热交换器将热量传给盛在容器中的水。据估计,在以色列,用太阳能热水器节约了一次能源使用量的 3%。太阳能热水器在中国也有广泛的应用。目前,它在美国的应用还没有普及,主要是因为改装现有建筑的成本太高,以至于太阳能热水器的投资不够经济。但是可以考虑在新建的建筑上使用,尤其是在温暖、阳光充足的地区。加利福尼亚州成为全美在家庭层面上推广节约能源、合理利用能源的先驱。加利福尼亚州最初的行动要追溯到 20 世纪 70 年代早期,在第一次能源危机刚刚结束之后。1974 年全州颁布了严格的建筑能源使用效率标准,还有专门的法律要求能源公司提供激励消费者减少能源使用量的经济鼓励措施。加利福尼亚州成功地确保了人均能源消费量自 1974 年以来维持不变,而同期美国全国人均能源消费量却上升了 50% 以上。穆夫森(Mufson,2007)在一篇介绍加利福尼亚州能源消费经验的文章中认为,过去 20 年中加利福尼亚州实施的能源节约政策使得加利福尼亚州每个家庭平均每年在能源使用方面的花费减少了约 800 美元。加利福尼亚州的经验表明,在教育和公众的支持下,有可能将整个美国的家庭能源消耗量减少 30%～50%,并且在其他部门也存在同样的削减机会。

节约是既能减少能量消耗,又能够让消费者节省开支,还能减少二氧化碳排放的最直接有效的途径。在这里我们要强调提高公众能源意识的重要性。加利福尼亚州通过实行严格的建筑用电标准,成功地保证了在 30 年来人均用电量不变。这些标准存在的问题是它们没有明确提出该如何提高已有建筑物的能源效率。当有人想要购买一处房产并与某个金融机构商谈抵押贷款方面的问题时,他们都需要提供他们的财政信息,包括资产和收入。然后银行据此决定买方是否有能力支付每月的本金、利息和税收以及财产保险。通常还需要买方支付一定的金额对建筑进行仔细的检查,以确保建筑的结构坚固,没有任何能够妨碍它将来安全、有效地发挥功用的问题,从而保证银行抵押贷款的安全性。如果制定一项新的政策,对房产新主人每月在能源上的消耗费用进行审计,并将此作为银行贷款进程的一部分,这个想法怎么样?这部分消费应该纳入除按揭、税收和保险之外的支出的一部分。买方和卖方就会根据专业人士的建议,考虑是否应该为能源节约设施而投入一定的资金,并相应地调整房产价格。

第6章 结 语

伦理学不能仅仅停留在哲学分析上,还需要对实践提供价值指导,并通过实践推动伦理学自身的革新。从对理论与实践的需要来看,伦理学是一个多学科、跨学科的研究领域。伦理学理论是与实践一起发展的,而不是外生的。有美国新环境理论创始者之称的森林学家、哲学家奥尔多·利奥波德(2015)曾指出:"伦理学之所以没有发生重要的改变,就是因为我们在思想上、在忠诚度上、在感情以及在信念上,还没有一种内在的改变。"能源领域的发展与变革能引发哪些伦理思考与我们的内在改变?伦理学及其带来的人类内在改变对推动能源领域的发展与变革又能起到什么作用?

能源与经济社会的发展以及每个人的生活密切相关。能源决定了社会的发展方式,而人类的伦理观念又决定了我们以何种方式利用哪些能源以及利用多少能源。如果能源与利用是社会发展的"油门",那么伦理反思就是社会发展的"刹车"。能源与利用是为了让社会不断加速前进,而伦理则是为了让社会减速以预防风险。对能源的伦理思考警示我们:人类社会的存在目的不是要耗尽地球上所有的能源与资源,不是要把道路修建到每一个可爱的乡村与荒野,也不必要把汽车开到地球上的每一个角落,而是要在仍不可爱的人类意识中建设一个具有生态伦理精神的"桃花源"。

从国人对新鲜空气的渴望就能看出,人们对于能源与气候、环境、生活相互影响的认识正在逐渐加深。世上没有十全十美的事物,能源亦是如此。每一种能源选项都有明显的优缺点,能源选择是对人们所珍视的各类不同价值进行折中与妥协的结果。虽然优美的环境很重要(而煤和石油等化石燃料污染很大),但美好的生活也很重要(化石燃料提供了美好生活所需充足的动力),后代的美好生活也同样重要(核能虽强但风险也大),于是,我们为了环境和后代少使用点化石燃料与核能,尽量多使用可再生能源,但为了自己的美好生活又不能完全放弃使用化石燃料与核能。正如我们又想要清洁的空气,又不想放弃汽车的便利,于是便求助于新能源汽车这种折中产物一样。能源政策同样是折中与妥协的产物。我们选择了多种能源的共存,使各种能源选项处于一种动态的平衡中。这类似于一种"跷跷板理论":在那些已经实现了较为美好的生活,而更重视环境质量与后代福利的国家(如欧洲),就少发展甚至放弃使用煤炭与核能,以使当代人的利益与环境和后代人的利益之间回归平衡;而在那些当代人的生活还不够美好,不足以赋予环境和后代更多权重的国家,就多发展和使用一些化石燃料与核能等。

伦理原则的目的是指导实践。有两种相反的路径可以得出伦理原则:一种是类似于数学的推理方法,用理念论的思路抽象出一种在逻辑上和道德理性上看似"完美的"伦理原则;另一种则是通过经验主义方法,从实践中归纳出看似"有缺陷的"伦理原则。这两种路径之间也同样需要互补。恰如理论与实践的关系一样。从实践中推不出平等、权利与正义等伦理理念，从理论中也无法获知能源储量、污染程度与能源效率等与平等、福利和环境质量息息相关的事实信息。能源的开发、供应、分配、决策、消费与保护等各个环节都涉及复杂而深刻的伦理问题，在每一个环节都需要恰当伦理原则的指导。可以通过永续原则保障能源开发中的代际能源正义，通过效率原则提升能源供应中的能源安全，通过公平原则保障能源分配正义，通过节俭原则保障能源消费的可持续性，通过共生原则保护能源资源。良好的能源政策需要具有四"E"的伦理维度，即同时实现经济增长（economic growth）、能源安全（energy security）、社会公平（equitable society）与环境保护（environment preservation）。

参考文献

阿马蒂亚·森,2013. 以自由看待发展[M]. 任赜,于真,译. 北京:中国人民大学出版社.

艾伯林,2003. 神学研究:一种百科全书式的定位[M]. 李秋零,译. 北京:中国人民大学出版社.

艾莫里,巴尔扎尼,2014. 可持续性世界的能源:从石油时代到太阳能将来[M]. 陈军,李岱昕,译. 北京:化学工业出版社.

巴拉达特,2009. 意识形态:起源和影响(第10版)[M]. 张慧芝,张露露,译. 北京:世界图书出版公司北京公司.

巴特勒,2017. 全球能源安全的势力均衡正发生变化[N]. 中国煤炭报,2017-08-14(007).

白智勇,2009. 石油记忆[M]. 北京:石油工业出版社.

鲍斯曼,2004. 能源可持续发展的伦理学蕴含[J]. 比较法研究(04):147-160.

波利梅尼,2014. 杰文斯悖论:技术进步能解决资源难题吗[M]. 许洁,译. 上海:上海科学技术出版社.

查道炯,2016. 关于当前世界能源安全形势的分析与思考[J]. 学术前沿(11):6-15.

戴维斯,2009. 布满贫民窟的星球[M]. 潘纯琳,译. 北京:新星出版社.

董崇山,2006. 困局与突破:人类能源总危机及其出路[M]. 北京:人民出版社.

范爱军,谭诗怡,2017. 论全球能源互联网建设与我国能源安全利益[J]. 福建论坛(人文社会科学版),(8):23-28.

冯迪凡,2011. 绿色气候基金加速跑,发展中国家提交细则[N]. 第一财经日报,2011-7-20.

顾城天,王进,2017. 日本能源安全战略及其对我国的启示[J]. 中外能源(10):10-22.

顾丽梅,2006. 公共政策与政治治理[M]. 上海:上海人民出版社.

郭焦锋,2016. 以绿色开放发展理念谋划能源安全战略[J]. 开放导报(3):23-27.

哈维,2002. 环保的本质和环境运转的动力[A]. 全球化的文化[M]. 杰姆逊,三好将夫,著. 马丁,译. 南京:南京大学出版社.

海夫纳三世,2013. 能源大转型[M]. 马圆春,李博抒,译. 北京:中信出版社.

华义,2018. 福岛核事故7周年:难以抹去的阴影[N]. 新华每日电讯,2018-03-12(15).

考夫曼,1987. 存在主义[M]. 陈鼓应,刘崎,译. 北京:商务印书馆.

克劳士比,2009. 人类能源史:危机与希望[M]. 王正林,王权,译. 北京:中国青年出版社.

克罗斯比,2017. 生态帝国主义:欧洲的生物扩张,900-1900[M]. 北京:商务印书馆.

拉尔,2012. 复活看不见的手:为古典自由主义辩护[M]. 史军,译. 南京:译林出版社.

拉卡耶,帕瑞拉,2017. 能源世界是平的[M]. 欧阳谨,译. 北京:石油工业出版社.

李慷,刘春锋,魏一鸣,2011. 中国能源贫困问题现状分析[J]. 中国能源,33(8):31-35.

李小琳,2017. 关于进一步促进新能源可持续健康发展的提案[J]. 中国科技产业(2):38.

利奥波德,2015. 沙乡年鉴[M]. 舒新,译. 北京:北京理工大学出版社.

廖华,唐鑫,魏一鸣,2015. 能源贫困研究现状与展望[J]. 中国软科学(8):58-71.

林伯强,2017. 从美国"能源独立"看中国能源安全[N]. 中国证券报,2017-01-11(A04).

刘明明,李佳奕,2016. 构建公平合理的国际能源治理体系:中国的视角[J]. 国际经济合作(9):28-36.

刘强,2016."一带一路"倡议有助于消除恐怖主义土壤[J]. 人民论坛(2):100-101.

刘志秀,李书锋,2010. 不可逆性、补偿机制与能源代际公平[J]. 特区经济(4):264-266.

罗尔斯顿,2000. 哲学走向荒野[M]. 刘耳,叶平,译. 长春:吉林人民出版社.

吕江,2018. 全球能源变革对丝绸之路经济带能源合作的挑战与应对[J]. 当代世界与社会主义(1):164-171.

马俊峰,2011. 中国当代哲学重大问题研究(下)[M]. 石家庄:河北人民出版社.

马克思,恩格斯,1995. 马克思恩格斯选集(第4卷)[M]. 北京:人民出版社.

马立博,2017. 现代世界的起源:全球的、环境的述说,15-21世纪(第三版)[M]. 夏继果,译. 北京:商务印书馆.

麦凯,2013. 可持续能源:事实与真相[M]. 张军,等,译. 北京:科学出版社.

麦克尔罗伊,2011. 能源——展望、挑战与机遇[M]. 王聿绚,郝吉明,鲁玺,译. 北京:科学出版社.

毛海峰,熊聪茹,2011. 国内液化石油气宜开拓化工、农村领域[N]. 经济参考报,2011-03-28(6).

梅多斯,等,2013. 增长的极限[M]. 李涛,王智勇,译. 北京:机械工业出版社.

美国《国家地理》,2013. 能源贫困的现状[N]. 赵长青,译. 中国石化报,2013-08-09(008).

蒙哥马利,2017. 泥土:文明的侵蚀[J]. 陆小璇,译. 南京:译林出版社.

莫宏伟,2018. 强人工智能与弱人工智能的伦理问题思考[J]. 科学与社会,(1):14-24.

莫里斯,2014. 文明的度量[M]. 李阳,译. 北京:中信出版社.

穆纳辛哈,斯沃特,2013. 气候变化与可持续发展入门教程[M]. 徐影,等,译. 北京:气象出版社.

齐添,邵鹏璐,2013. 解决农村能源贫困可优先推广生物质能[N]. 中国经济导报,2013-01-12(C03).

屈振辉,2015. 试论能源法的伦理之维[J]. 西南石油大学学报(社会科学版)(4):8-12.

曲德林,杨舰,2013. 能源与环境:中日能源政策的的反思与展望[M]. 北京:清华大学出版社.

任皓,2014. 新能源危机中的大国对策[M]. 北京:石油工业出版社.

斯威尼,2017. 能源效率:建立清洁、安全的经济体系[M]. 清华四川能源互联网研究院,译. 北京:中国电力出版社.

苏南,2010. 西部将成"十二五"能源主战场[N]. 中国能源报,2010-11-09(4).

苏兴国,2017. 国家能源安全竞争力评价——基于IMD数据[M]. 现代管理科学,(2):46-48.

孙威,韩晓旭,梁育填,2014. 能源贫困的识别方法及其应用分析——以云南省怒江州为例[J]. 自然资源学报(4):575-586.

索尔谢姆,2015. 发明污染:工业革命以来的煤、烟与文化[M]. 上海:上海社会科学院出版社.

塔巴克,2011a. 风能和水能:绿色与发展潜能的缺憾[M]. 李得莲,译. 北京:商务印书馆.

塔巴克,2011b. 核能与安全——智慧与非理性的对抗[M]. 王辉,胡云志,译. 北京:商务印书馆.

塔巴克,2011c. 煤炭和石油:廉价能源与环境的博弈[M]. 张军,侯俊琳,张凡,译. 北京:商务印书馆.

塔巴克,2011d. 生物燃料——土地和粮食的忧患[M]. 冉隆华,译. 北京:商务印书馆.

塔巴克,2011e. 太阳能和地热能:昂贵资金和技术的挑战[M]. 张丽娇,译. 北京:商务印书馆.

塔巴克,2011f. 天然气与氢能:未来并不总是光明的[M]. 付艳,牛玲,张国,译. 北京:商务印书馆.

唐葆君,2015. 新能源汽车:路径与政策研究[M]. 北京:科学出版社.

特瑞纳,2014. 可生能源与消费型社会的冲突[M]. 赵永辉,译. 北京:弘润管理出版社.

万俊人,2003. 义利之间:现代经济伦理十一讲[M]. 北京:团结出版社.

汪民,2013. 页岩气知识读本[M]. 北京:科学出版社.

王安建,王高尚,等,2008. 能源与国家经济发展[M]. 北京:地质出版社.

王广辉,万俊人,2015. 论能源权作为基本人权[J]. 清华大学学报(哲学社会科学版)(3):142-151.

王俊,2015. 重点地区编制光伏扶贫方案[N]. 中国电力报,2015-03-07(003).

王俊,2016. 一个光伏扶贫试点县的年味儿[N]. 中国电力报,2016-02-20(004).

王林,2013. "能源贫困"的残酷真相[N]. 中国能源报,2013-06-10(009).

王巧然,2017. 天然气支撑能源可持续发展[N]. 中国石油报,2017-08-22(004).

王卓宇,2015. 能源贫困与联合国发展目标[J]. 现代国际关系(11):52-64.

吴昊,2018. 如何确保我国长期的能源安全[N]? 中国矿业报,2018-03-06(003).

吴磊,2017. 中国能源安全面临的战略形势与对策[J]. 国际安全研究(5):62-75.

习近平,2014. 积极推动我国能源生产和消费革命[EB/OL]. 新华网:http://www. xinhuanet. com/pol-itics/2014-06/13/c_1111139161. htm.

肖俊涛,2016. 我国新能源汽车产业政策研究[M]. 成都:西南财经大学出版社.

徐孝明,2018. 论奥巴马政府的能源安全与能源立法[J]. 社科纵横(1):49-55.

姚晓丹,2018. 比利时学者呼吁关注气候政策对再分配的影响[N]. 中国社会科学报,2018-02-23(01).

伊文婧,朱跃中,田智宇,2017. 交通节能对我国能源可持续发展的贡献[J]. 中国能源(5):29-33.

于宏源,李威,2010. 创新国际能源机制与国际能源法[M]. 北京:海洋出版社.

于培伟,2013. 美国"页岩气革命"来势迅猛[N]. 国际商报,2013-5-5.

张乐,2011. 儿童不愿和来自于核灾区孩子交友唯恐悔之不及[N]. 新京报,2011-04-17.

张瑞敏,牛余凤,2015. 生态文明视角下中国能源开发利用的法治与伦理思考[J]. 社科纵横(5):49-52.

张宇燕,管清友,2007. 世界能源格局与中国的能源安全[J]. 世界经济(9):17-30.

中国广播网,2011. 日本福岛45%儿童甲状腺遭辐射,将接受长期观察[EB/OL]. http://china. cnr. cn/qqhygbw/201108/t20110819_508390393. shtml.

中国国际经济交流中心课题组,2014. 中国能源生产与消费革命[M]. 北京:社会科学文献出版社.

中国林业生物质能源网,2016.2016 年世界燃料乙醇产业发展迅速分析 [EB/OL]. http://www. forestry. gov. cn/portal/swzny/s/746/content-984299. html.

周德九,查冬兰,周鹏,等,2012. 中国能源效率研究[M]. 北京:科学出版社.

周辅成,1964. 西方伦理学名著选辑(上)[M]. 北京:商务印书馆.

周虎城,2009. 能源分配应向西部倾斜[N]. 甘肃日报,2009-02-17(3).

周冉,2017. 中国"外源性"能源安全威胁研究——基于非传统安全视角的识别、评估与应对[J]. 世界经济与政治论坛(1):75-97.

周新军,2017. 能源安全问题研究:一个文献综述[J]. 当代经济管理(1):1-5.

朱雄关,张帅,姜铖镭,2018. 推动全球能源治理,开辟合作共赢格局[N]. 中国社会科学报,2018-02-08(004).

邹春蕾,2018. 构建清洁低碳安全高效能源体系[N]. 中国电力报,2018-01-06(011).

祖克曼,2014. 页岩革命:新能源亿万富翁背后的惊人故事[M]. 艾博,译. 北京:人民出版社.

Abramsky K,2010. Introduction:Racing to"Save"the Economy and the Planet. in Abramsky K ed. Sparking a Worldwide Energy Revolution:Social Struggles in the Transition to a Post-Petrol World[M]. Oakland:AK Press.

Adger W, Paavola S, Huq M, 2006. Fairness in Adaptation to Climate Change[M]. Cambridge:MIT

Press.

Ahammed F,Taufiq A,2008. Applications of solar PV on rural development in Bangladesh[J]. Journal of Rural and Community Development,3:93-103.

Anderson V,White V,Finney A,2012. Coping with low incomes and cold homes[J]. Energy Policy,49: 40-52.

Archer D,2009. The Long Thaw[M]. Princeton:Princeton University Press.

Arnold D,2011. The Ethics of Global Climate Change[M]. Cambridge:Cambridge University Press.

Báez-Vásquez M,Demain A,2008. Ethanol,Biomass,and Clostridia. in Wall J,Harwood C,Demain A eds. Bioenergy[M]. Washington,DC:ASM Press.

Barfield C,2001. Free Trade,Sovereighty,Democracy:The Future of the World Trade Organization[R]. Washington DC:American Exterprise Institute.

Barnes F,Krutilla K,Hyde W,2004. The Urban Household Energy Transition:Energy,Poverty,and the Environment in the Developing World[R]. Washington DC:Resources for the Future.

Barnett T,2004. The Pentagons New Map:Warand Peaceinthe Twenty-First Century[M]. New York:G P Putnams Sons.

Barry B,1989. Democracy,Power and Justice,Essays in Political Theory[M]. Oxford:Clarendon Press.

Biermann F,Boas I,2008. Protecting climate refugees:The case for a global protocol[J]. Environment,50 (6):8-16.

Bradshaw J,Hutton S,1983. Social policy options and fuel poverty[J]. Journal of Economic Psychology, 3:249-266.

Brunner K,Spitzer M,Christanell A,2012. Experiencing fuel poverty:Coping strategies of low-income households in Vienna/Austria[J]. Energy Policy,49:53-59.

Bruun E,Vuchic R,1995. The Time-area Concept:Development,Meaning,and Application[R]. Washington DC:Transportation Research Record 1499,Transportation Research Board.

Corbridge S,2002. Development as freedom:The spaces of Amartya Sen[J]. Progress in Development Studies,3:183-217.

Davis S, Perters G, Caldeira K, 2011. The supply chain of CO_2 emissions [J]. PNAS, 108 (45): 18554-18559.

Fouquet R,2009. A Brief History of Energy. In Evans J,Hunt L eds. International Handbook on the Economics of Energy[M]. Cheltenham:Edward Elgar Publishing.

Freund P,Martin G,1993. The Ecology of the Automobile[M]. Montreal:Black Rose Books.

Gilbertson G,Grimsley M,Green G,2012. Psychosocial routes from housing investment to health:Evidence from England's home energy efficiency scheme[J]. Energy Policy,49:122-133.

Gilbertson J,Stevens M,Stiell B et al,2006. Home is where the hearth is:Grant recipients'views of England's home energy efficiency scheme(warm front)[J]. Social Science & Medicine,63:946-956.

Goldthau A,Sovacool K,2012. The uniqueness of the energy security,justice and governance problem [J]. Energy Policy,41:232-240.

Gomiero T,Paoletti M,Pimentel D,2010. Biofuels:efficiency,ethics,and limits to human appropriation of ecosystem services[J]. J Agric Environ Ethics,23:403-434.

Goodman P, 2000. Can Technology Be Humane? in Teich A ed. Technology and the Future. 8th ed[M]. Boston: Bedford/St Martin's.

Gosling S, Warren R, Arnell N et al, 2011. A review of recent developments in climate change science. Part II: The global-scale impacts of climate change[J]. Progress in Physical Geography, 35(4): 443-464.

Haines A, Smith K, Anderson D et al, 2007. Policies for accelerating access to clean energy, improving health, advancing development and mitigating climate change[J]. Lancet, 370: 1264-1281.

Hall P, Tharakan J, Hallock C et al, 2003. Hydrocarbons and the evolution of human culture[J]. Nature, 426: 318-322.

Hansen J, Sato M, Kharecha P, et al, 2008. Target atmospheric CO_2: Where should humanity aim[J]? Atmospheric Science Journal, 2: 217-231.

Hardin G, 1968. The tragedy of the commons[J]. Science, 162: 1243-1248.

Harris P, 2011. Introduction: Cosmopolitanism and Climate Change Policy. in P. G. Harris ed. Ethics and Global Environmental Policy: Cosmopolitan Conceptions of Climate Change[M]. Cheltenham, UK: Edward Elgar.

Hillerbrand R, Peterson M, 2014. Nuclear power is neither right nor wrong: The case for a tertium datur in the ethics of technology[J]. Sci Eng Ethics, 20: 583-595.

Holdren J, Smith K, 2000. Energy, the Environment and Health. in Kjellstrom T, Streets D, Wang X eds. World Energy Assessment: Energy and the Challenge of Sustainability[R]. New York: United Nations Development Programme.

Howden-Chapman P, Viggers H, Chapman R, et al, 2012. Tackling cold housing and fuel poverty in New Zealand: A review of policies, research and health impacts[J]. Energy Policy, 49: 134-142.

International Energy Agency, 2011. World Energy Outlook 2011[R]. Paris: OECD.

International Energy Agency, 2013. World Energy Outlook 2013[R]. Paris: OECD.

Jacobson A, Kammen D, 2005. Letting the energy gini out of the bottle: Lorenz curves of cumulative electricity consumption and gini coefficients as metrics of energy distribution and equity[J]. Energy Policy, 33: 1825-1832.

Kakissis J, 2010. Environmental Refugees Unable to Return Home[N]. New York Times, 2010-01-23.

Kaneko S, Shrestha M, Ghosh P, 2011. Non-income factors behind the purchase decisions of solar home systems in rural bangladesh[J]. Energy for Sustainable Development, 15: 284-292.

Khan T, Quadir D, Murty S et al, 2002. Relative sea level changes in maldives and vulnerability of land due to abnormal coastal inundation[J]. Marine Geodesy, 25: 133-143.

Khisty C, Zeitler U, 2001. Is hypermobility a challenge for transport ethics and systemicity[J]? Systemic Practice and Action Research, 14(5): 597-613.

Kibert C, Monroe M, Peterson A et al, 2012. Working Toward Sustainability: Ethical Decision-making in A Technological World[M]. Hoboken, New Jersey: John Wiley & Sons.

Kohler B, 2010. Sustainability and Just Transition in the Energy Industries. in Abramsky ed. Sparking a Worldwide Energy Revolution: Social Struggles in the Transition to a Post-Petrol World[M]. Oakland: AK Press.

Lehtonen M, Nye S, 2009. History of electricity network control and distributed generation in the UK and

Western Denmark[J]. Energy Policy,37:2338-2345.

Lele S,1991. Sustainable Development:A critical review[J]. World Development,19(6):613.

Liddel C,Morris C,McKenzie P et al,2012. Measuring and monitoring fuel poverty in the UK:National and regional perspective[J]. Energy Policy,49:27-32.

Lund H,1999. Implementation of energy-conversion policies:The case of electric heating conversion in Denmark[J]. Applied Energy,64(1-4):117-127.

Lund H,2010. The implementation of renewable energy systems:Lessons learned from the Danish case [J]. Energy,35:4003-4009.

Lund H,Mathiesen B,2009. Energy system analysis of 100% renewable energy systems:The case of Denmark in Years 2030 and 2050[J]. Energy,34:524-531.

Maegaard P,2010. Denmark:Politically Induced Paralysis in Wind Power's Home Land and Industrial Hub. in Abramsky K ed. Sparking a Worldwide Energy Revolution:Social Struggles in the Transition to a Post-Petrol World[M]. Oakland:AK Press.

Marmot Review Team,2011. The Health Impacts of Cold Homes and Fuel Poverty[R]. Friends of the Earth,May.

Masud J,Sharan D,Lohani B,2007. Energy for All:Addressing the Energy,Environment,and Poverty Nexus in Asia[R]. Manila:Asian Development Bank.

Meenawat H,Sovacool B,2011. Improving adaptive capacity and resilience in Bhutan[J]. Mitigation and Adaptation Strategies for Global Change,16(5):515-533.

Mendonca M,Lacey S,Hvelplund F,2009. Stability,participation and transparency in renewable energy policy:Lessons from Denmark and the United States[J]. Policy and Society,27:379-398.

Merchant C,1992. Radical Ecology:The Search for a Livable World[R]. Routledge:Chapman & Hall.

Möller B,2006. Changing wind-power landscapes:Regional assessment of visual impact on land use and population in Northern Jutland,Denmark[J]. Applied Energy,83:477-494.

Möller B,2010. Spatial analyses of emerging and fading wind energy landscapes in Denmark[J]. Land Use Policy,27:233-241.

Mondal A,Sadrul M,2011. potential and viability of grid-connected solar PV system in Bangladesh[J]. Renewable Energy,36:1869-1874.

Moore R,2012. Definitions of fuel poverty:Implication for policy[J]. Energy Policy,49:19-26.

Mortensen H,Overgaard B,1992. CHP development in Denmark:Role and results[J]. Energy Policy,12: 1198-1206.

Mufson S,2007. Pelosi Plans Informal Negotiations on Energy Bill[R]. The Washington Post,October 11.

Murphy J,2001. Making the energy transition in rural East Africa:Is leapfrogging an alternative[J]? Technology Forecasting & Social Change,68:173-193.

Myers N,Kent J,2003. New consumers:The influence of affluence on the environment[J]. Proceedings of the National Academies of Science,100(8):4963-4968.

Noble F,1997. The Religion of Technology:The Divinity of Man and the Spirit of Invention[M]. New York:Penguin Books.

Nolt J,2011. Greenhouse Gas Emissions and the Domination of Posterity. in D. G. Arnold ed. The Ethics of Global Climate Change[M]. Cambridge:Cambridge University Press.

Nussbaum C, 2006. Frontiers of Justice:Disability, Nationality, Species Membership[M]. Cambridge, MA:Belknap Press.

Nussbaum C,2011. Creating Capabilities:The Human Development Approach[M]. Cambridge:Belknap Press.

Odgaard O,2007. Energy Policy in Denmark[R]. Copenhagen:Danish Energy Authority.

Ormandy D,Ezratty V, 2012. Health and thermal comfort:From WHO guidance to housing strategies [J]. Energy Policy,49:116-121.

Page A, 2007. Intergenerational justice of what:Welfare, resources or capabilities[J]? Environmental Politics,16(3):453-469.

Parajuli R,2012. Looking into the danish energy system:Lesson to be learned by other communities[J]. Renewable and Sustainable Energy Reviews,16:2191-2199.

Pasqualetti M,2011. Opposing wind energy landscapes:A search for common cause[J]. Annals of the Association of American Geographers,101(4):1-11.

Pontzer H,Raichlen D,Gordon A et al,2014. Primate energy expenditure and life history[J]. Proceedings of the Academy of Science,111(4):1433-1437.

Prouty A,2009. The clean development mechanisms and its implications for climate justice[J]. Columbia Journal of Environmental Law,34(2):513-540.

Rahman M,2012. Multitude of progess and unmediated problems of solar PV in Bangladesh[J]. Renewable and Sustainable Energy Reviews,16:455-473.

Raven R,2006. Lock-in and change:Distributed generation in Denmark in a long-term perspective[J]. Energy Policy,34:3739-3748.

Rawlani A,Sovacool B,2011. Building responsiveness to climate change through community based Adaptation in Bangladesh[J]. Mitigation and Adaptation Strategies for Global Change,16(8):845-863.

Rawls J,1999. A Theory of Justice:Revised Edition[M]. Cambridge,MA:Belknap Press.

Reddy B,Assenza G,2009a. The great climate debate[J]. Energy Policy,37:2997-3008.

Reddy B,Blachandra P,Nathan H,2009b. Universalization of access to modern energy services in Indian households-economic and policy analysis[J]. Energy Policy,37:4645-4657.

Schaefer M,2008. Water technologies and the environment:Ramping up by scaling down[J]. Technology in Society,30:415-422.

Schumacher F, 1973. Small is Beautiful:Economics as if People Mattered[M]. New York:Harper & Row.

Sefton T,2002. Targeting fuel poverty in England:Is the government getting warm[J]? Fiscal Studies, 23(3):369-399.

Sen A,1993. Capability and Well-being. in Nussbaum M and Sen A eds. The Quality of Life[M]. Oxford: Oxford University Press.

Shue H,1993. Subsistence emissions and luxury emissions[J]. Law Policy,15:39-59.

Shue H,2010. Global Environmental and International Inequality. in S. M. Gardiner,S. Caney,D. Jamieson and H. Shue eds. Climate Ethics:Essential Readings[M]. Oxford:Oxford University Press.

Shue H, 2011. Human Rights, Climate Change and the Trillionth Ton. in D. G. Arnold. The Ethics of Global Climate Change[M]. Cambridge:Cambridge University Press.

Sinnott-Armstrong W, Howarth R, 2005. Perspectives on Climate Change:Science, Economics, Politics, Ethics[M]. Amsterdam:Elsevier.

Smil V, 2000. Energy in the twentieth century:Resources,conversions,costs,users,and consequences[J]. Annual Review of Energy and Environment,25:21-51.

Smith A, 2008. Climate Refugees in Maldives Buy Land[R]. Tree Hugger Press Release,2008-11-16.

Sovacool B, 2009. Sound climate,energy,and transport policy for a carbon constrained world[J]. Policy & Society,27(4):273-283.

Sovacool B, 2011. Conceptualizing hard and soft paths for climate change adaptation[J]. Climate Policy, 11(4):1177-1183.

Sovacool B, Brown M, 2010. Competing dimensions of energy security:An international review[J]. Annual Review of Environment and Resources,35:77-108.

Sovacool B, D'Agostino A, Rawlani H, 2012. Improving climate change adaptation in least developed Asia [J]. Environmental Science & Policy,21(8):112-25.

Sovacool B, 2013. Energy & Ethics:Justice and the Global Energy Challenge[M]. New York:Palgrave Macmillan.

Sperling K, Hvelplund F, Mathiesen B, 2010. Evaluation of wind power planning in Denmark:Towards an integrated perspective[J]. Energy,35:5443-5454.

Sperling K, Hvelplund F, Mathiesen B, 2011. Centralisation and decentralisation in strategic municipal energy planning in Denmark[J]. Energy Policy,39:1338-1351.

Tainter J, 2007. Scale and Dependency in World Systems:Local societies in Convergent Evolution. in Alf H, McNeill R, Martinez-Alier J eds. Rethinking Environmental History:World System History and Global Environmental Change[M]. Lanham,MD:AltaMira Press.

Tindale S, Hewett C, 1999. Must the Poor Pay More? Sustainable Development,Social Justice and Environmental Taxation. in Andrew Dobson ed. Fairness and Futurity:Essays on Environmental Sustainability and Social Justice[M]. Oxford:Oxford University Press.

Tirado H, Urge-Vorsatz D, 2012. Trapped in the heat:A post-communist type of fuel poverty[J]. Energy Policy,49:60-68.

Togeby M, Dyhr-Mikkelsen K, Larsen A et al, 2009. Danish Energy Efficiency Policy:Revised and Future Improvements[R]. European Council for an Energy-Efficient Economy,Summer Study:299-310.

Tollefson J, 2007. Worth its weight in platinum[J]. Nature,450:334.

Tonini D, Astrup T, 2012. LCA of biomass-based energy systems:A case study for Denmark[J]. Applied Energy,99:234-246.

United Nations Development Program, 2009. Contribution of Energy Services to the Millennium Development Goals and to Poverty Alleviation in Latin America and the Caribbean[R]. Santiago,Chile:United Nations,October.

Verrastro F, Ladislaw S, 2007. Providing energy security in an interdependent world[J]. The Washington Quarterly,30(4):95-104.

Victor D, Morgan G, Steinbruner J et al, 2009. The geoengineering option: A last resort against global warming[J]? Foreign Affairs, (88): 65.

Voytenko Y, Peck P, 2012. Organisational frameworks for straw-based energy systems in Sweden and Denmark[J]. Biomass and Bioenergy, (38): 34-38.

Walker G, 2012. Environmental Justice: Concepts, Evidence and Politics[M]. London: Routledge.

Walker G, Day R, 2012. Fuel poverty as injustice: Integrating distribution, recognition and procedure in the struggle for affordable warmth[J]. Energy Policy, (49): 69-75.

Walsh M, Schwartz N, 2012. Estimate of Economic Losses Now Up to $50 Billion[N]. New York Times, 2012-11-01.

WHO, 2006. Fuel for Life: Household Energy and Health[R]. Geneva: WHO.

Winzer C, 2012. Conceptualizing energy security[J]. Energy Policy, 46: 36-48.

World Business Council, 2000. Corporate Social Responsibility[R]. Geneva.

World Commission on Environment and Development, 1987. Our Common Future[M]. Oxford: Oxford University Press.